西安石油大学优秀学术著作出版基金资助

无线信号强度定位算法

王奇　李飞　著

中国石化出版社

·北京·

图书在版编目(CIP)数据

无线信号强度定位算法 / 王奇，李飞著. —北京：
中国石化出版社，2023.10
ISBN 978-7-5114-7274-8

Ⅰ. ①无… Ⅱ. ①王… ②李… Ⅲ. ①无线电定位-
算法 Ⅳ. ①TN95

中国国家版本馆 CIP 数据核字(2023)第 187335 号

中国石化出版社出版发行
地址：北京市东城区安定门外大街 58 号
邮编：100011　电话：(010)57512500
发行部电话：(010)57512575
http://www.sinopec-press.com
E-mail：press@sinopec.com
北京中石油彩色印刷有限责任公司印刷
全国各地新华书店经销
*
710 毫米×1000 毫米 16 开本 9.75 印张 163 千字
2023 年 10 月第 1 版　2023 年 10 月第 1 次印刷
定价：68.00 元

前　言

在物联网迅速发展的时代，位置服务得到广泛发展，如智能交通、智慧医疗等领域。伴随着日益增长的位置服务需求，各种定位技术应运而生。在全球范围内，虽然卫星导航定位系统在位置服务中扮演了重要的角色，然而在一些室内和地下场景中，卫星信号无法到达或变弱从而导致定位系统失效，而无线定位技术在可利用性、灵活性上更具优势，能发挥巨大的应用价值。

经过多年的发展，无线定位技术日益成熟，定位方法也不断涌现，其中以无线信号强度为数据源的定位方法因其造价低、容易实现的优点受到特别关注。本书的内容大多来源于作者多年从事无线定位研究工作的成果，旨在将无线信号强度定位的一些新问题和新算法分类呈现给读者，相信会对从事无线定位或相关研究的学者产生一定的帮助作用。

无线定位本质上是参数估计问题。为此，本书在第 2 章介绍了经典的极大似然估计等基础理论，以及相关的优化方法，如半正定规划等。依据量测模型的分类，依次介绍了理想量测、锚节点位置不确定、有偏差量测、联合量测、模型参数未知下的定位问题和方法。同时，也依据单目标和多目标，将其分为非合作式和合作式定位。在每一类定位问题中，详细介绍了量测模型、位置估计问题的建立、问题的求解方法。此外，也给出了部分定位算法的数值实验，验证了算法性能。本书的一大特点是涵盖了信号强度定位的一些新问题和新方法。例如，第 3 章中的凸组合定位方法是定位新方法，第 5 章中的有偏差信号强度定位则是定位新问题。本书在出版过程中得到了国家自然科学基金企业创新发展联合基金重点项目(U20B2029)、陕西自然科学基金重点研发项目(2022KW-25)、陕西省自然科学基础研究计划项目(2022JQ-641)、陕西秦创原“科学家+工程师”团队(2022kxj-125)、陕西高校青年创新团队以及西安石油大学创新团队的资助。全书最后由王奇博士统稿，李飞教授校稿。

尽管如此，笔者受目前的个人水平所限，对无线定位领域的最新进展了解得尚不够全面和深入，书中难免会有疏漏之处，还请读者不吝赐教。

目录

1 引　　言

1.1 背景意义

位置信息在人类的发展进程中一直起着至关重要的作用。古时候人们对所处的环境不甚了解，为了确定所处的位置通常需要寻找参照物，例如高山、河流和星辰，极其不便。随着社会文明的演进，指南针和六分仪的发明改变了人类落后的位置确定方法。人们借助指南针可以分辨南北，进而确定自己前进的方向；而利用六分仪可以根据太阳高度角的变化确定自己所处的纬度。再到后来精确计时计的诞生，使人们可以更方便准确地确定方位，以崭新的方式去认识世界。进入现代社会，在"第一次世界大战"军事需求的推动下，陆基无线电导航定位系统出现。它使用无线电信标对战机等目标发射信号，当战机接收信号后借助方向图确定航向。随后，自主导航技术也发展起来，包括惯性导航和多普勒导航。惯性导航系统的核心器件是陀螺仪，它通过测量飞机或船舰的加速度，并使用数学积分估算位置。而多普勒导航使用多普勒雷达向地面发射脉冲，然后根据回波的多普勒效应测出飞机的速度，实现导航。

随着社会和科技的不断发展，定位技术从军用转向民用。普通民众对定位导航的需求也越来越多，促使定位技术应用在生活的各个方面，如商场、车站、广场、景区、会场、停车场等。特别是定位技术与移动计算设备以及网络技术的结合，使位置服务在日常生活中得到普及，极大地促进了社会的发展。例如，人们通过手机就可以方便地获取所在地的生活信息、交通信息，或查找附近感兴趣的生活服务场所，如酒店、餐厅、邮局等。此外，还可以随时随地与家人、朋友分享自己的位置信息。在物流应用中，物流公司使用位置服务结合互联网向用户提供物流信息，从而用户可以随时掌握自己包裹的运输状态。同时，物流公司还可以借助位置服务统一监控和调度运送的货物，实现货物的高效配送。在智慧校园中，位置服务结合一些智能系统能极大地提升师生的教学和学习体验，使得校园学习生活变得更加便利。与此同时，新型定位技术也不断涌出，如卫星定位和无线定位技术，包括红外线定位、超声波定位、计算机视觉定位、蓝牙定位、超宽带定位等。其中，日常生活中人们最为常用的是卫星定位技术。

1.1.1 卫星定位

卫星定位是一种使用人造卫星对物体或目标进行准确定位的技术。目前，在世界范围内有四大卫星定位系统，即美国的 GPS 定位系统，欧洲的伽利略卫星导航系统，俄罗斯的格洛纳斯卫星导航系统，以及中国的北斗卫星导航系统。

其中，GPS 的应用最为广泛。GPS 全球卫星定位系统由 3 部分组成：空间部分(24 颗工作卫星组成星座)，地面控制部分(地面监控系统)和用户设备部分(GPS 信号接收机)。它的基本原理是测量已知位置的卫星到用户接收机之间的距离，然后综合多颗卫星的数据确定接收机的具体位置。若想达到这一目的，必要的前提是卫星的位置可以根据星载时钟所记录的时间在卫星星历中查出，而用户到卫星的距离则通过记录卫星信号传播到用户所经历的时间，再将其乘以光速得到。近些年，我国的北斗卫星导航系统也日渐成熟，全球已有 100 多个国家与北斗卫星导航系统签下合作协议。北斗系统由空间段、地面段和用户段 3 部分组成。空间段由地球静止轨道卫星、倾斜地球同步轨道卫星和中圆地球轨道卫星等 35 颗卫星组成。地面段包括主控站、时间同步/注入站和监测站等若干地面站，以及星间链路运行管理设施。用户段包括北斗及兼容其他卫星导航系统的芯片、模块、天线等基础产品，以及终端设备、应用系统与应用服务等。随着北斗系统建设和服务能力的发展，相关产品已广泛应用于交通运输、海洋渔业、水文监测、气象预报、测绘地理信息、森林防火、通信系统、电力调度、救灾减灾、应急搜救等领域，逐步渗透到人类社会生产和人们生活的方方面面，为全球经济和社会发展注入了新的活力。

1.1.2 无线定位

无线定位，即无线传感器网络定位，作为一种较新的定位技术，相比卫星定位具有很多优势。首先，在一些应用场景中，无线定位技术的造价更低。特别是当定位需求较大时，大量使用卫星定位装置，无疑会使得系统的成本过高。其次，在一些应用场景中，例如地下停车场等室内环境下，卫星信号变弱或消失会使得定位精度下降或定位系统失效。无线定位技术克服了上述卫星定位的缺点，所使用的设备成本更低，且适用于各种室内环境中。

无线定位根据传感器网络中已知的节点位置信息，结合节点与节点之间的量测数据，通过一定的方法来确定未知节点位置。其中，将位置已知的节点称为锚节点，将位置未知而待估的节点称为目标节点。也就是说，无线定位就是借助锚节点来估计目标节点的位置。通常情况下，锚节点的数量较少，可以借助 GPS 定位或手工配置来获取其位置信息，而较多目标节点的位置确定才是无线传感器网络定位的主要任务。无线传感器网络定位，根据使用的信号媒介不同，主要分为红外定位技术、超声波定位技术、蓝牙定位技术、ZigBee 定位技术和 Wi-Fi 定位技术等。

红外定位技术根据红外线的发射和接收来确定位置信息。定位系统采用光信号作为传输媒介，其波长比可见光长，多数适用于红外信号从发射端到接收端的视线传播环境，而非视距传播环境。

超声波定位技术使用频率超过 20kHz 的声波对目标进行定位，通过测量声波从发射机到接收机的传播时间计算二者之间的距离，并采用三边测量等数学方法确定载体的位置。超声波定位精度高，但系统需要特定的仪器和设备。

蓝牙是一种在短距离环境下使用射频信号的无线通信技术，可以使设备之间进行数据传输时免于电缆连接。蓝牙定位技术利用蓝牙信号短程范围内的信标，基于信号场强并结合一定的算法实现定位，其最大的优点是低功耗，目前广泛应用于室内环境中。

ZigBee 是由 IEEE 802. 15. 4 标准定义的一种无线通信技术，具有成本低、安全性高的优点，起初主要用于家庭自动化、城市交通等，目前也用于室内定位系统。ZigBee 定位系统一般根据接收到的信号强度数值估计目标的位置。

Wi-Fi 定位技术首先在一定区域内设定无线基站，然后测量目标点处的 Wi-Fi 信号参数，并结合无线网络的结构，使用相关算法确定目标点的位置。Wi-Fi 定位的优势在于便于使用现有众多的无线设备，而缺点是受环境影响较大，安全性较低，功耗也较高。其中，最有名的是基于 Wi-Fi 指纹的定位技术。

另一方面，根据采用的不同信号特征或量测类型，无线定位技术又可以分为信号到达角度(Angle of Arrival，AOA)、信号到达时间(Time of Arrival，TOA)、信号到达时间差(Time Difference of Arrival，TDOA)、信号到达频率差(Frequency Difference of Arrival，FDOA)以及接收信号强度(Received Signal Strength，RSS)等。

AOA 定位技术根据目标节点到各锚节点之间电磁波的角度来确定目标节点的位置。根据电磁波到锚节点的 AOA 量测可以确定以锚节点为起始点、以 AOA 量测为方向的测量线。在无噪声的情况下，目标节点处于该线上。多个锚节点对应的测量线(两条或两条以上)的相交点即为目标点的位置。AOA 定位技术需要配备天线阵列，成本相对较高，但优点是测量角度简单，不需要时钟同步，在视距条件下定位精度很高。

TOA 定位使用 TOA 量测计算锚节点与目标节点之间的距离，在得到三个或多个不同锚节点关于目标的距离数据后，采用三边定位的数学方法来确定目标点的位置。TOA 定位能获得较高的定位精度，然而需要时钟同步硬件来保证发射端与接收端之间的时钟高度同步，从而获取锚节点到目标节点之间准确的距离，这难免会增加定位系统的成本。

TDOA 定位也是基于电磁信号从发射端到接收端的传播时间来实现测距。不同的是，它使用对应于不同锚节点的到达时间的差分来计算目标位置。每组 TDOA 量测能确定一条双曲线，在无噪声的情况下多组量测确定的双曲线相交的点就是目标的位置。与 TOA 定位相比，TDOA 技术用时间差的方法确定位置在一定程度上消除了时间误差，并降低了多径效应带来的误差，同时也降低了目标点与锚节点的时钟同步要求。不过，TDOA 定位对于锚节点之间依然有时钟同步的要求，这也会增加系统的成本。

电磁信号频率在相对运动的载体之间会产生变化特性，即多普勒频率。FDOA 定位利用多普勒频率漂移来估计目标的位置，避免了 TOA 和 TDOA 定位的时钟同步问题。每一个 FDOA 量测都与目标的位置和速度有着复杂的非线性关系，还与电磁信号波长、接收机的位置、速度参数以及系统误差有着密切关系。多个接收机同时工作时，联立多个 FDOA 量测可以实现对目标位置和速度的估计，可使用的算法有搜索法、解析法等。

RSS 定位技术，即信号强度定位技术，根据传感器网络中接收端收到的来自发射端的信号强度，在一定的信号传播模型（如对数正态阴影模型）的基础上，确定目标位置。它一般通过 RSS 量测估算节点间的距离，然后使用三个及以上不同的锚节点对应的距离估计，结合一定的计算方法来确定目标节点的位置。RSS 定位技术具有很多优点，例如测量 RSS 的功能已经集成在多数的无线通信设备上，不需要任何复杂的额外模块支持，所需要使用的传感器也具有价格低、体积小等特点。此外，基于 RSS 的定位技术还包括非测距的无源定位技术，多用于室内环境中。基于上述诸多优点，信号强度定位技术广泛应用于位置服务中，也是本书的主要内容。

1.2 相关概念

本书聚焦于无线信号强度定位，下面首先介绍信号强度定位中涉及的一些基本概念。

1）无线传感器网络

无线传感器网络是一种通过无线通信技术把多个传感器节点以自由式结构进行组织、结合进而形成的网络形式，并协作感知、采集、处理和传输网络覆盖地理区域内被感知对象的信息，最终把这些信息发送给网络的所有者。

2）传感器节点

传感器节点是无线传感器网络的基本功能单元。传感器节点将本身采集到的信息和其他节点转发给它的信息进行初步处理和信息融合之后，以相邻节点接力传送的方式传送到处理中心。在无线传感器网络定位中，传感器节点分为目标节点和锚节点两类。其中，目标节点是需要进行定位的传感器节点，而锚节点是位置已知的传感器节点，一般通过卫星定位或其他定位方法获得位置数据。

3）无线传感器网络定位

无线传感器网络定位，即无线定位，指根据传感器网络中锚节点的位置信息和无线信号量测，例如信号强度，通过一定的算法确定网络中未知目标节点位置信息的过程。

4）无源定位

无源定位是传感器网络中的监测节点在定位过程中不向目标发射信号（电磁或其他用于定位的信号），且与被监测设备间无协作通信，监测节点对目标本身辐射的信号进行测量、处理得到目标的位置信息，从而实现定位的过程。

5）有源定位

有源定位是传感器网络中的监测节点利用有源设备（雷达、激光、声呐等）向被定位的目标发射各种信号，然后接收目标的返回信号，通过一系列测量、处理得到目标节点位置的过程。

6）合作式定位

多目标节点的合作式定位中，除目标节点与锚节点之间存在数据的采集、传输和通信外，各目标节点之间也存在数据的测量等。因而，用于目标定位的数据包括目标点与目标点之间的量测和目标点与锚节点之间的量测。

7）非合作式定位

非合作式定位，是相对于合作式定位而言的，在定位过程中，目标节点只与锚节点进行数据的采集、传输和通信，而各目标节点之间不进行数据的采集。此外，单目标节点的定位也属于非合作式定位。

参 考 文 献

[1] 夏敬潮. 融合泛在无线信号与 GNSS 的室内外定位方法研究[D]. 武汉：武汉大学，2015.

[2] 张大卫. 卫星定位接收机同步技术研究[D]. 武汉：华中科技大学，2010.

[3] 张光华. 全球导航卫星系统辅助与增强定位技术研究[D]. 哈尔滨：哈尔滨工业大学，2013.

[4] 周宇辉，朱晓强，曾丹. 室内无线定位技术研究[J]. 工业控制计算机，2022，35(3)：102-103.

[5] 陈沛宇，袁勤政，戴鹏飞，等. 多技术融合的室内无线定位方法发展综述[J]. 导航定位学报，2022，10(3)：9-13.

[6] 韦佳，刘焕强，顾晓峰，等. 基于ZigBee的集中式无线定位系统设计[J]. 计算机工程与设计，2013，34(2)：397-400.

[7] 赵越. 无线定位网络节点优化理论与关键技术研究[D]. 西安：西安电子科技大学，2020.

[8] 刘德亮. 室内环境下无线定位关键技术研究[D]. 天津：天津大学，2015.

[9] Zafari F, Gkelias A, Leung K. A survey of indoor localization systems and technologies[J]. IEEE Communications Surveys & Tutorials, 2019, 21(3): 2568-2599.

[10] Liu H, Darabi H, Banerjee P, et al. Survey of wireless indoor positioning techniques and systems[J]. IEEE Transactions on Systems, Man, and Cybernetics, Part C, 2007, 37(6): 1067-1080.

[11] Bshara M, Orguner U, Gustafsson F, et al. Fingerprinting localization in wireless networks based on received-signal strength measurements: a case study on WiMAX networks[J]. IEEE Transactions on Vehicular Technology, 2010, 59(1): 283-294.

[12] Lv X, Mourad-Chehade F, Snoussi H. Decentralized localization using radio-fingerprints and accelerometer in WSNs[J]. IEEE Transaction on Aerospace and Electronic Systems, 2015, 51(1): 242-257.

[13] Liu C, Fang D, Yang Z, et al. RSS distribution-based passive localization and its application in sensor networks[J]. IEEE Transactions on Wireless Communications, 2016, 15(4): 2883-2895.

[14] Wang Y, Ho K C. Unified near-field and far-field localization for AOA and hybrid AOA-TDOA positionings[J]. IEEE Transactions on Wireless Communications, 2018, 17(2): 1242-1254.

[15] Wang G, Cai S, Li Y, et al. Second-order cone relaxation for TOA-based source localization with unknown start transmission time[J]. IEEE Transactions on Vehicular Technology, 2014, 63(6): 2973-2977.

[16] Werner J, Wang J, Hakkarainen A, et al. Performance and Cramer-Rao bounds for DOA/RSS estimation and transmitter localization using sectorized antennas[J]. IEEE Transactions on Vehicular Technology, 2016, 65(5): 3255-3270.

2 基本理论与方法

本章介绍无线信号强度定位中所涉及的各种估计方法和优化方法的基础理论，主要包括极大似然估计、最小二乘估计、半正定规划、二次约束二次规划，二阶锥规划等。这些理论和方法是后续所介绍的无线定位方法的基础。

2.1 极大似然估计

极大似然估计是在极大似然原理的基础上建立的一种统计方法，给出了一种使用给定量测模型来估计模型参数的方法。针对“模型已定，参数未知”的情况，极大似然估计利用已知的样本结果，反推最大概率(最大可能)产生这一结果的参数值。通过多次试验，根据试验结果得到某个参数值使得样本产生的概率最大，则成为极大似然估计。

假定模型的待估参数向量为 $\boldsymbol{\theta}$，考虑独立同分布的样本集：$\mathbf{Z}=\{z_1, z_2, \cdots, z_n\}$，联合概率密度函数 $p(\mathbf{Z} \mid \boldsymbol{\theta})$ 称为给定 $\mathbf{Z}=\{z_1, z_2, \cdots, z_n\}$ 下 $\boldsymbol{\theta}$ 的似然函数：

$$l(\boldsymbol{\theta})=p(\mathbf{Z} \mid \boldsymbol{\theta})=p(z_1, z_2, \cdots, z_n \mid \theta)=\prod_{i=1}^{n} p(z_i \mid \boldsymbol{\theta}) \tag{2-1}$$

使得上述函数值最大的 θ，即为极大似然估计：

$$\hat{\boldsymbol{\theta}}(z_1, z_2, \cdots, z_n)=\arg \max_{\boldsymbol{\theta}} l(\boldsymbol{\theta})=\arg \max_{\boldsymbol{\theta}} \prod_{i=1}^{n} p(z_i \mid \boldsymbol{\theta}) \tag{2-2}$$

而在实际使用中，为了方便分析，定义了对数似然函数：

$$L(\theta)=\ln l(\boldsymbol{\theta})=\sum_{i=1}^{n} \ln p(z_i \mid \boldsymbol{\theta}) \tag{2-3}$$

由于对数函数的单调性，极大似然估计也可以写为：

$$\hat{\boldsymbol{\theta}}=\arg \max_{\boldsymbol{\theta}} \sum_{i=1}^{n} \ln p(z_i \mid \boldsymbol{\theta}) \tag{2-4}$$

考虑以下标量量测模型：

$$z_i=f(\boldsymbol{\theta})+n_i \tag{2-5}$$

式中，n_i 为独立同分布的零均值高斯噪声，方差为 σ^2；$\boldsymbol{\theta}$ 为待估参数向量。因而，$\{z_i\}_{i=1}^n$ 也为独立的高斯随机变量，均值为 $f(\boldsymbol{\theta})$，方差为 σ^2。容易写出关于 $\boldsymbol{\theta}$ 的似然函数：

$$l(\boldsymbol{\theta})=p(\boldsymbol{Z}\mid\boldsymbol{\theta})=\prod_{i=1}^{n}p(z_i\mid\boldsymbol{\theta})=\prod_{i=1}^{n}\frac{1}{\sqrt{2\pi}\sigma}\mathrm{e}^{-[z_i-f(\boldsymbol{\theta})]^2/(2\sigma^2)} \tag{2-6}$$

从而，可以得到 θ 的极大似然估计为：

$$\hat{\boldsymbol{\theta}}=\arg\max_{\boldsymbol{\theta}}\prod_{i=1}^{n}\frac{1}{\sqrt{2\pi}\sigma}\mathrm{e}^{-[z_i-f(\boldsymbol{\theta})]^2/(2\sigma^2)} \tag{2-7}$$

即：

$$\hat{\boldsymbol{\theta}}=\arg\min_{\theta}\sum_{i=1}^{n}[z_i-f(\boldsymbol{\theta})]^2 \tag{2-8}$$

2.2 最小二乘估计

最小二乘估计的基本思想是选择一个最能吻合量测模型的参数值，使得拟合误差的平方和最小。

假设量测 $\boldsymbol{Z}=\{z_1, z_2, \cdots, z_n\}$ 由以下含参数 $\boldsymbol{\theta}$ 的模型产生：

$$z_i=\boldsymbol{g}_i(\boldsymbol{\theta})+\boldsymbol{v}_i \tag{2-9}$$

式中，$\boldsymbol{v}_i$ 为误差项，可以是随机的，也可以是非随机的。

最小二乘估计就是找到 $\hat{\boldsymbol{\theta}}$ 的近似 $\boldsymbol{\theta}$，使得以下拟合误差最小：

$$\hat{\theta}=\arg\min_{\hat{\theta}}\sum_{i=1}^{n}[z_i-\boldsymbol{g}_i(\hat{\boldsymbol{\theta}})]^{\mathrm{T}}\boldsymbol{W}_i[z_i-\boldsymbol{g}_i(\hat{\boldsymbol{\theta}})] \tag{2-10}$$

式中，$\boldsymbol{W}_i$ 为正定的加权矩阵，通常取 $\boldsymbol{W}_i=\boldsymbol{I}$ 和 $\boldsymbol{W}_i=\boldsymbol{R}_i^{-1}$，$\boldsymbol{R}_i=\mathrm{cov}(\boldsymbol{v}_i)$。

当量测 $\boldsymbol{Z}=\{\boldsymbol{z}_1, \boldsymbol{z}_2, \cdots, \boldsymbol{z}_n\}$ 由线性模型产生时，即：

$$z_i=\boldsymbol{H}_i(\boldsymbol{\theta})+\boldsymbol{v}_i \tag{2-11}$$

线性最小二乘估计即为极小化以下二次的拟合误差：

$$\hat{\theta}=\arg\min_{\hat{\theta}}\sum_{i=1}^{n}[z_i-\boldsymbol{H}_i(\hat{\boldsymbol{\theta}})]^{\mathrm{T}}\boldsymbol{W}_i[z_i-\boldsymbol{H}_i(\hat{\boldsymbol{\theta}})] \tag{2-12}$$

由正则方程，可以得到最优的线性最小二乘估计为：

$$\hat{\theta}=(\boldsymbol{H}^{\mathrm{T}}\boldsymbol{W}\boldsymbol{H})^{-1}\boldsymbol{H}^{\mathrm{T}}\boldsymbol{W}z \tag{2-13}$$

式中，$\boldsymbol{H}=[\boldsymbol{H}_1^{\mathrm{T}}, \boldsymbol{H}_2^{\mathrm{T}}, \cdots, \boldsymbol{H}_n^{\mathrm{T}}]^{\mathrm{T}}$，$\boldsymbol{W}=\mathrm{diag}(\boldsymbol{W}_1, \boldsymbol{W}_2, \cdots, \boldsymbol{W}_n)$，$z=[z_1^{\mathrm{T}}, z_2^{\mathrm{T}}, \cdots, z_n^{\mathrm{T}}]^{\mathrm{T}}$。此时，相应的最小拟合误差为：

$$J_{\min}=z^T[\boldsymbol{I}-\boldsymbol{H}(\boldsymbol{H}^{\mathrm{T}}\boldsymbol{W}\boldsymbol{H})^{-1}\boldsymbol{H}^{\mathrm{T}}\boldsymbol{W}]^{\mathrm{T}}\boldsymbol{W}[\boldsymbol{I}-\boldsymbol{H}(\boldsymbol{H}^{\mathrm{T}}\boldsymbol{W}\boldsymbol{H})^{-1}\boldsymbol{H}^{\mathrm{T}}\boldsymbol{W}]z \tag{2-14}$$

当量测模型中 $\boldsymbol{g}_i(\theta)$ 为非线性时，最小二乘估计问题即为非线性最小二乘估计问题。此类问题可能无解，也可能有一个或多个解。求解过程可以采取数值解法，但没有通用的解法。然而，当误差项 $\boldsymbol{v}_i$ 为随机变量，且为独立同分布的高斯分布时，最小二乘估计与极大似然估计重合(加权矩阵 $\boldsymbol{W}=\boldsymbol{I}$)。

2.3 最小绝对值相对误差估计

相对误差估计将绝对误差值与所测量之比作为极小化的对象。在实际应用中，一种更为鲁棒的估计为同时考虑绝对误差与所测值和真值之比，即为最小绝对值相对误差估计准则。

考虑以下线性量测模型：

$$y_i=\boldsymbol{a}_i^{\mathrm{T}}\boldsymbol{x}+v_i,\ i=1,\ 2,\ \cdots,\ n \tag{2-15}$$

式中，y_i 为标量测量值；$\boldsymbol{a}_i$ 为模型参数；$\boldsymbol{x}$ 为待估的参数向量；v_i 为噪声。将上式转为指数形式，得到以下等价的乘积形式量测模型：

$$z_i=\mathrm{e}^{\boldsymbol{a}_i^{\mathrm{T}}\boldsymbol{x}}\boldsymbol{\eta}_i,\ i=1,\ 2,\ \cdots,\ n \tag{2-16}$$

式中，$z_i=\mathrm{e}^{y_i}$，$\boldsymbol{\eta}_i=\mathrm{e}^{v_i}$。在上述模型的基础上，相对误差可以表示为两部分，即 $|(z_i-\mathrm{e}^{\boldsymbol{a}_i^{\mathrm{T}}\boldsymbol{x}})/z_i|$ 和 $|(z_i-\mathrm{e}^{\boldsymbol{a}_i^{\mathrm{T}}\boldsymbol{x}})/\mathrm{e}^{\boldsymbol{a}_i^{\mathrm{T}}\boldsymbol{x}}|$。最小绝对值相对误差估计的目的在于极小化相对误差之和，即：

$$\hat{\boldsymbol{x}}=\arg\min_{\boldsymbol{x}}\sum_{i=1}^{n}\left[(z_i-\mathrm{e}^{\boldsymbol{a}_i^{\mathrm{T}}\boldsymbol{x}})/z_i+(z_i-\mathrm{e}^{\boldsymbol{a}_i^{\mathrm{T}}\boldsymbol{x}})/\mathrm{e}^{\boldsymbol{a}_i^{\mathrm{T}}\boldsymbol{x}}\right] \tag{2-17}$$

可以证明，在量测噪声为高斯分布的情况下，最小绝对值误差估计与极大似然估计的精度接近。在 RSS 定位中，可以将此估计方法推广到非线性量测模型中，即：

$$y_i=f(\boldsymbol{a}_i,\ \boldsymbol{x})+v_i \tag{2-18}$$

式中，$f(\boldsymbol{a}_i,\ \boldsymbol{x})$ 为非线性函数。对上述等式两边取指数并进行变换，得到以下乘积形式模型：

$$z_i=\mathrm{e}^{f(\boldsymbol{a}_i,\boldsymbol{x})}\boldsymbol{\eta}_i,\ i=1,\ 2,\ \cdots,\ n \tag{2-19}$$

从而，得到相应的最小绝对值相对误差估计为：

$$\hat{\boldsymbol{x}}=\arg\min_{\boldsymbol{x}}\sum_{i=1}^{n}\left[\left|\frac{z_i-\mathrm{e}^{f(\boldsymbol{a}_i,\boldsymbol{x})}}{z_i}\right|+\left|\frac{z_i-\mathrm{e}^{f(\boldsymbol{a}_i,\boldsymbol{x})}}{\mathrm{e}^{f(\boldsymbol{a}_i,\boldsymbol{x})}}\right|\right] \tag{2-20}$$

2.4 CR 下界

在参数估计和统计中，CR 下界(Cramer-Rao Lower Bound，CRLB)表征了参

数无偏估计的方差下限，也即无偏估计的均方误差(MSE)下界。

对于非随机的标量 x 估计，可以描述如下：

$$\mathrm{MSE}(\hat{x})=\mathrm{cov}(\hat{x})=E[(x_0-\hat{x})^2]\geqslant J^{-1} \tag{2-21}$$

即任何无偏估计的方差不小于 Fisher 信息的倒数。其中，Fisher 信息定义为：

$$J=-E[\partial^2 \ln L(x)/\partial x^2]\big|_{x=x_0}=E\{[\partial \ln L(x)/\partial x]^2\}\big|_{x=x_0} \tag{2-22}$$

式中，$L(x)$ 为给定量测 $z=\{z_1, z_2, \cdots, z_n\}$ 时 x 的似然函数 $p(z|x)$；x_0 为 x 的真值，期望是关于量测 z 的平均。

对于非随机的参数向量 $\boldsymbol{x}$ 估计，描述如下：

$$\mathrm{MSE}(\hat{\boldsymbol{x}})=\mathrm{cov}(\hat{\boldsymbol{x}})=\mathrm{E}[(\boldsymbol{x}_0-\hat{\boldsymbol{x}})(\boldsymbol{x}_0-\hat{\boldsymbol{x}})^{\mathrm{T}}]\geqslant \boldsymbol{J}^{-1} \tag{2-23}$$

其中，Fisher 信息矩阵为：

$$\boldsymbol{J}=-\mathrm{E}[\nabla_x \nabla_x^{\mathrm{T}} \ln L(\boldsymbol{x})]\big|_{x=x_0}=\mathrm{E}\{[\nabla_x \ln L(\boldsymbol{x})][\nabla_x \ln L(\boldsymbol{x})]^{\mathrm{T}}\}\big|_{x=x_0} \tag{2-24}$$

$\boldsymbol{x}_0$ 为 $\boldsymbol{x}$ 的真值，期望依然是关于量测的平均。

2.5 半正定规划

半正定规划(Semidefinite Programming，SDP)是凸优化的一种，也是线性规划的一种推广。它是在满足约束条件“对阵矩阵的仿射组合为半正定”的情况下使得线性的目标函数极大化或极小化的问题。由于约束条件非线性、非光滑而且是凸的，因此半正定规划是一个非光滑凸优化问题。

考虑如下优化问题：

$$\begin{aligned} \min \quad & \boldsymbol{c}^{\mathrm{T}}\boldsymbol{x} \\ \mathrm{s.t.} \quad & \boldsymbol{F}(\boldsymbol{x})\leqslant \boldsymbol{0} \\ & \boldsymbol{A}\boldsymbol{x}=\boldsymbol{b} \end{aligned} \tag{2-25}$$

式中，$\boldsymbol{x}$，$\boldsymbol{c}\in \mathbb{R}^n$，不等式约束条件为以下线性矩阵不等式(Linear Matrix Inequality，LMI)形式：

$$\boldsymbol{F}(\boldsymbol{x})=x_1\boldsymbol{F}_1+x_2\boldsymbol{F}_2+\cdots+x_n\boldsymbol{F}_n+G\leqslant \boldsymbol{0} \tag{2-26}$$

$\boldsymbol{F}_1$，$\boldsymbol{F}_2$，$\cdots$，$\boldsymbol{F}_n$，$\boldsymbol{G}\in \mathbb{R}^{m\times m}$均为对阵矩阵。

该问题即为一个半正定规划问题。可以看出，半正定规划的目标函数为线性函数，约束条件包含等式约束和矩阵不等式约束。值得一提的是，当线性矩阵不等式中的 $\boldsymbol{F}_1$，$\boldsymbol{F}_2$，$\cdots$，$\boldsymbol{F}_n$，$\boldsymbol{G}$ 全为对角矩阵时，线性矩阵不等式退化为线性不等式，从而半正定规划问题也退化为线性规划问题。

半正定规划的另一种形式，即对偶问题，具有以下形式：

$$
\begin{aligned}
\min \quad & \mathrm{tr}(\boldsymbol{CX}) \\
\mathrm{s.t.} \quad & \mathrm{tr}(\boldsymbol{A}_i\boldsymbol{X}) = b_i \\
& \boldsymbol{X} \geqslant \boldsymbol{0}
\end{aligned}
\tag{2-27}
$$

其中，$\boldsymbol{C}$，$\boldsymbol{A}_1$，…，$\boldsymbol{A}_p$ 均为对称矩阵。对偶问题的约束条件包含了多个线性等式约束和变量 $\boldsymbol{X}$ 为非负矩阵的约束。

而对于线性目标函数，约束条件包括线性等式、不等式以及多个线性矩阵不等式约束的问题，即：

$$
\begin{aligned}
\min \quad & \boldsymbol{c}^{\mathrm{T}}\boldsymbol{x} \\
\mathrm{s.t.} \quad & \boldsymbol{F}^{(i)}(\boldsymbol{x}) = x_1\boldsymbol{F}_1^{(i)} + x_2\boldsymbol{F}_2^{(i)} + \cdots + x_n\boldsymbol{F}_n^{(i)} + \boldsymbol{G}^{(i)} \leqslant \boldsymbol{0} \\
& \boldsymbol{Gx} \leqslant \boldsymbol{h} \\
& \boldsymbol{Ax} = \boldsymbol{b}
\end{aligned}
\tag{2-28}
$$

也同样是半正定规划问题。这是因为可以使用块对角的线性矩阵不等式形式将上述问题写为一般的半正定规划问题，即：

$$
\begin{aligned}
\min \quad & \boldsymbol{c}^{\mathrm{T}}\boldsymbol{x} \\
\mathrm{s.t.} \quad & \mathrm{diag}[\boldsymbol{Gx}-\boldsymbol{h},\ \boldsymbol{F}^{(1)}(\boldsymbol{x}),\ \boldsymbol{F}^{(2)}(\boldsymbol{x}),\ \cdots,\ \boldsymbol{F}^{(k)}(\boldsymbol{x})] \leqslant \boldsymbol{0} \\
& \boldsymbol{Ax} = \boldsymbol{b}
\end{aligned}
\tag{2-29}
$$

半正定规划为凸优化，局部最优解也是全局最优解，其解可以采用原始—对偶内点法得到。在工程应用中，MATLAB 工具箱提供了 SeDuMi，YALMIP 等工具包可直接用来求解半正定规划问题。

2.6 二次约束二次规划

二次约束二次规划（Quadratically Constrained Quadratic Programming，QCQP）也是凸优化的一种。它要求目标函数和约束条件中的不等式约束函数均为凸的二次函数，形式如下：

$$
\begin{aligned}
\min \quad & (1/2)\boldsymbol{x}^{\mathrm{T}}\boldsymbol{P}_0\boldsymbol{x} + \boldsymbol{q}_0^{\mathrm{T}}\boldsymbol{x} + r_0 \\
\mathrm{s.t.} \quad & (1/2)\boldsymbol{x}^{\mathrm{T}}\boldsymbol{P}_i\boldsymbol{x} + \boldsymbol{q}_i^{\mathrm{T}}\boldsymbol{x} + r_i \leqslant \boldsymbol{0} \\
& \boldsymbol{Ax} = \boldsymbol{b}
\end{aligned}
\tag{2-30}
$$

式中，$\boldsymbol{P}_i(i=0,\ 1,\ \cdots,\ m)$ 为半正定矩阵。可以看出，当 $\boldsymbol{P}_i > \boldsymbol{0}$ 时，二次约束二次规划的可行域为多个椭圆内部区域的交集。

当二次约束二次规划中 $\boldsymbol{P}_i = \boldsymbol{0}$，$i=1$，2，…，$m$ 时，其退化为以下二次规划问题：

$$\begin{aligned} \min \quad & (1/2)\boldsymbol{x}^{\mathrm{T}}\boldsymbol{P}\boldsymbol{x}+\boldsymbol{q}^{\mathrm{T}}\boldsymbol{x}+r \\ \text{s. t.} \quad & \boldsymbol{G}\boldsymbol{x} \leqslant \boldsymbol{h} \\ & \boldsymbol{A}\boldsymbol{x}=\boldsymbol{b} \end{aligned} \tag{2-31}$$

而当二次约束二次规划中 $\boldsymbol{P}_i=\boldsymbol{0}$，$i=0$，1，…，$m$ 时，其退化为以下线性规划问题：

$$\begin{aligned} \min \quad & \boldsymbol{q}^{\mathrm{T}}\boldsymbol{x}+r \\ \text{s. t.} \quad & \boldsymbol{G}\boldsymbol{x} \leqslant \boldsymbol{h} \\ & \boldsymbol{A}\boldsymbol{x}=\boldsymbol{b} \end{aligned} \tag{2-32}$$

同样，MATLAB 工具箱提供了 CVX 工具包，对于二次约束二次规划问题很容易进行求解。

2.7 二阶锥规划

二阶锥规划(Second Order Cone Programming，SOCP)也是凸优化的一种，它要求约束条件为二阶锥。对于二阶锥，定义为：

$$C_k=\left\{\begin{bmatrix}\boldsymbol{u}\\ t\end{bmatrix} \mid \boldsymbol{u}\in R^{k-1},\ t\in R,\ \|\boldsymbol{u}\| \leqslant t\right\} \tag{2-33}$$

而二阶锥约束为：

$$\|\boldsymbol{A}\boldsymbol{x}+\boldsymbol{b}\| \leqslant \boldsymbol{c}^{\mathrm{T}}\boldsymbol{x}+d \Leftrightarrow \begin{bmatrix}\boldsymbol{A}\\ \boldsymbol{c}^{\mathrm{T}}\end{bmatrix}\boldsymbol{x}+\begin{bmatrix}\boldsymbol{b}\\ d\end{bmatrix} \in C_k \tag{2-34}$$

该约束条件相当于对 $\boldsymbol{x}$ 作了仿射变换，而仿射变换不改变凹凸性。在此基础上，二阶锥规划定义为：

$$\begin{aligned} \min \quad & \boldsymbol{f}^{\mathrm{T}}\boldsymbol{x} \\ \text{s. t.} \quad & \|\boldsymbol{A}_i\boldsymbol{x}+\boldsymbol{b}_i\| \leqslant \boldsymbol{c}_i^{\mathrm{T}}\boldsymbol{x}+d_i \\ & \boldsymbol{F}\boldsymbol{x}=\boldsymbol{g} \end{aligned} \tag{2-35}$$

由于二阶锥规划为凸优化问题，可以采用内点法快速求解，且一般比半正定规划求解更有效。

参 考 文 献

[1] Bar-Shalom Y, Li X R, Kirubarajan T. Estimation with applications to tracking and navigation: theory algorithms and software[M]. Hoboken: Wiley, 2001.

[2] 韩光文. 辨识及参数估计[M]. 北京：国防工业出版社，1980.

[3] 陈家鼎，郑忠国. 概率与统计[M]. 北京：北京大学出版社，2007.
[4] 白淑敏，崔红卫. 概率论与数理统计[M]. 北京：北京邮电大学出版社，2022.
[5] Boyd S，Vandenberghe L. Convex optimization[M]. Cambridge：Cambridge University Press，2004.
[6] Bertsekas D P. 凸优化理论[M]. 赵千川，王梦迪，译. 北京：清华大学出版社，2015.
[7] Veatch M H. Linear and convex optimization：a mathematical approach[M]. Hoboken：Wiley，2020.
[8] Nesterov Y. Lectures on convex optimization[M]. 2nd ed. Switzerland：Springer Cham，2018.
[9] 张海斌，张凯丽. 凸优化理论与算法[M]. 北京：科学出版社，2021.

3 理想模型下的 RSS 定位

RSS 定位技术可以分为非测距方式和测距方式。非测距方式不直接使用 RSS 量测模型，而是在感兴趣的区域内放置锚节点，锚节点之间形成两两互通的链路。当目标进入该区域时，目标所处链路上的电磁波会被目标吸收或反射，从而导致相关链路 RSS 数值发生变化。根据这一变化值，结合相应锚节点的具体位置，使用相关方法来估计目标的位置。指纹匹配法是最具代表性的非测距定位方法。该方法包含了离线训练和在线匹配两个阶段。离线训练阶段记录当目标处于区域不同位置时，所有锚节点链路上的 RSS 数值，并使 RSS 数值与对应的锚节点位置形成一个数据库。在线匹配阶段，当需要估计目标的位置时，将对应各链路的 RSS 数值与数据库进行比对，找出近似值所对应的目标位置，把该目标位置作为定位的结果。对于单目标定位，指纹匹配法有很高的精度。然而，对于多目标定位，相应的指纹库呈指数增大。此外，指纹匹配法还对多径环境较为敏感，当环境稍微有所改变时，数据库中的 RSS 值就会产生误差，影响最终定位精度。

本书介绍测距式 RSS 定位方法。测距式 RSS 定位方法是基于量测模型的，其中被定位的目标点与多个不同位置的锚节点进行通信，通过测量各个锚节点的 RSS 值来估算目标节点与锚节点的距离，结合信道衰减模型和发射信号场强，利用极大似然、最小误差平方等准则估计目标的位置。然而，当电磁信号在锚节点与目标节点之间传播时，受到墙壁、建筑物等障碍的影响产生一些问题，主要包括非视距效应、阴影效应和多径效应，会使得理想的 RSS 量测模型变成非理想模型。此外，在无线传感器网络定位中，当目标节点为辐射源，锚节点为接收器时，位置估计问题即辐射源定位问题。而当目标节点为接收器，锚节点为辐射源时，位置估计问题即接收器导航问题。这两类问题在理想模型下本质相同，可以统一描述为目标定位问题。而当量测模型为非理想情况时，例如量测有偏差，两类定位问题有所不同。本章聚焦于理想环境下的 RSS 定位，即基于理想 RSS 量测模型的定位。下面首先介绍 RSS 定位中常使用的一些量测模型，然后介绍理想模型下的一些定位算法，包括非线性方法、线性方法、优化方法等。

3.1 常用的 RSS 量测模型

当电磁信号在空气中传播时，传输距离会按照某种方式衰减。在一般的环境影响因素下，通常描述为下面简化的路径损耗模型：

$$P_r = KP_t / d_r^{\beta} \tag{3-1}$$

式中，P_r 为与参考距离相距 d_r 处的信号功率，dB；P_t 为信号发射功率，dB；β 为路径损失因子，表征了发射信号的功率随 d^{β} 而衰减，量值随着非视距路径的增多而增大；K 表征其他因素对信号功率的影响。

另外，由于信号功率总是以随机的、不可预测的方式变化，使用统计方法进行刻画更为合适。测距式 RSS 定位广泛使用分贝形式的 RSS 量测统计模型，其中最常用的模型如下：

$$P_i = P_0 - 10\beta \lg d_i(\boldsymbol{x}, \boldsymbol{a}_i)/d_0 + n_i \tag{3-2}$$

式中，P_0 为参考距离 d_0 处的信号功率，dB；$\boldsymbol{x}$ 为未知的目标点位置；$\boldsymbol{a}_i$ 为锚节点位置；d_i 为目标点与锚节点之间的距离；n_i 为对数正态阴影影响因子，通常建模为零均值的高斯随机变量。

此外，P_0 的大小依赖于辐射源本身的发射功率，且与信号传播环境有关，而 β 取决于信号传播环境，通常在 2 和 4 之间取值。在实际应用中，这两个参数可以通过试验或者先验信息得到，也可以通过节点与节点之间的量测来估计。此外，还有一种常用的路径损失模型：

$$L_i = L_0 + 10\beta \lg d_i(\boldsymbol{x}, \boldsymbol{a}_i)/d_0 + n_i \tag{3-3}$$

式中，L_0 为信号功率从发射端到参考距离 d_0 处的损耗值，dB。

其余参数与模型[公式(3-2)]中一致。公式(3-2)和公式(3-3)所示的模型是最常用的两个模型，二者也容易相互转化，本书主要介绍基于这两个模型的 RSS 定位方法。

3.2 非线性定位方法

首先，我们给出本章的定位问题描述：

在传感器网络中有 n 个锚节点，且已知位置为 $\boldsymbol{a}_i = [x_i, y_i]^{\mathrm{T}}$，$i=1, 2, \cdots, n$。目标节点的真实位置 $\boldsymbol{x} = [x, y]^{\mathrm{T}}$。各锚节点对应于目标节点的信号强度如公式(3-2)的量测模型(对数正态阴影模型)所示。考虑 RSS 定位问题，即使用各锚节点的量测，结合各锚节点的位置数据，估计目标点的位置 $\boldsymbol{x}$。非线性定位方法主要包括了非线性最小二乘方法和极大似然估计方法。

3.2.1 非线性最小二乘方法

非线性最小二乘方法根据 RSS 量测方程，极小化非线性的最小二乘代价函数，即：

$$\boldsymbol{x}=\arg\min_{\boldsymbol{x}} \quad J_{\mathrm{NLS}}(\boldsymbol{x}) \tag{3-4}$$

式中，$J_{\mathrm{NLS}}(\boldsymbol{x})=\sum_{i=1}^{n}[r_i-f_i(\boldsymbol{x})]^2$，$r_i$ 为各个 RSS 量测值，f_i 为非线性 RSS 量测函数。也就是说，非线性最小二乘定位方法可以求解以下问题：

$$\boldsymbol{x}=\arg\min_{\boldsymbol{x}}\sum_{i=1}^{n}[P_i-P_0+10\beta\lg d_i(\boldsymbol{x},\ \boldsymbol{a}_i)/d_0]^2 \tag{3-5}$$

由于上述优化问题的目标函数存在局部极小点，得到全局最优解并不容易。求解此优化问题基本上有两类方法，第一类采用网格搜索或随机搜索，例如基因算法和粒子群优化算法；第二类是局部搜索法，常用的有 Newton-Raphson，Gauss-Newton 和最速下降法等。然而，这种迭代方法需要初始位置估计。如果初值接近于真值，结果可能具有较好的估计精度。而当初值不好(远离真值)时，最终的搜索结果往往不理想。

3.2.2 极大似然估计方法

极大似然(Maximum Likelihood，ML)估计在噪声分布信息已知的情况下，通过极大化 RSS 量测的概率分布函数得到未知参数的估计。当量测噪声为零均值高斯分布时，极大似然估计对应的问题为：

$$\boldsymbol{x}=\arg\min_{\boldsymbol{x}} \quad J_{\mathrm{ML}}(\boldsymbol{x}) \tag{3-6}$$

式中，$J_{\mathrm{ML}}(\boldsymbol{x})=[\boldsymbol{r}-\boldsymbol{f}(\boldsymbol{x})]^{\mathrm{T}}\boldsymbol{C}^{-1}[\boldsymbol{r}-\boldsymbol{f}(\boldsymbol{x})]$，$\boldsymbol{C}$ 为 RSS 量测噪声的协方差矩阵，$\boldsymbol{r}=[\boldsymbol{r}_1,\ \boldsymbol{r}_2,\ \cdots,\ \boldsymbol{r}_n]^{\mathrm{T}}$，$\boldsymbol{f}(\boldsymbol{x})=[f_1(\boldsymbol{x}),\ f_2(\boldsymbol{x}),\ \cdots,\ f_n(\boldsymbol{x})]^{\mathrm{T}}$。不难看出，极大似然估计是非线性最小二乘估计的一般化，也是加权的非线性最小二乘估计方法。当 $\boldsymbol{C}^{-1}$ 为单位矩阵的倍数，即各噪声项独立同分布时，RSS 定位的极大似然估计问题为：

$$\boldsymbol{x}=\arg\min_{\boldsymbol{x}}\prod_{i=1}^{n}\frac{1}{\sqrt{2\pi}\sigma}\mathrm{e}^{-[P_i-P_0+10\beta\lg d_i(\boldsymbol{x},\boldsymbol{a}_i)/d_0]^2/(2\sigma^2)} \tag{3-7}$$

上述优化问题等价于公式(3-5)所示的优化问题。因此，在高斯独立噪声的条件下，极大似然估计等价于非线性最小二乘估计。同样，极大似然估计方法建立的优化问题具有非凸性，因此也是难以求解的。在求解时可以采用上述非线性最小二乘估计中的优化算法，但同样也存在初始化困难的问题。

3.3 线性定位方法

线性定位方法的基本思想是将非线性 RSS 量测方程转化为一组线性等式，且使得误差项为零均值。相应的优化代价函数是单峰的，可以保证得到全局最优解。线性定位方法主要包括线性最小二乘方法(Linear Least Squares，LLS)和加权线性最小二乘方法。

3.3.1 线性最小二乘方法

线性最小二乘方法将 RSS 量测方程变形，得到关于目标位置的线性等式，进而使用线性的最小二乘方法得到位置估计。下面列举两种不同的线性最小二乘方法。

方法一：考虑模型(3-2)，在无噪声情况下，可以将其写为：

$$d_i^2=\zeta_i \tag{3-8}$$

式中，$\zeta_i=10^{(P_0-P_i)/(5\beta)}$。令 $\boldsymbol{\theta}=[\boldsymbol{x}^{\mathrm{T}},\ \boldsymbol{x}^{\mathrm{T}}\boldsymbol{x}]^{\mathrm{T}}$ 为待估的参数向量。将公式(3-8)进行等价变形，并写成以下矩阵形式：

$$\boldsymbol{A\theta}=\boldsymbol{b} \tag{3-9}$$

式中，$\boldsymbol{A}=\begin{bmatrix}2\boldsymbol{a}_1^{\mathrm{T}} & -1\\ 2\boldsymbol{a}_2^{\mathrm{T}} & -1\\ \vdots & \vdots\\ 2\boldsymbol{a}_M^{\mathrm{T}} & -1\end{bmatrix}$，$\boldsymbol{b}=\begin{bmatrix}k_1-\zeta_1\\ k_2-\zeta_2\\ \vdots\\ k_M-\zeta_M\end{bmatrix}$，$k_i=\boldsymbol{a}_i^{\mathrm{T}}\boldsymbol{a}_i$。

容易求得 $\boldsymbol{\theta}$ 的最小二乘解为：

$$\hat{\boldsymbol{\theta}}=(\boldsymbol{A}^{\mathrm{T}}\boldsymbol{A})^{-1}\boldsymbol{A}^{\mathrm{T}}\boldsymbol{b} \tag{3-10}$$

即得到目标的位置估计为 $\hat{\boldsymbol{x}}$。

方法二：考虑量测方程(3-3)，可将其转化为以下形式：

$$L_i/\gamma\alpha=\ln d_i \tag{3-11}$$

或：

$$\mathrm{e}^{2L_i/\gamma\alpha}=d_i^2 \tag{3-12}$$

选择一个参考节点 $\boldsymbol{a}_r=[x_r,\ y_r]^{\mathrm{T}}$，将其余节点对应的距离平方与该节点的距离平方 d_r^2 作差，可得：

$$[(x-x_r)^2+(y-y_r)^2]-[(x-x_i)^2+(y-y_i)^2]=e^{\frac{2L_r}{\gamma\alpha}}-e^{\frac{2L_i}{\gamma\alpha}} \tag{3-13}$$

将各个节点对应的上述方程累积起来，写成如下矩阵形式：

$$\boldsymbol{A\theta}=(1/2)\boldsymbol{b} \tag{3-14}$$

式中，$\boldsymbol{A}=\begin{bmatrix} x_1-x_r & y_1-y_r \\ x_2-x_r & y_2-y_r \\ \vdots & \vdots \\ x_{N-1}-x_r & y_{N-1}-y_r \end{bmatrix}$；$\boldsymbol{\theta}=\begin{bmatrix} x \\ y \end{bmatrix}$；$\boldsymbol{b}=\begin{bmatrix} e^{\frac{2L_r}{\gamma\alpha}}-e^{\frac{2L_1}{\gamma\alpha}}-\kappa_r+\kappa_1 \\ e^{\frac{2L_r}{\gamma\alpha}}-e^{\frac{2L_2}{\gamma\alpha}}-\kappa_r+\kappa_2 \\ \vdots \\ e^{\frac{2L_r}{\gamma\alpha}}-e^{\frac{2L_N}{\gamma\alpha}}-\kappa_r+\kappa_N \end{bmatrix}$，$\kappa_r=x_r^2+y_r^2$，$\kappa_i=x_i^2+y_i^2$。可得公式(3-14)关于 $\boldsymbol{\theta}$ 的线性最小二乘解为：

$$\boldsymbol{\theta}=(1/2)(\boldsymbol{A}^{\mathrm{T}}\boldsymbol{A})^{-1}\boldsymbol{A}^{\mathrm{T}}\boldsymbol{b} \tag{3-15}$$

3.3.2 加权线性最小二乘方法

首先，对量测模型(3-2)进行等价变形，得到：

$$r_i=-\alpha\ln d_i+m_i \tag{3-16}$$

式中，$r_i=\ln 10^{(P_i-P_0)/10}$，$m_i=0.1\ln(10)n_i$，为新的噪声项，方差为 $0.01(\ln 10)^2\sigma^2$。

为了将 RSS 量测方程转为关于 x 的线性模型，首先引入一个距离变量 R：

$$R=x^2+y^2 \tag{3-17}$$

并由：

$$d_i^2=(x-x_i)^2+(y-y_i)^2 \tag{3-18}$$

可得：

$$-2x_ix-2y_iy+R=d_i^2-x_i^2-y_i^2 \tag{3-19}$$

写成矩阵形式，即：

$$\boldsymbol{A\theta}=\boldsymbol{b} \tag{3-20}$$

式中，$\boldsymbol{A}=\begin{bmatrix} -2x_1 & -2y_1 & 1 \\ -2x_2 & -2y_2 & 1 \\ \vdots & \vdots & \vdots \\ -2x_n & -2y_n & 1 \end{bmatrix}$；$\boldsymbol{\theta}=\begin{bmatrix} x \\ y \\ R \end{bmatrix}$；$\boldsymbol{b}=\begin{bmatrix} d_1^2-x_1^2-y_1^2 \\ d_2^2-x_2^2-y_2^2 \\ \vdots \\ d_n^2-x_n^2-y_n^2 \end{bmatrix}$。

对于公式(3-20)，$\boldsymbol{A}$ 是完全已知的，$\boldsymbol{\theta}$ 是待估参数向量，$\boldsymbol{b}$ 是观测向量，其中包含未知量 $\{d_i^2\}$。在实际中，$\boldsymbol{b}$ 可以用它的估计量 $\hat{\boldsymbol{b}}$ 替换，其中 $\{d_i^2\}$ 用无偏估

计$\{\hat{d}_i^2\}$代替，从而得到：

$$A\boldsymbol{\theta} \approx \hat{\boldsymbol{b}} \tag{3-21}$$

为了得到关于$\boldsymbol{\theta}$的最优无偏估计，需要得到$\{\hat{d}_i^2\}$和相应的协方差矩阵。根据公式(3-20)得出：

$$\hat{d}_i^2 = \mathrm{e}^{-(2r_i/\alpha)-(2\lambda_i^2/\alpha^2)} \tag{3-22}$$

并且方差 $\mathrm{var}(\hat{d}_i^2)$表示为：

$$\mathrm{var}(\hat{d}_i^2) = \mathrm{var}[(\mathrm{e}^{-2r_i/\alpha})(\mathrm{e}^{-2\lambda_i^2/\alpha^2})] = d_l^4(\mathrm{e}^{4\lambda_i^2/\alpha^2}-1) \tag{3-23}$$

在公式(3-20)中，将$\{d_i^2\}$替换为$\{\hat{d}_i^2\}$，$E\{\hat{\boldsymbol{b}}\} = A\boldsymbol{\theta}$成立，即该模型为线性无偏量测模型。然后根据公式(3-21)，$\hat{\boldsymbol{b}}$的噪声协方差$\boldsymbol{C}_b$为如下对角矩阵形式：

$$\boldsymbol{C}_b = \mathrm{diag}[d_1^4(\mathrm{e}^{4\lambda_1^2/\alpha^2}-1),\ d_2^4(\mathrm{e}^{4\lambda_2^2/\alpha^2}-1),\ \cdots,\ d_n^4(\mathrm{e}^{4\lambda_n^2/\alpha^2}-1)] \tag{3-24}$$

将该协方差矩阵作为加权矩阵，$\boldsymbol{\theta}$的最优线性无偏估计为极小化以下函数的参数向量：

$$J(\boldsymbol{\theta}) = (A\boldsymbol{\theta}-\hat{\boldsymbol{b}})^{\mathrm{T}}\boldsymbol{C}_b^{-1}(A\boldsymbol{\theta}-\hat{\boldsymbol{b}}) \tag{3-25}$$

其解为：

$$\hat{\boldsymbol{\theta}} = (\boldsymbol{A}^{\mathrm{T}}\boldsymbol{C}_b^{-1}\boldsymbol{A})^{-1}\boldsymbol{A}^{\mathrm{T}}\boldsymbol{C}_b^{-1}\hat{\boldsymbol{b}} \tag{3-26}$$

由于$\{d_i^2\}$未知，实际中将$\{d_i^2\}$替换为$\{\hat{d}_i^2\}$，则$\boldsymbol{C}_b^{-1}$为：

$$\boldsymbol{C}_b^{-1} = \mathrm{diag}[\mathrm{e}^{4r_1/\alpha}/(1-\mathrm{e}^{-4\lambda_1^2/\alpha^2}),\ \mathrm{e}^{4r_2/\alpha}/(1-\mathrm{e}^{-4\lambda_2^2/\alpha^2}),\ \cdots,\ \mathrm{e}^{4r_n/\alpha}/(1-\mathrm{e}^{-4\lambda_n^2/\alpha^2})] \tag{3-27}$$

最终，目标位置估计为$\hat{\boldsymbol{\theta}}$的前两维元素，即：

$$\hat{\boldsymbol{x}} = \{[\hat{\boldsymbol{\theta}}]_1,\ [\hat{\boldsymbol{\theta}}]_2\}^{\mathrm{T}} \tag{3-28}$$

3.4 优化定位方法

除了传统的线性方法与非线性方法，近些年一些基于凸优化的方法在 RSS 定位上得到应用，例如半正定规划方法、二阶锥规划等。基于凸优化的定位方法多数是在极大似然估计或最小二乘准则的基础上，将所建立的优化问题转换为容易求解的凸优化问题，从而保证得到全局最优解。基于优化的定位方法往往具有良好的定位精度，且高于线性估计方法的精度。而极大似然估计和非线性最小二乘估计的数值解法只有在真值或接近真值的初始条件下，才具有较好的定位性能，而初始化不合适时，其定位结果远不如优化定位方法。下面详细介绍半正定规划方法。

首先，考虑量测模型[公式(3-2)]，将其等价变形得到：

$$\lg[(d_i/d_0)^2 10^{(P_i-P_0)/(5\beta)}] = n_i/(5\beta) \tag{3-29}$$

令 $\mu_i=(d_i/d_0)^2=d_i^2$（通常 $d_0=1$），$\tau_i=10^{(P_i-P_0)/(5\beta)}$，进一步得到：

$$\mu_i\tau_i = 10^{n_i/(5\beta)} \tag{3-30}$$

当量测噪声 n_i 充分小时，对上式左侧关于 n_i 作一阶泰勒展开，得到：

$$\mu_i\tau_i \approx 1+\ln 10/(5\beta)n_i = 1+\tilde{n}_i \tag{3-31}$$

其中，$\tilde{n}_i$ 是零均值，方差为 $(\ln 10)^2\sigma^2/(25\beta^2)$ 的高斯噪声。基于上述方程，可以建立关于未知参数向量的估计问题，如最小一乘估计和最小二乘估计。由于 l_2 范数受大数影响较大，当向量的个别分量较大时，对目标函数的评价影响很大。对比之下，l_1 范数相对较好，在这个意义上更适合用于目标函数。另一方面，l_1 范数在优化处理上往往比较困难，而 l_2 范数用于目标函数往往是可导的，易于优化处理。下面，我们将分别使用这两个范数的目标函数，得到不同的半正定规划定位方法。

3.4.1 SDP-l_1 方法

根据公式(3-31)，待估量 $\boldsymbol{x}$ 在 l_1 范数下的最小一乘估计是：

$$\hat{\boldsymbol{x}} = \arg\min_{\boldsymbol{x}} \sum_{i=1}^{n} |\mu_i\tau_i - 1| \tag{3-32}$$

为了将上述问题转为凸优化问题，引入一个辅助变量 $y=\boldsymbol{x}^{\mathrm{T}}\boldsymbol{x}$，则可以将 μ_i 写为：

$$\mu_i = \|\boldsymbol{x}-\boldsymbol{a}_i\|^2 = y-2(\boldsymbol{a}_i)^{\mathrm{T}}\boldsymbol{x}+(\boldsymbol{a}_i)^{\mathrm{T}}\boldsymbol{a}_i \tag{3-33}$$

此时，公式(3-32)可以转为以下半正定规划问题：

$$\begin{aligned}
&\arg\min_{t_i,\,\mu_i,\,y,\,x} \sum_{i=1}^{n} t_i \\
\text{s.t.}\quad & -t_i \leqslant \mu_i\tau_i - 1 \leqslant t_i \\
& \mu_i = y - 2(\boldsymbol{a}_i)^{\mathrm{T}}\boldsymbol{x} + (\boldsymbol{a}_i)^{\mathrm{T}}\boldsymbol{a}_i \\
& y \geqslant \boldsymbol{x}^{\mathrm{T}}\boldsymbol{x}
\end{aligned} \tag{3-34}$$

其中，第二个约束条件由将 $y=\boldsymbol{x}^{\mathrm{T}}\boldsymbol{x}$ 代入 $\mu_i=\|\boldsymbol{x}-\boldsymbol{a}_i\|^2=y-2(\boldsymbol{a}_i)^{\mathrm{T}}\boldsymbol{x}+(\boldsymbol{a}_i)^{\mathrm{T}}\boldsymbol{a}_i$ 得到。第一个约束条件保证 $\|\mu_i\tau_i-1\|\leqslant t_i$，因此，极小化所有 t_i 之和等价于公

式(3-32)。在第三个约束条件中，将关于 y 的等式约束松弛为不等式约束从而变成凸条件，它与以下线性矩阵不等式等价：

$$\begin{bmatrix} \boldsymbol{I}_2 & \boldsymbol{x} \\ \boldsymbol{x}^{\mathrm{T}} & y \end{bmatrix} \geqslant \boldsymbol{0} \tag{3-35}$$

这样，可以借助一些优化工具包，如 CVX，求解 SDP 公式(3-34)得到目标点的位置估计 $\hat{\boldsymbol{x}}$。

3.4.2 SDP-l_2 方法

根据公式(3-31)，待估量 $\boldsymbol{x}$ 在 l_2 范数下的最小二乘估计是：

$$\hat{\boldsymbol{x}} = \arg\min_{\boldsymbol{x}} \sum_{i=1}^{n} (\mu_i \tau_i - 1)^2 \tag{3-36}$$

同样，为了将上述问题转为凸优化问题，引入与 SDP-l_1 方法中相同的辅助变量 $y = \boldsymbol{x}^{\mathrm{T}}\boldsymbol{x}$。此时，公式(3-36)可以转为以下半正定规划问题：

$$\begin{aligned} &\arg\min_{t_i,\ \mu_i,\ y,\ x} \sum_{i=1}^{n} t_i \\ \text{s.t.}\quad & (\mu_i \tau_i - 1)^2 \leqslant t_i \\ & \mu_i = y - 2(\boldsymbol{a}_i)^{\mathrm{T}}\boldsymbol{x} + (\boldsymbol{a}_i)^{\mathrm{T}}\boldsymbol{x}_i \\ & y \geqslant \boldsymbol{x}^{\mathrm{T}}\boldsymbol{x} \end{aligned} \tag{3-37}$$

其中，第二个约束条件与 SDP-l_1 方法中的一致。此外，同样将关于 y 的等式约束松弛为不等式约束。由于公式(3-37)已是一个凸的半正定规划问题，因而也容易求解得到目标点的位置估计 $\hat{\boldsymbol{x}}$。

3.4.3 半正定规划方法三

考虑 RSS 路径损失模型(3-3)，在高斯量测噪声的假设下，使用 n 个锚节点的 RSS 损耗量测 L_i，$i=1, 2, \cdots, n$，可以建立如下联合量测的条件概率分布：

$$p(L|\boldsymbol{x}) = \prod_{i=1}^{n} 1/\sqrt{2\pi}\sigma \mathrm{e}^{-(L_i - L_0 - 10\beta \lg \| \boldsymbol{x} - \boldsymbol{a}_i \| / d_0)^2/(2\sigma^2)} \tag{3-38}$$

从而，相应的极大似然估计为：

$$\hat{\boldsymbol{x}} = \arg\min_{\boldsymbol{x}} \sum_{i=1}^{n} [10\beta \lg \| \boldsymbol{x} - \boldsymbol{a}_i \| / d_0 - (L_i - L_0)]^2 \tag{3-39}$$

定义变量 $r_i = 10\beta \lg(\| \boldsymbol{x} - \boldsymbol{a}_i \| / d_0) - (L_i - L_0)$ 是真实值与测量值之间的残差。从而，上述的极大似然估计问题可以理解为极小化残差向量 $\boldsymbol{r} = [r_1, r_2, \cdots, r_n]^{\mathrm{T}}$ 的

惩罚函数：

$$\hat{\boldsymbol{x}}=\arg\min_{x} f(\boldsymbol{r}) \tag{3-40}$$

式中，$f(\cdot)=\|\cdot\|^2$。

显然，由于残差项中存在 $\lg\|\boldsymbol{x}-\boldsymbol{a}_i\|$，极大似然估计问题为非凸问题，难以得到该问题的全局最优解。为了便于得到一个凸的估计器，首先推导一个与极大似然估计近似的非凸估计器，但在残差项中不存在对数项。为此，将公式(3-40)中的优化函数 $f(\cdot)=\|\cdot\|^2$ 用另一惩罚函数 $f(\cdot)=\|\cdot\|_\infty=\max\limits_i|[\cdot]_i|$ 替换，即 l_∞ 范数。因而，极大似然估计(3-39)可以近似为：

$$\hat{\boldsymbol{x}}=\arg\min_{x}\max_{i}|10\beta\lg\|\boldsymbol{x}-\boldsymbol{a}_i\|/d_0-(L_i-L_0)| \tag{3-41}$$

使用上述近似结果的好处在于，经过一些变换后能得到一个无对数项的等价问题。由于 $\|\boldsymbol{x}-\boldsymbol{a}_i\|>0$，对目标函数进行正的尺度变换并不影响极小化问题的结果，从而公式(3-41)等价于：

$$\hat{\boldsymbol{x}}=\arg\min_{x}\max_{i}|\lg\|\boldsymbol{x}-\boldsymbol{a}_i\|^2/\beta_i^2| \tag{3-42}$$

式中，$\beta_i^2=d_0^2\,10^{(L_i-L_0)/(5\beta)}$。又由于

$$\begin{aligned}|\lg\|\boldsymbol{x}-\boldsymbol{a}_i\|^2/\beta_i^2|&=\max(\lg\|\boldsymbol{x}-\boldsymbol{a}_i\|^2/\beta_i^2,\ \lg\beta_i^2/\|\boldsymbol{x}-\boldsymbol{a}_i\|^2)\\&=\lg[\max(\|\boldsymbol{x}-\boldsymbol{a}_i\|^2/\beta_i^2,\ \beta_i^2/\|\boldsymbol{x}-\boldsymbol{a}_i\|^2)]\end{aligned} \tag{3-43}$$

可以将公式(3-42)重写为：

$$\hat{\boldsymbol{x}}=\arg\min_{x}\max_{i}\lg[\max(\|\boldsymbol{x}-\boldsymbol{a}_i\|^2/\beta_i^2,\ \beta_i^2/\|\boldsymbol{x}-\boldsymbol{a}_i\|^2)] \tag{3-44}$$

由于 $\lg(x)$ 在其定义域内为严格单调递增函数，当 $\lg(x)$ 极大化时，x 也极大化，因而公式(3-44)等价于：

$$\hat{\boldsymbol{x}}=\arg\min_{x}\max_{i}\max(\|\boldsymbol{x}-\boldsymbol{a}_i\|^2/\beta_i^2,\ \beta_i^2/\|\boldsymbol{x}-\boldsymbol{a}_i\|^2) \tag{3-45}$$

基于上述推导，定位问题可以简单地写为：

$$\hat{\boldsymbol{x}}=\arg\min_{x} f(\tilde{\boldsymbol{r}}) \tag{3-46}$$

式中，$\tilde{\boldsymbol{r}}=[\tilde{r}_1,\ \tilde{r}_2,\ \cdots,\ \tilde{r}_n]$ 为所述的残差向量，即 $\tilde{r}_i=\max(\|\boldsymbol{x}-\boldsymbol{a}_i\|^2/\beta_i^2,\ \beta_i^2/\|\boldsymbol{x}-\boldsymbol{a}_i\|^2)$。$f(\cdot)$ 可以是任意凸的惩罚函数，例如 l_p 范数族。从而，$\tilde{r}_i$ 不包含对数项。

定位问题描述成公式(3-46)的合理性在于以下两个方面：

(1) RSS 路径损失模型可以表示成：

$$\beta_i^2=10^{n_i/5}\|\boldsymbol{x}-\boldsymbol{a}_i\|^2 \tag{3-47}$$

式中，$\beta_i^2=d_0^2\,10^{(L_i-L_0)/(5\beta)}$。也就是说，$\beta_i^2$ 中的噪声对于 $\|\boldsymbol{x}-\boldsymbol{a}_i\|^2$ 是乘性的。而

残差项 $\tilde{r}_i$ 与该乘性噪声模型一致，因为它仅包含了 $\|\boldsymbol{x}-\boldsymbol{a}_i\|^2/\beta_i^2$ 与其逆。

(2) 由于公式(3-46)中的 $f(\cdot)$ 用到 l_∞ 范数，故其实际为公式(3-45)。而公式(3-45)等价于公式(3-41)，是极大似然估计的一个近似问题。与极大似然估计公式(3-41)相比，虽然公式(3-46)所描述的定位问题在残差项上无对数函数，但 $\beta_i^2/\|\boldsymbol{x}-\boldsymbol{a}_i\|^2$ 的非凸性导致它依然为非凸问题。下面基于问题(3-46)，推导一个凸的估计方法。

引入辅助变量 $\boldsymbol{t}=[t_1, t_2, \cdots, t_n]^{\mathrm{T}}$，问题(3-46)可以写成：

$$\begin{aligned} &\arg\min_{\boldsymbol{x},\boldsymbol{t}} f(\boldsymbol{t}) \\ &\text{s.t. } \|\boldsymbol{x}-\boldsymbol{a}_i\|^2/\beta_i^2 \leqslant t_i \\ &\beta_i^2/\|\boldsymbol{x}-\boldsymbol{a}_i\|^2 \leqslant t_i \end{aligned} \tag{3-48}$$

显然，在上述问题中，$t_i>0$。该问题可以进一步写成：

$$\begin{aligned} &\arg\min_{\boldsymbol{x},\boldsymbol{t}} f(\boldsymbol{t}) \\ &\text{s.t. } \|\boldsymbol{x}-\boldsymbol{a}_i\|^2 \leqslant \beta_i^2 t_i \\ &\|\boldsymbol{x}-\boldsymbol{a}_i\|^2 \geqslant \beta_i^2 t_i^{-1} \end{aligned} \tag{3-49}$$

为了简化问题，定义变量 $k_i=\|\boldsymbol{a}_i\|^2$。从而，$\|\boldsymbol{x}-\boldsymbol{a}_i\|^2=\boldsymbol{x}^{\mathrm{T}}\boldsymbol{x}-2\boldsymbol{a}_i^{\mathrm{T}}\boldsymbol{x}+k_i$，借助辅助变量 $\boldsymbol{X}$，可以将公式(3-49)重写为：

$$\begin{aligned} &\arg\min_{\boldsymbol{x},\boldsymbol{X},\boldsymbol{t}} f(\boldsymbol{t}) \\ &\text{s.t. } \mathrm{tr}(\boldsymbol{X})-2\boldsymbol{a}_i^{\mathrm{T}}\boldsymbol{x}+k_i \leqslant \beta_i^2 t_i \\ &\mathrm{tr}(\boldsymbol{X})-2\boldsymbol{a}_i^{\mathrm{T}}\boldsymbol{x}+k_i \geqslant \beta_i^2 t_i^{-1} \\ &\boldsymbol{X}=\boldsymbol{x}\boldsymbol{x}^{\mathrm{T}} \end{aligned} \tag{3-50}$$

在公式(3-50)中，约束条件 $\mathrm{tr}(\boldsymbol{X})-2\boldsymbol{a}_i^{\mathrm{T}}\boldsymbol{x}+k_i \leqslant \beta_i^2 t_i$ 为仿射条件，而 $\mathrm{tr}(\boldsymbol{X})$ 关于 $\boldsymbol{X}$ 是线性的，$-2\boldsymbol{a}_i^{\mathrm{T}}\boldsymbol{x}$ 关于 $\boldsymbol{x}$ 也是线性的，t_i^{-1} 在 $t_i>0$ 上是凸的，所以第二个约束条件 $\mathrm{tr}(\boldsymbol{X})-2\boldsymbol{a}_i^{\mathrm{T}}\boldsymbol{x}+k_i \geqslant \beta_i^2 t_i^{-1}$ 为凸条件。然而，等式约束 $\boldsymbol{X}=\boldsymbol{x}\boldsymbol{x}^{\mathrm{T}}$ 不是仿射条件，上述优化问题依然为非凸问题。为了得到凸优化问题，将等式约束条件 $\boldsymbol{X}=\boldsymbol{x}\boldsymbol{x}^{\mathrm{T}}$ 松弛为不等式 $\boldsymbol{X}\geqslant\boldsymbol{x}\boldsymbol{x}^{\mathrm{T}}$，即半正定松弛，然后将其表示为线性矩阵不等式，即：

$$\begin{aligned} &\arg\min_{\boldsymbol{x},\boldsymbol{X},\boldsymbol{t}} f(\boldsymbol{t}) \\ &\text{s.t. } \mathrm{tr}(\boldsymbol{X})-2\boldsymbol{a}_i^{\mathrm{T}}\boldsymbol{x}+k_i \leqslant \beta_i^2 t_i \\ &\mathrm{tr}(\boldsymbol{X})-2\boldsymbol{a}_i^{\mathrm{T}}\boldsymbol{x}+k_i \geqslant \beta_i^2 t_i^{-1} \\ &\begin{bmatrix} \boldsymbol{X} & \boldsymbol{x} \\ \boldsymbol{x}^{\mathrm{T}} & 1 \end{bmatrix} \geqslant \boldsymbol{0} \end{aligned} \tag{3-51}$$

上述问题为凸问题，可以采用一些求解凸优化问题的方法进行求解。凸优化问题的任意局部最优点也是全局最优点，因此，可以保证上述问题的一个解即为全局解。在描述上述半正定规划问题的约束条件时，也可以将第二个条件写成线性矩阵不等式的形式，即：

$$\begin{bmatrix} \mathrm{tr}(\boldsymbol{X})-2\boldsymbol{a}_i^{\mathrm{T}}\boldsymbol{x}+k_i & \beta_i \\ \beta_i & t_i \end{bmatrix} \geqslant \mathbf{0} \tag{3-52}$$

使用线性矩阵不等式的好处在于避免使用 t_i^{-1}，从而使得约束条件均为线性的。

3.5 凸组合定位方法

与半正定规划定位方法一样，凸组合定位方法也是基于极大似然估计或非线性最小二乘估计计算的，但避免了非凸问题。它采用一种全新的框架，基本思想为：未知目标节点的位置可以由一些虚拟节点位置的凸组合来表示，而这些虚拟节点组成一个包含目标节点的凸包。凸组合定位的关键在于得到这些虚拟节点以及相应的凸组合系数。下面首先介绍该方法的基本原理。

3.5.1 问题凸化

假设有一个包含目标节点的凸包。凸包有以下性质：凸包内的任意一点都可以表示为凸包顶点的一个凸组合：

$$\boldsymbol{x}=\boldsymbol{V}\boldsymbol{w} \tag{3-53}$$

式中，$\boldsymbol{V}=[\boldsymbol{v}_1, \boldsymbol{v}_2, \cdots, \boldsymbol{v}_m]$ 为凸包顶点，$\boldsymbol{w}=[w_1, w_2, \cdots, w_m]^{\mathrm{T}}$ 为凸组合系数，且满足 $w_j \geqslant 0$ 和 $\|\boldsymbol{w}\|_1=\sum_{j=1}^{m} w_j=1$。因此，RSS 定位的非线性最小二乘公式(3-5)可以写为：

$$\boldsymbol{w}^*=\arg\min_{\boldsymbol{w}}\sum_{i=1}^{n}\|P_i-\phi(\boldsymbol{V}\boldsymbol{w}, \boldsymbol{a}_i)\|^2, \ \text{s.t.}\ \|\boldsymbol{w}\|_1=1, \ \boldsymbol{w}\geqslant\mathbf{0} \tag{3-54}$$

式中，$\phi(\cdot)$ 为非线性 RSS 量测函数。显然，上述问题也是非凸问题。为了得到一个凸优化问题，在一定条件下，我们可以将非线性量测函数 $\phi(\cdot)$ 进行以下线性近似：

$$\phi(\boldsymbol{V}\boldsymbol{w}, \boldsymbol{a}_i)=\phi\left(\sum_{j=1}^{m} w_j\boldsymbol{v}_j, \boldsymbol{a}_i\right) \approx \sum_{j=1}^{m} w_j\phi(\boldsymbol{v}_j, \boldsymbol{a}_i)=(\boldsymbol{\Phi}\boldsymbol{w})_i \tag{3-55}$$

式中，$\boldsymbol{\Phi}=\begin{bmatrix}\phi(\boldsymbol{v}_1,\ \boldsymbol{a}_1) & \phi(\boldsymbol{v}_2,\ \boldsymbol{a}_1) & \cdots & \phi(\boldsymbol{v}_m,\ \boldsymbol{a}_1)\\ \phi(\boldsymbol{v}_1,\ \boldsymbol{a}_2) & \phi(\boldsymbol{v}_2,\ \boldsymbol{a}_2) & \cdots & \phi(\boldsymbol{v}_m,\ \boldsymbol{a}_2)\\ \vdots & \vdots & \ddots & \vdots\\ \phi(\boldsymbol{v}_1,\ \boldsymbol{a}_n) & \phi(\boldsymbol{v}_2,\ \boldsymbol{a}_n) & \cdots & \phi(\boldsymbol{v}_m,\ \boldsymbol{a}_n)\end{bmatrix}$。采用 m 个顶点的多边形作为凸包，就有 m 个虚拟点，因而 $\boldsymbol{\Phi}$ 的维数为 $n\times m$。这一近似方法是凸组合定位方法的理论基础，而它的合理性由以下定理保证：

定理 1：假设点集 $\boldsymbol{V}(\rho)\triangleq\{\boldsymbol{v}_1(\rho),\ \boldsymbol{v}_2(\rho),\ \cdots,\ \boldsymbol{v}_m(\rho)\}$ 构成一个凸包，当 $\rho\to0$ 时，$\boldsymbol{v}_k(\rho)\to\boldsymbol{x}$，$k=1,\ 2,\ \cdots,\ m$。令 $r(\rho)$ 为 $\boldsymbol{V}(\rho)$ 的边界球体 $B[\boldsymbol{V}(\rho)]$ 的半径，且 z_∞ 为凸包外的一个点，那么对于任意的有限整数 $m\geqslant2$ 和所有可能的 $\boldsymbol{x}$，若函数 $S(\cdot)$ 连续可导，以下极限成立：

$$\lim_{\rho\to0}\frac{\sum_{k=1}^{m}w_kS[\boldsymbol{v}_k(\rho),\ z_\infty]-S\left[\sum_{k=1}^{m}w_k\boldsymbol{v}_k(\rho),\ z_\infty\right]}{r(\rho)}=0 \tag{3-56}$$

式中，$\sum_{k=1}^{m}w_k=1$；$w_k\in[0,\ 1]$。

证明：采用数学归纳法证明。首先考虑两个虚拟点的情况(图 3-1)。

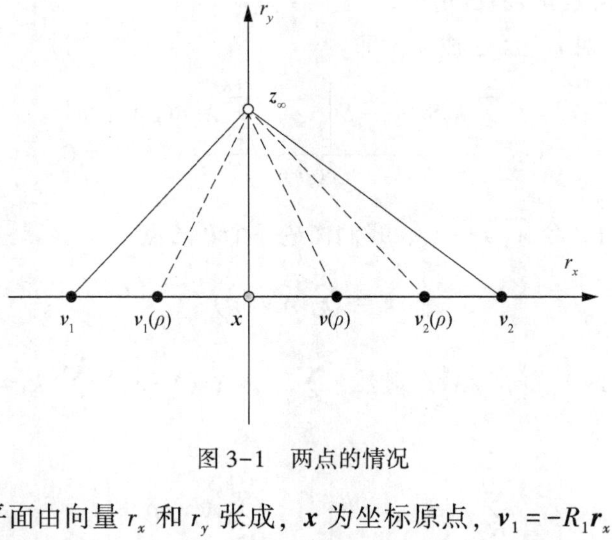

图 3-1　两点的情况

假设二维平面由向量 r_x 和 r_y 张成，$\boldsymbol{x}$ 为坐标原点，$\boldsymbol{v}_1=-R_1\boldsymbol{r}_x$，$\boldsymbol{v}_2=R_2\boldsymbol{r}_x$，$R_1$ 和 R_2 为两个标量，$\boldsymbol{v}_j(\rho)=(1-\rho)\boldsymbol{x}+\rho\boldsymbol{v}_j$，$j=1,\ 2$，则 $\boldsymbol{x}$ 处在 $\boldsymbol{V}(\rho)$ 的凸包之中。$\boldsymbol{V}(\rho)$ 的边界球的半径为 $r(\rho)=\rho(R_1+R_2)/2$。令 $\boldsymbol{v}(\rho)=\lambda\boldsymbol{v}_1(\rho)+(1-\lambda)\boldsymbol{v}_2(\rho)$。可以看出，当 $\rho\to0$ 时，凸包会收敛到点 $\boldsymbol{x}$。此外，$z_\infty=h_x\boldsymbol{r}_x+h_y\boldsymbol{r}_y=(h_x,\ h_y)$。令 $S_{j,\infty}^{\rho}=S[\boldsymbol{v}_j(\rho),\ z_\infty]$。

由于 $\boldsymbol{v}_1(\rho)$，$\boldsymbol{v}_2(\rho)$ 和 $\boldsymbol{v}(\rho)$ 均收敛于 $\boldsymbol{x}(\rho\to 0)$，可以得到：

$$\lim_{\rho\to 0}\lambda S[\boldsymbol{v}_1(\rho),\ z_\infty]+(1-\lambda)S[\boldsymbol{v}_2(\rho),\ z_\infty]-S[\boldsymbol{v}(\rho),\ z_\infty]=0 \tag{3-57}$$

且 $\lim\limits_{\rho\to 0} r(\rho)=0$。进一步，可以得到：

$$\begin{aligned}
&\lim_{\rho\to 0}\frac{\lambda S[\boldsymbol{v}_1(\rho),\ z_\infty]+(1-\lambda)S[\boldsymbol{v}_2(\rho),\ z_\infty]-S[\boldsymbol{v}(\rho),\ z_\infty]}{r(\rho)}\\
&=\lim_{\rho\to 0}\frac{\dfrac{\partial}{\partial\rho}\{\lambda S[\boldsymbol{v}_1(\rho),\ z_\infty]+(1-\lambda)S[\boldsymbol{v}_2(\rho),\ z_\infty]-S[\boldsymbol{v}(\rho),\ z_\infty]\}}{\dfrac{\partial[r(\rho)]}{\partial\rho}}\\
&=\lim_{\rho\to 0}\frac{\lambda S'[x_1(\rho)]x_1'(\rho)+(1-\lambda)S'[x_2(\rho)]x_2'(\rho)-S'[x_3(\rho)]x_3'(\rho)}{(R_1+R_2)/2}\\
&=\lim_{\rho\to 0}\frac{-\lambda S'(0)R_1+(1-\lambda)S'(0)R_2-S'(0)[-\lambda R_1+(1-\lambda)R_2]}{(R_1+R_2)/2}\\
&=0
\end{aligned} \tag{3-58}$$

式中，$x_1(\rho)$，$x_2(\rho)$ 和 $x_3(\rho)$ 分别表示 $\boldsymbol{v}_1(\rho)$，$\boldsymbol{v}_2(\rho)$ 和 $\boldsymbol{v}(\rho)$ 的 x 坐标，而当 $\rho\to 0$ 时，其极限均为 0。由此可见，当 $m=2$ 时，定理 1 成立。

下面考虑多点($m>2$)的情况。

假设定理 1 对 $m=t\geqslant 2$ 成立，即：

$$\lim_{\rho\to 0}\frac{\sum\limits_{j=1}^{t}\lambda_j S_{j,\ \infty}^{\rho}-S\left[z_\infty,\ \sum\limits_{j=1}^{t}\lambda_j\boldsymbol{v}_j(\rho)\right]}{r(\rho)}=0 \tag{3-59}$$

对于 $m=t+1$，令 $\tilde{\lambda}_1=1-\lambda_1$，我们构造一个新的点：

$$\tilde{\boldsymbol{v}}_1=\sum_{j=2}^{t+1}\lambda_j'\boldsymbol{v}_j(\rho) \tag{3-60}$$

式中，$\lambda_j'=\lambda_j/(1-\lambda_1)=\lambda_j/\tilde{\lambda}_1$。显然，$\sum\limits_{j=2}^{t+1}\lambda_j'=1/(1-\lambda_1)\sum\limits_{j=2}^{t+1}\lambda_j=1$ 成立。因此，可以得到：

$$\lim_{\rho\to 0}\frac{\sum\limits_{j=2}^{t+1}\lambda_j' S_{j,\ \infty}^{\rho}-S\left[z_\infty,\ \sum\limits_{j=2}^{t+1}\lambda_j'\boldsymbol{v}_j(\rho)\right]}{r'(\rho)}=0 \tag{3-61}$$

式中，$r'(\rho)$ 是由 $\boldsymbol{v}_2(\rho)$，$\boldsymbol{v}_3(\rho)$，…，$\boldsymbol{v}_{t+1}(\rho)$ 产生的凸包 $H(\{\boldsymbol{v}_2(\rho),\ \boldsymbol{v}_3(\rho),\ \cdots,\ \boldsymbol{v}_{t+1}(\rho)\})$ 的最小半径。

容易得到，当 $\rho\to 0$ 时，$\boldsymbol{v}_1(\rho)$，$\boldsymbol{v}_2(\rho)$，…，$\boldsymbol{v}_{t+1}(\rho)$ 均收敛于 $\boldsymbol{x}$，且它们与 ρ

的依赖关系均相同。因而，$r'(\rho)$和$r(\rho)$为同阶无穷小，可以得到：

$$\lim_{\rho\to 0}\frac{\sum_{j=2}^{t+1}\lambda'_j S^{\rho}_{j,\infty}-S\left[z_{\infty},\sum_{j=2}^{t+1}\lambda'_j\boldsymbol{v}_j(\rho)\right]}{r(\rho)}=0 \tag{3-62}$$

即：

$$\sum_{j=2}^{t+1}\lambda'_j S^{\rho}_{j,\infty}=S\left[z_{\infty},\sum_{j=2}^{t+1}\lambda'_j\boldsymbol{v}_j(\rho)\right]+o[r(\rho)] \tag{3-63}$$

式中，$o[r(\rho)]$为$r(\rho)$的高阶无穷小。进一步可以得到：

$$\begin{aligned}\sum_{j=1}^{t+1}\lambda_j S^{\rho}_{j,\infty}&=\lambda_1 S^{\rho}_{1,\infty}+\sum_{j=2}^{t+1}\lambda_j S^{\rho}_{j,\infty}\\&=\lambda_1 S^{\rho}_{1,\infty}+\sum_{j=2}^{t+1}\tilde{\lambda}_1\lambda'_j S^{\rho}_{j,\infty}\\&=\lambda_1 S^{\rho}_{1,\infty}+\tilde{\lambda}_1 S\left[z_{\infty},\sum_{j=2}^{t+1}\lambda'_j\boldsymbol{v}_j(\rho)\right]+\tilde{\lambda}_1 o[r(\rho)]\\&=\lambda_1 S^{\rho}_{1,\infty}+\tilde{\lambda}_1 S(z_{\infty},\tilde{\boldsymbol{v}}_1)+\tilde{\lambda}_1 o[r(\rho)]\end{aligned} \tag{3-64}$$

由上面的公式可得：

$$\begin{aligned}&\lim_{\rho\to 0}\frac{\sum_{j=1}^{t+1}\lambda_j S^{\rho}_{j,\infty}-S\left[z_{\infty},\sum_{j=1}^{t+1}\lambda_j\boldsymbol{v}_j(\rho)\right]}{r(\rho)}\\&=\lim_{\rho\to 0}\frac{\lambda_1 S^{\rho}_{1,\infty}+\tilde{\lambda}_1 S(z_{\infty},\tilde{\boldsymbol{v}}_1)+\tilde{\lambda}_1 o[r(\rho)]-S\left[z_{\infty},\lambda_1\boldsymbol{v}_1(\rho)+\sum_{j=2}^{t+1}\lambda_j\boldsymbol{v}_j(\rho)\right]}{r(\rho)}\\&=\lim_{\rho\to 0}\frac{\lambda_1 S^{\rho}_{1,\infty}+\tilde{\lambda}_1 S(z_{\infty},\tilde{\boldsymbol{v}}_1)-S\left[z_{\infty},\lambda_1\boldsymbol{v}_1(\rho)+\tilde{\lambda}_1\sum_{j=2}^{t+1}\lambda'_j\boldsymbol{v}_j(\rho)\right]}{r(\rho)}+\frac{\tilde{\lambda}_1 o[r(\rho)]}{r(\rho)}\\&=\lim_{\rho\to 0}\frac{\lambda_1 S^{\rho}_{1,\infty}+(1-\lambda_1)S(z_{\infty},\tilde{\boldsymbol{v}}_1)-S[z_{\infty},\lambda_1\boldsymbol{v}_1(\rho)+(1-\lambda_1)\tilde{\boldsymbol{v}}_1]}{r(\rho)}\\&=\lim_{\rho\to 0}\frac{\lambda_1 S[z_{\infty},\boldsymbol{v}_1(\rho)]+(1-\lambda_1)S(z_{\infty},\tilde{\boldsymbol{v}}_1)-S[z_{\infty},\lambda_1\boldsymbol{v}_1(\rho)+(1-\lambda_1)\tilde{\boldsymbol{v}}_1]}{r(\rho)}\\&=0\end{aligned} \tag{3-65}$$

即$\boldsymbol{v}_1(\rho)$和$\tilde{\boldsymbol{v}}_1$的两点情况。

因此，定理 1 对所有的有限数 m 成立。故定理 1 成立。

结合定理 1 和公式(3-54)，RSS 定位问题可以近似为以下带约束的最小二乘问题：

$$\boldsymbol{w}^* = \arg\min_{\boldsymbol{w}} \|\boldsymbol{P}-\boldsymbol{\Phi w}\|^2, \text{ s.t. } \|\boldsymbol{w}\|_1 = 1, \boldsymbol{w} \geq \boldsymbol{0} \tag{3-66}$$

式中，$\boldsymbol{P}=[P_1, P_2, \cdots, P_n]^{\mathrm{T}}$ 为 RSS 量测矩阵。显然，问题(3-66)是凸优化问题，容易求得其解。

得到虚拟点 $\boldsymbol{V}$ 和凸组合系数 $\boldsymbol{w}^*$ 后，目标点的位置可以估计为：

$$\hat{\boldsymbol{x}} = \boldsymbol{V}\boldsymbol{w}^* \tag{3-67}$$

从上述推导过程可以看出，凸组合定位方法的关键是找到合适的虚拟点。

3.5.2 虚拟点的构造

3.5.2.1 基于平行线的虚拟点构造

下面介绍一种构造虚拟点的几何方法。根据定理内容，需要找到一个凸包使目标点以一定概率落入其中。同时，该凸包应该尽可能小，这样该算法的近似误差会比较小。理想的情况是构造一个以最大概率包含目标点的最小凸包。然而，这样的凸包很难得到。这里，仅考虑构造一个凸包使目标点以较大概率落入其中。

首先，考虑量测方程(3-2)。对于每一个锚节点，根据其量测和自身位置，可以构造以下环形区域使目标以一定概率落在圆环内：

$$r_i = \{(x, y) \mid |P_0 - P_i - 10\beta \lg d_i(x, y)| \leq \alpha_i \sigma\} \tag{3-68}$$

即：

$$10^{(P_0-P_i-\alpha_i\sigma)/(5\beta)} \leq (x_i - x)^2 + (y_i - y)^2 \leq 10^{(P_0-P_i+\alpha_i\sigma)/(5\beta)} \tag{3-69}$$

其中，α_i 决定第 i 个锚节点所对应的圆环宽度，以及目标点落入的概率。显然，目标点最有可能落在所有圆环相交的区域之内(图 3-2)。

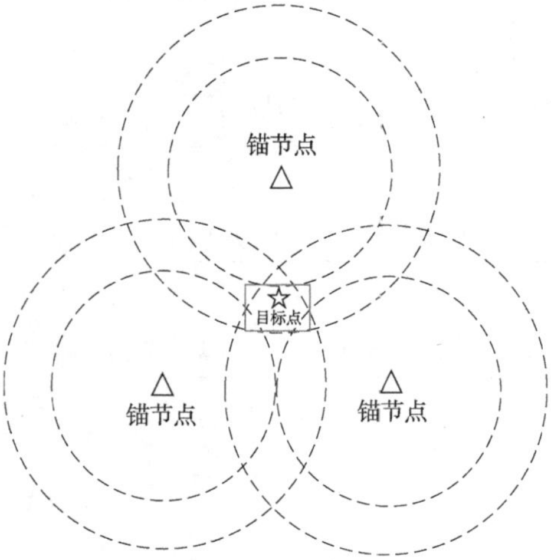

图 3-2　圆环相交产生凸包

目标点落入所有圆环相交区域的概率为：

$$\begin{aligned} & P[(x, y) \in R \mid \alpha_i, \sigma] \\ = & \prod_{i=1}^{n} P[(x, y) \in r_i] \\ = & \prod_{i=1}^{n} p_i(\alpha_i) \end{aligned} \tag{3-70}$$

由于每个量测对应一个概率圆环，两两圆环可能会产生一个相交区域。显然，目标点落入所有圆环相交的共同区域的概率是最大的。关于此相交区域，有3个问题需要考虑：

(1) 对于 n 个 RSS 量测，即 n 个概率圆环，所有圆环的共同区域也是两两圆环的共同区域。因此，需要考虑 $C_N^2\{C_m^n=m!/[n!(m-n)!]\}$ 种相交情况。当 n 较大时，计算将会比较复杂。

(2) 由于 α_i 是给定的固定数值，若某些量测的噪声方差较大，所产生的圆环可能与其他圆环没有共同的相交区域。

(3) 相交区域一般是不规则的，未必是凸包。

我们根据两两圆环的位置关系构造平行线。针对第(1)个问题，选择使用参考锚节点。只考虑参考锚节点对应的概率圆环与其余圆环相交的情况。因此，平行线需要构造的数量从 C_n^2 降至 $n-1$。参考锚节点可以按以下方式选择：

$$j=\arg\min_i \tilde{r}_i,\ i=1,2,\cdots,n \tag{3-71}$$

其中，$\tilde{r}_i$是第 i 个锚节点对应圆环的宽度。由于概率圆环的宽度反映了量测噪声的大小，按照此方法确定的参考锚节点对应的噪声更小。

针对第(2)和第(3)个问题，对两两概率圆环采取构造平行线的方法，使得圆环原本的相交区域夹在一对平行线之中。对于未产生相交区域的圆环对，也构造出相应的平行线。从而，所有平行线两两相交。若产生唯一的共同区域，则为最终的凸包。若产生 K 个多边形 $\mathcal{P}_i$，$i=1,2,\cdots,K$，即共同区域不唯一，我们选用由最多平行线组成的多边形作为凸包，即：

$$i^*=\arg\max_i q_i,\ i=1,2,\cdots,K \tag{3-72}$$

其中，$\mathcal{P}_i$ 由 q_i 对平行线构成。由于较少平行线构成的多边形对应较大的量测误差，因而舍弃了这些多边形，将最多平行线构成的多边形作为凸包。最终，该凸包的顶点即为构造的虚拟点(图 3-3)。构造平行线旨在使圆环相交的区域处于平行线之间。显然，对于任意两个圆环，其相对位置关系包括如图 3-4 中的 4 种情况。

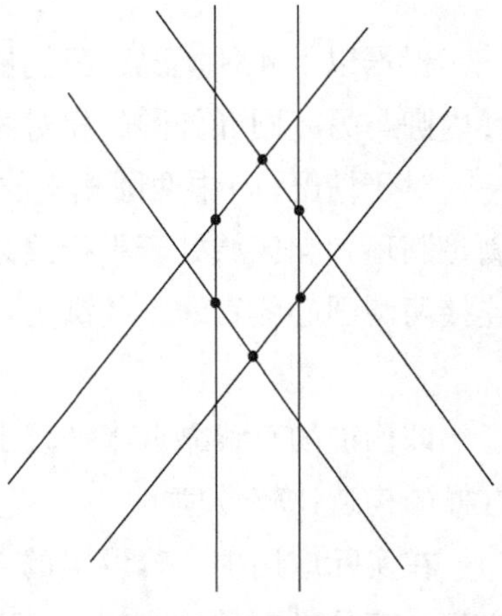

图 3-3 平行线相交产生虚拟点

对于情况(a)，两圆环相交产生两个相交区域。对于情况(b)，两圆环相交产生一个相交区域。对于情况(c)，两圆环无相交区域。而对于情况(d)，两圆环也无相交区域，但其中一个圆环处于另一圆环内部。显然，对于情况(b)和情况(c)，从一个圆环外圆和另一圆环内圆位置关系的角度看，两者可以统一起来。

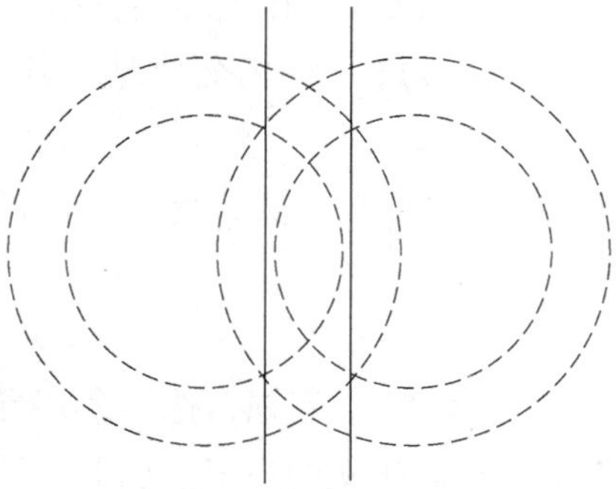

(a)圆环相交产生两个相交区域

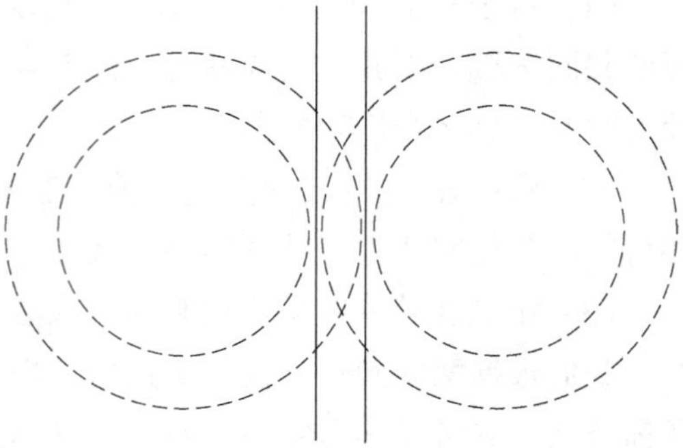

(b)圆环相交产生一个相交区域

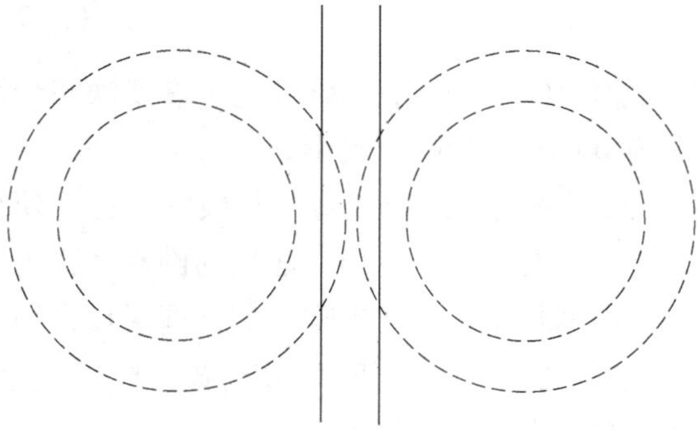

(c)圆环未相交无相交区域

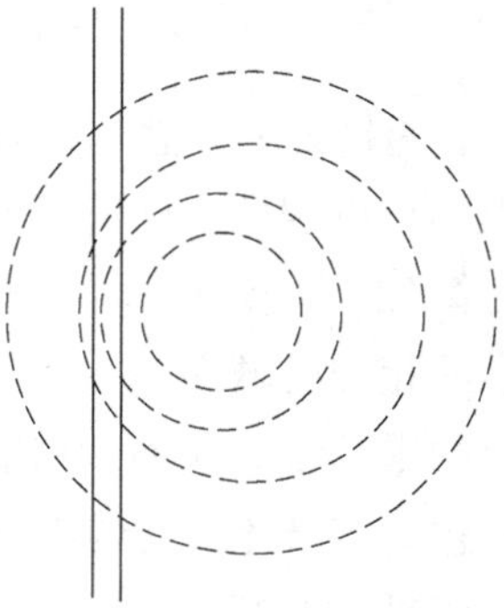

(d)圆环未相交无相交区域

图 3-4　两圆环相对位置的四种情况与平行线构造

根据以上 4 种情况，我们提出基于距离关系的平行线构造法，只需考虑一圆环内圆与另一圆环外圆的相对关系构造单线，如图 3-5 所示。

对于情况(a)中两圆相交的情况，直接连接其交点得到单线，构成的平行线满足圆环相交区域处于平行线之间。对于情况(b)和(c)，构造直线使其垂直于连接两圆圆心的直线，并满足：

$$AB/BC=r/R \tag{3-73}$$

即构造的直线靠近半径较小的圆。半径较小的圆对应的量测噪声较小，因此这样的构造比较合理。

在实际应用中，若设定的 α_i 太小，可能导致很多概率圆环与其他圆环没有交集。而若设定的 α_i 太大，可能导致产生的凸包太大，影响最终的定位精度。

对于 α_i 具体数值的设定，可以参考以下高斯概率分布：

$$P\{|x-\bar{x}|<\sigma\}=0.683;\ P\{|x-\bar{x}|<2\sigma\}=0.954$$
$$P\{|x-\bar{x}|<3\sigma\}=0.997;\ P\{|x-\bar{x}|<4\sigma\}=0.9997 \tag{3-74}$$

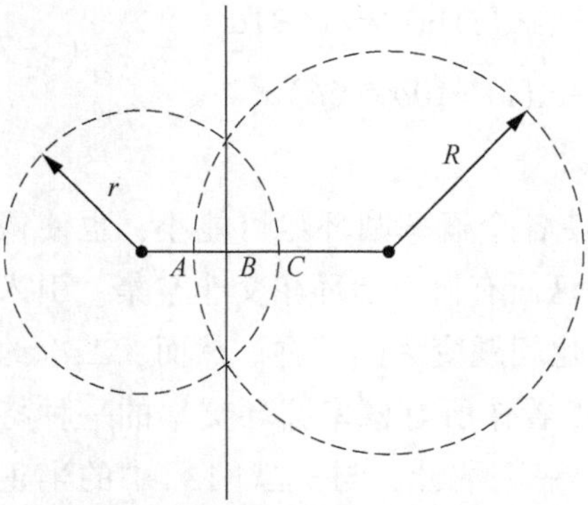

(a)对应图3-4(a)的平行线构造法

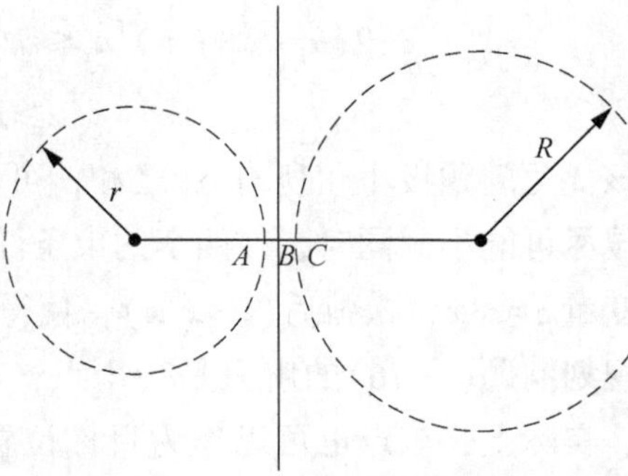

(b)对应图3-4 (b)和(c)的平行线构造法

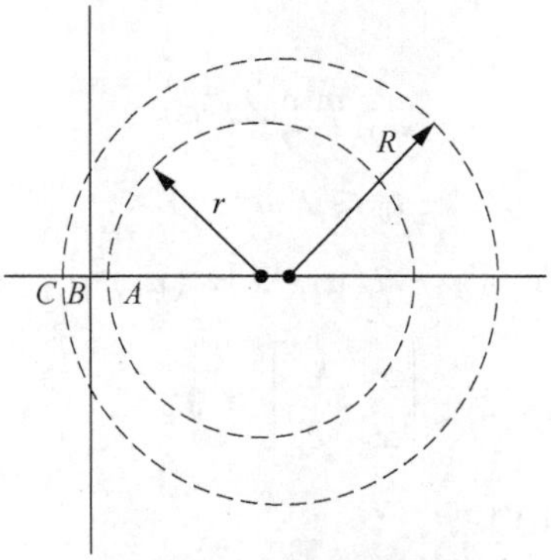

(c)对应图3-4 (d)的平行线构造法

图 3-5　构造平行线的三种情况

3.5.2.2　基于优化方法的虚拟点构造

本小节介绍一种通过优化方法确定 α_i 的虚拟点生成方法。其基本思想为，各个锚节点可以使用不同的 α_i 确定概率圆环。对于噪声较大的量测可以设置较大的 α_i，而对于噪声较小的量测可以设置较小的 α_i。这样，最终既可以得到一个共同的相交区域，又可以使得该区域不会太大，有利于提高定位精度。各个 α_i 的取值，通过优化方法得到。

首先，对公式(3-69)关于 α_i 做一阶泰勒展开，可以得到：

$$r_0(i)[1-\ln 10\sigma/(5\beta)\alpha_i]\leqslant(x-x_i)^2+(y-y_i)^2\leqslant r_0(i)[1+\ln 10\sigma/(5\beta)\alpha_i] \tag{3-75}$$

其中，$r_0(i)=10^{(P_0-P_i)/(5\beta)}$。为了得到一个所有概率圆环相交的共同区域，同时使得该区域尽可能小，可以建立以下二次约束二次规划问题：

$$
\begin{aligned}
&\arg\min_{\boldsymbol{x},z,\alpha_i} \alpha_1+\alpha_2+\cdots+\alpha_n \\
&\text{s. t. } z-2(\boldsymbol{a}_i)^{\mathrm{T}}\boldsymbol{x}+(\boldsymbol{a}_i)^{\mathrm{T}}\boldsymbol{a}_i \geqslant r_0(i)-r_0(i)\ln 10\sigma/(5\beta)\alpha_i \\
&z-2(\boldsymbol{a}_i)^{\mathrm{T}}\boldsymbol{x}+(\boldsymbol{a}_i)^{\mathrm{T}}\boldsymbol{a}_i \leqslant r_0(i)+r_0(i)\ln 10\sigma/(5\beta)\alpha_i \\
&z \geqslant \boldsymbol{x}^{\mathrm{T}}\boldsymbol{x}
\end{aligned}
\tag{3-76}
$$

该优化问题极小化所有 α_i 之和，可以使各个概率圆环尽可能小，也使得相交区域尽可能小。同时，前两个约束条件保证所有概率圆环相交非空集。引入的辅助变量 $z=\boldsymbol{x}^{\mathrm{T}}\boldsymbol{x}$，松弛后($z\geqslant\boldsymbol{x}^{\mathrm{T}}\boldsymbol{x}$)，使得优化问题变为凸问题。然而，二次约束二次规划问题(3-76)的解只是一个点，可以看作所有概率圆环交集的一种特殊情况。实际上，该点也可以作为目标位置的一个估计，与文献[13]中的半正定规划方法等价，即：

$$
\begin{aligned}
&\arg\min_{x,\ y,\ t_i,\ h_i} \sum_{i=1}^{n} t_i \\
&\text{s. t. } -t_i \leqslant \lambda_i h_i - 1 \leqslant t_i \\
&h_i = y - 2(\boldsymbol{a}_i)^{\mathrm{T}}\boldsymbol{x} + (\boldsymbol{a}_i)^{\mathrm{T}}\boldsymbol{a}_i \\
&\begin{bmatrix} y & \boldsymbol{x}^{\mathrm{T}} \\ \boldsymbol{x} & \boldsymbol{I}_2 \end{bmatrix} \geqslant \boldsymbol{0}
\end{aligned}
\tag{3-77}
$$

式中，$h_i=\|\boldsymbol{x}-\boldsymbol{a}_i\|_2^2$，$\lambda_i=10^{(P_i-P_0)/(5\beta)}$。

公式(3-76)和公式(3-77)的等价性体现在以下几个方面：首先，它们优化的目标函数形式一致；其次，公式(3-76)的前两个约束条件对应于公式(3-77)的第一个约束条件；最后，公式(3-76)第三个约束条件可以通过 Schur 补写成公式(3-77)的线性矩阵不等式的形式(第三个条件)。此外，公式(3-76)和公式(3-77)的优化变量具有一一对应的关系，例如 $r_0(i)$ 和 λ_i，z 和 y。尽管这两个问题具有一定的等价性，但是求解两问题时分别采用了二次约束二次规划和半正定规划方法。

在公式(3-76)的解的基础上，我们有两个策略可以得到凸包，下面分别进行介绍：

(1) 假设 α_i^* 是公式(3-76)关于 α_i 的解。在此基础上，增加每个概率圆环的宽度(对 α_i^* 增加 $\Delta\alpha_i$)，扩张得到一个不规则的相交区域。我们选择能覆盖此相交区域的一个最小矩形作为凸包，所以目标落入该矩形区域的概率不会低于原有的不规则区域。为了简化问题，我们选用与 x 轴和 y 轴平行的矩形作为凸包，把矩形的四个顶点作为虚拟点，它们可以通过求解 x 和 y 方向的最大值与最小值得到，即：

$$\begin{aligned}&\arg\min_{\boldsymbol{x},z}\ x\\ \text{s. t. }&z-2(\boldsymbol{a}_i)^{\mathrm{T}}\boldsymbol{x}+(\boldsymbol{a}_i)^{\mathrm{T}}\boldsymbol{a}_i\geqslant r_0(i)-r_0(i)\ln10\sigma/(5\beta)(\alpha_i^*+\Delta\alpha_i)\\ &z-2(\boldsymbol{a}_i)^{\mathrm{T}}\boldsymbol{x}+(\boldsymbol{a}_i)^{\mathrm{T}}\boldsymbol{a}_i\leqslant r_0(i)+r_0(i)\ln10\sigma/(5\beta)(\alpha_i^*+\Delta\alpha_i)\\ &z\geqslant\boldsymbol{x}^{\mathrm{T}}\boldsymbol{x}\end{aligned}\tag{3-78}$$

$$\begin{aligned}&\arg\min_{\boldsymbol{x},z}\ -x\\ \text{s. t. }&z-2(\boldsymbol{a}_i)^{\mathrm{T}}\boldsymbol{x}+(\boldsymbol{a}_i)^{\mathrm{T}}\boldsymbol{a}_i\geqslant r_0(i)-r_0(i)\ln10\sigma/(5\beta)(\alpha_i^*+\Delta\alpha_i)\\ &z-2(\boldsymbol{a}_i)^{\mathrm{T}}\boldsymbol{x}+(\boldsymbol{a}_i)^{\mathrm{T}}\boldsymbol{a}_i\leqslant r_0(i)+r_0(i)\ln10\sigma/(5\beta)(\alpha_i^*+\Delta\alpha_i)\\ &z\geqslant\boldsymbol{x}^{\mathrm{T}}\boldsymbol{x}\end{aligned}\tag{3-79}$$

$$\begin{aligned}&\arg\min_{\boldsymbol{x},z}\ y\\ \text{s. t. }&z-2(\boldsymbol{a}_i)^{\mathrm{T}}\boldsymbol{x}+(\boldsymbol{a}_i)^{\mathrm{T}}\boldsymbol{a}_i\geqslant r_0(i)-r_0(i)\ln10\sigma/(5\beta)(\alpha_i^*+\Delta\alpha_i)\\ &z-2(\boldsymbol{a}_i)^{\mathrm{T}}\boldsymbol{x}+(\boldsymbol{a}_i)^{\mathrm{T}}\boldsymbol{a}_i\leqslant r_0(i)+r_0(i)\ln10\sigma/(5\beta)(\alpha_i^*+\Delta\alpha_i)\\ &z\geqslant\boldsymbol{x}^{\mathrm{T}}\boldsymbol{x}\end{aligned}\tag{3-80}$$

$$\begin{aligned}&\arg\min_{\boldsymbol{x},z}\ -y\\ \text{s. t. }&z-2(\boldsymbol{a}_i)^{\mathrm{T}}\boldsymbol{x}+(\boldsymbol{a}_i)^{\mathrm{T}}\boldsymbol{a}_i\geqslant r_0(i)-r_0(i)\ln10\sigma/(5\beta)(\alpha_i^*+\Delta\alpha_i)\\ &z-2(\boldsymbol{a}_i)^{\mathrm{T}}\boldsymbol{x}+(\boldsymbol{a}_i)^{\mathrm{T}}\boldsymbol{a}_i\leqslant r_0(i)+r_0(i)\ln10\sigma/(5\beta)(\alpha_i^*+\Delta\alpha_i)\\ &z\geqslant\boldsymbol{x}^{\mathrm{T}}\boldsymbol{x}\end{aligned}\tag{3-81}$$

四个虚拟点分别为：

$$\begin{aligned}&\boldsymbol{v}_1=[x_{\min},\ y_{\min}]^{\mathrm{T}},\ \boldsymbol{v}_2=[x_{\max},\ y_{\min}]^{\mathrm{T}},\\ &\boldsymbol{v}_3=[x_{\max},\ y_{\max}]^{\mathrm{T}},\ \boldsymbol{v}_4=[x_{\min},\ y_{\max}]^{\mathrm{T}}\end{aligned}\tag{3-82}$$

式中，$x_{\min}$，$x_{\max}$，$y_{\min}$和 $y_{\max}$分别是上述四个优化问题的解，表征了圆环相交区域的边界位置。

(2) 假设 x^* 和 y^* 为公式(3-76)中关于 x 的解，即概率圆环相交点的近似坐标。由于凸包应该位于此解附近，因而可以以此解为中心通过扩张得到一个小矩形，然后用顶点作凸包，即：

$$\begin{aligned}&\boldsymbol{v}_1=[x^*-\Delta x,\ y^*-\Delta y]^{\mathrm{T}},\ \boldsymbol{v}_2=[x^*+\Delta x,\ y^*-\Delta y]^{\mathrm{T}},\\ &\boldsymbol{v}_3=[x^*+\Delta x,\ y^*+\Delta y]^{\mathrm{T}},\ \boldsymbol{v}_4=[x^*-\Delta x,\ y^*+\Delta y]^{\mathrm{T}}\end{aligned}\tag{3-83}$$

为了简便，令 $\Delta x = \Delta y = \Delta$，即产生的凸包为正方形区域。

不难看出，策略(1)需要额外求解四个二次约束二次规划问题，因此计算量更大。而策略(2)更为直接，计算量更小。更重要的是，通过试验我们发现，对于不同的场景，两种方法的定位精度各具优势。因此，我们主要考虑使用策略(2)构造虚拟点。此外，凸包的大小也会直接影响定位的性能，因为它会影响目标落入凸包的概率，以及算法中近似达到的精度。凸包越大，目标落入其中的概率就越大，但公式(3-55)中的近似误差也越大。

3.5.3 复杂度分析

本小节对优化方法构造虚拟点的凸组合定位方法进行复杂度分析，并与文献[17]、文献[19]、文献[20]中的半正定规划方法作比较，各方法如表 3-1 所示。

表 3-1 比较的方法

方　法	描　述
凸组合定位方法	使用策略(2)构造虚拟点的凸组合方法
SDP-URSS 方法	文献[19]中的 SDP 法(发射功率已知)
SDP-P 方法	文献[20]中的 SDP 法(目标函数使用 l_1 范数)
SDP-R 方法	文献[17]中的 SDP 法(目标函数使用 l_1 范数)

为了公平，文献[17]和文献[20]的目标函数使用 l_1 范数。此外，在文献[19]的方法中，假设发射功率已知。这些方法建立的问题均可以通过内点法求解，复杂度表示为锚节点数量的函数。

SDP 法的复杂度可以通过标准的 SDP 问题求解来说明：

$$\begin{aligned} &\min \ \boldsymbol{c}^{\mathrm{T}}\boldsymbol{y} \\ &\text{s.t.}\ \boldsymbol{A}(\boldsymbol{y}) \geqslant 0 \end{aligned} \tag{3-84}$$

式中，$\boldsymbol{A}(\boldsymbol{y}) = \boldsymbol{A}_0 + \sum_{i=1}^{m} y_i \boldsymbol{A}_i$，$\boldsymbol{y}$，$\boldsymbol{c} \in R^m$，$\boldsymbol{A}_0$，$\boldsymbol{A}_1$，…，$\boldsymbol{A}_m \in R^{n\times n}$ 为对称矩阵。在求解时，每一步迭代的计算代价至少为 $O(m^2n^2)$，其中 m 和 n 分别是 SDP 问题中线性矩阵不等式的变量个数和维数。若 SDP 问题的约束条件包含 k 个线性矩阵不等式，则 $n = \sum_{i=1}^{k} n_i$，其中 n_i 为各个线性矩阵不等式的维数。迭代的次数为 $O(\sqrt{n})$。因此，求解一个 SDP 问题的计算复杂度可以表示为 $O(m^2n^{2.5})$。

下面考虑 QCQP 问题的计算复杂度。对于如下标准的 QCQP 问题：

$$\min \ \boldsymbol{c}^{\mathrm{T}}\boldsymbol{y}$$
$$\text{s. t. } f_i(\boldsymbol{y})=\boldsymbol{y}^{\mathrm{T}}\boldsymbol{B}_i\boldsymbol{y}+\boldsymbol{b}_i^{\mathrm{T}}\boldsymbol{y}+c_i\leqslant 0,\ i=1,\ 2,\ \cdots,\ n \tag{3-85}$$

式中，$\boldsymbol{B}_i$ 为 $m\times m$ 的半正定矩阵。求解该 QCQP 问题的每一步计算代价至少为 $O[(m+n)m^2]$，迭代步数为 $O(\sqrt{n})$。因此，求解一个 QCQP 问题的计算复杂度为 $O[n^{0.5}(m+n)m^2]$。凸组合定位方法主要包括两部分计算：①构造虚拟点；②计算凸组合系数。显然，这两部分对应的都是 QCQP 问题。不过，因为我们采用四个虚拟点，所以在计算凸组合系数时，QCQP 问题的维数是固定的，这部分的计算代价为常量。当锚节点的个数 n 较大时，这部分计算代价可以忽略，即凸组合方法的计算复杂度主要依赖于构造虚拟点的 QCQP 问题。

各方法的计算复杂度见表 3-2。不难看出，凸组合定位方法的复杂度和 SDP-P、SDP-R 方法相近，但比 SDP-URSS 方法低。对于较大的锚节点个数 n，凸组合定位方法的计算效率仅次于 SDP-P 方法。

表 3-2　各方法的计算复杂度

方法	计算复杂度
凸组合定位方法	$O[3(2n+1)^{1/2}n^3]$
SDP-URSS 方法	$O[(3n+3)^{1/2}n^4]$
SDP-P 方法	$O[2(2n+3)^{1/2}n^3]$
SDP-R 方法	$O[4(3n+3)^{1/2}n^3]$

总的来说，凸组合定位方法是在虚拟点的基础上，将目标点定位的非线性最小二乘问题转化为一个估计系数的凸优化问题。具体算法步骤可以概括为表 3-3。

表 3-3　凸组合 RSS 定位法的计算步骤

输入： RSS 量测数据集 $\boldsymbol{P}=\{P_i\}_{i=1}^n$ 锚节点的位置 $\{\boldsymbol{a}_i\}_{i=1}^n$
输出： 目标点的位置 $\hat{\boldsymbol{x}}$ 1. 利用 $\boldsymbol{P}=\{P_i\}_{i=1}^n$ 和 $\{\boldsymbol{a}_i\}_{i=1}^n$ 求解 QCQP 问题，得到虚拟点 $\boldsymbol{V}$ 及矩阵 $\boldsymbol{\Phi}$ 2. 利用 $\boldsymbol{P}=\{P_i\}_{i=1}^n$ 和 $\boldsymbol{\Phi}$ 求解一个带约束的 LS 问题，得到凸组合系数 $\boldsymbol{w}^*$ 3. 得到目标估计 $\hat{\boldsymbol{x}}=\boldsymbol{V}\boldsymbol{w}^*$

3.5.4 数值实验

下面通过数值实验来验证凸组合 RSS 定位法的性能。虽然凸组合方法给出的结果可能是有偏差的，这里依然使用 CR 下界作为性能参考。在实验中，路径损失因子和发射功率分别设为 $\beta=3$ 和 $P_0=-40\text{dB}$，使用均方根误差(Root Mean Squared Error，RMSE)对定位方法的性能进行评价。如未加特殊声明，场景和结果中关于距离的单位均为米。实验结果为 200 次蒙特卡罗(Monte Carlo)试验结果的平均值。半正定规划问题采用 CVX 工具包的 SeDuMi 方法来求解。

3.5.4.1 平行线构造虚拟点的凸组合方法

首先，验证平行线相交构造虚拟点的凸组合定位方法(图 3-6 中 CCRL 所示)的性能。我们考虑辐射源定位问题，并使用两种不同的传感器布局场景，包括圆形分布和矩形分布。将所提方法与文献[19]中的半正定规划方法(图 3-6 中 SDP 所示)、文献[21]中的带约束的最小二乘方法(图 3-6 中 CLS 所示)以及极大似然方法(图 3-6 中 ML 所示)对比。此外，将展示概率对所提方法性能的影响，也会比较各方法的计算效率。

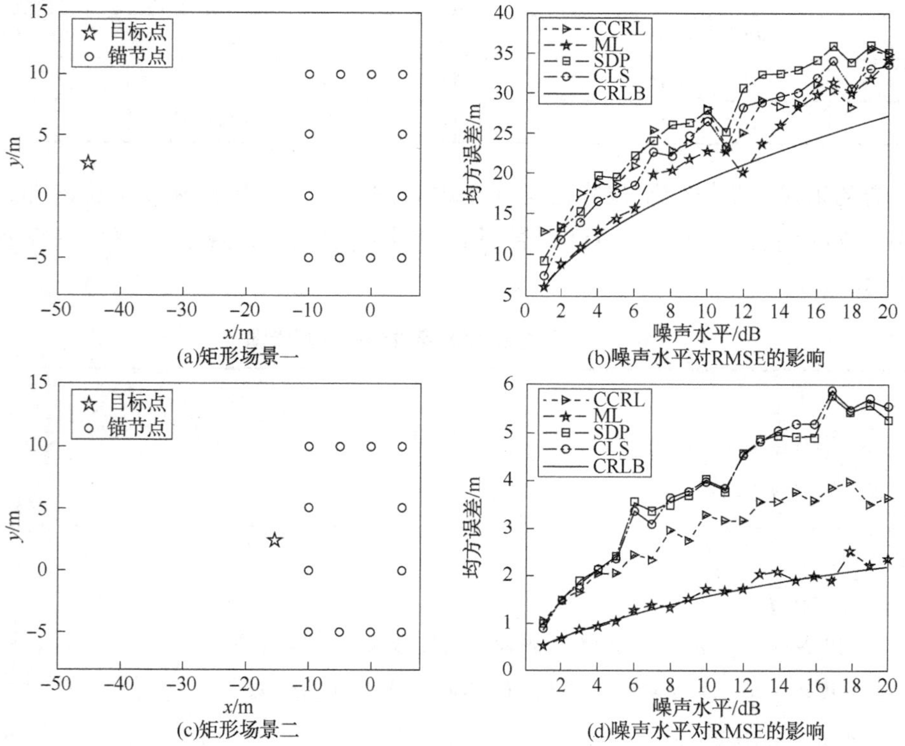

图 3-6 矩形分布场景下噪声水平对 RMSE 的影响

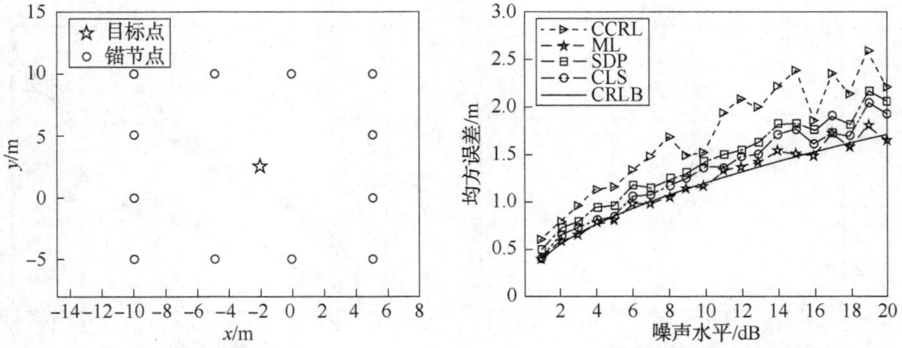

(e)矩形场景三　　(f)噪声水平对RMSE的影响

图 3-6　矩形分布场景下噪声水平对 RMSE 的影响(续)

所比较的 SDP 方法如公式(3-77)所示。CLS 方法为：

$$\arg\min_{\hat{\zeta}} \boldsymbol{J}=(\boldsymbol{h}-\boldsymbol{G}\hat{\boldsymbol{\zeta}})^{\mathrm{T}}(\boldsymbol{h}-\boldsymbol{G}\hat{\boldsymbol{\zeta}})$$

$$\text{s. t.} \quad \hat{\zeta}_3 \geqslant (\hat{\zeta}_1)^2+(\hat{\zeta}_2)^2 \tag{3-86}$$

式中，$\boldsymbol{G}=\begin{bmatrix} 2\lambda_1(\boldsymbol{a}_1)^{\mathrm{T}} & -\lambda_1 & 1 & 0 & 0 \\ 2\lambda_2(\boldsymbol{a}_2)^{\mathrm{T}} & -\lambda_2 & 0 & 1 & 0 \\ \vdots & \vdots & \vdots & \vdots & \vdots \\ 2\lambda_n(\boldsymbol{a}_n)^{\mathrm{T}} & -\lambda_n & 0 & 0 & 1 \end{bmatrix}$，$\boldsymbol{h}=\begin{bmatrix} \lambda_1(\boldsymbol{a}_1)^{\mathrm{T}}\boldsymbol{a}_1 \\ \lambda_2(\boldsymbol{a}_2)^{\mathrm{T}}\boldsymbol{a}_2 \\ \vdots \\ \lambda_n(\boldsymbol{a}_n)^{\mathrm{T}}\boldsymbol{a}_n \end{bmatrix}$，$\lambda_i=10^{(P_i-P_0)/(5\beta)}$。

求解该问题可以得到目标的一个位置估计 $\hat{\boldsymbol{x}}=[\hat{\zeta}_1, \hat{\zeta}_2]^{\mathrm{T}}$。

首先，考虑不同噪声水平对 RMSE 的影响。图 3-6 到图 3-7 展示了在不同的场景下，各方法的 RMSE 随噪声水平(噪声标准差)的变化情况。由实验结果可以看出，在矩形场景一中，当噪声水平较低时，凸组合方法(图 3-6 中 CCRL 所示)与文献中的 SDP 方法和 CLS 方法性能接近，而当噪声水平较高时，凸组合方法的性能略好。在矩形场景二中，凸组合方法的性能明显更好，且噪声水平越高，性能优势越明显。而在矩形场景三中，凸组合方法的性能却显得略差。此外，极大似然估计方法在三组实验中，都表现出最好的估计性能，这是因为使用了真值初始化。然而，当使用随机初始化或初始化不当时，其性能会很差。

圆形场景的三组结果与矩形场景相似，即在圆形场景一中，凸组合方法与文献中的方法性能相近，在圆形场景二中，凸组合方法优于文献方法，而在圆形场景三中，凸组合方法差于文献方法。此外，理想初始化下的极大似然估计方法在三种场景中都与 CR 下界接近。

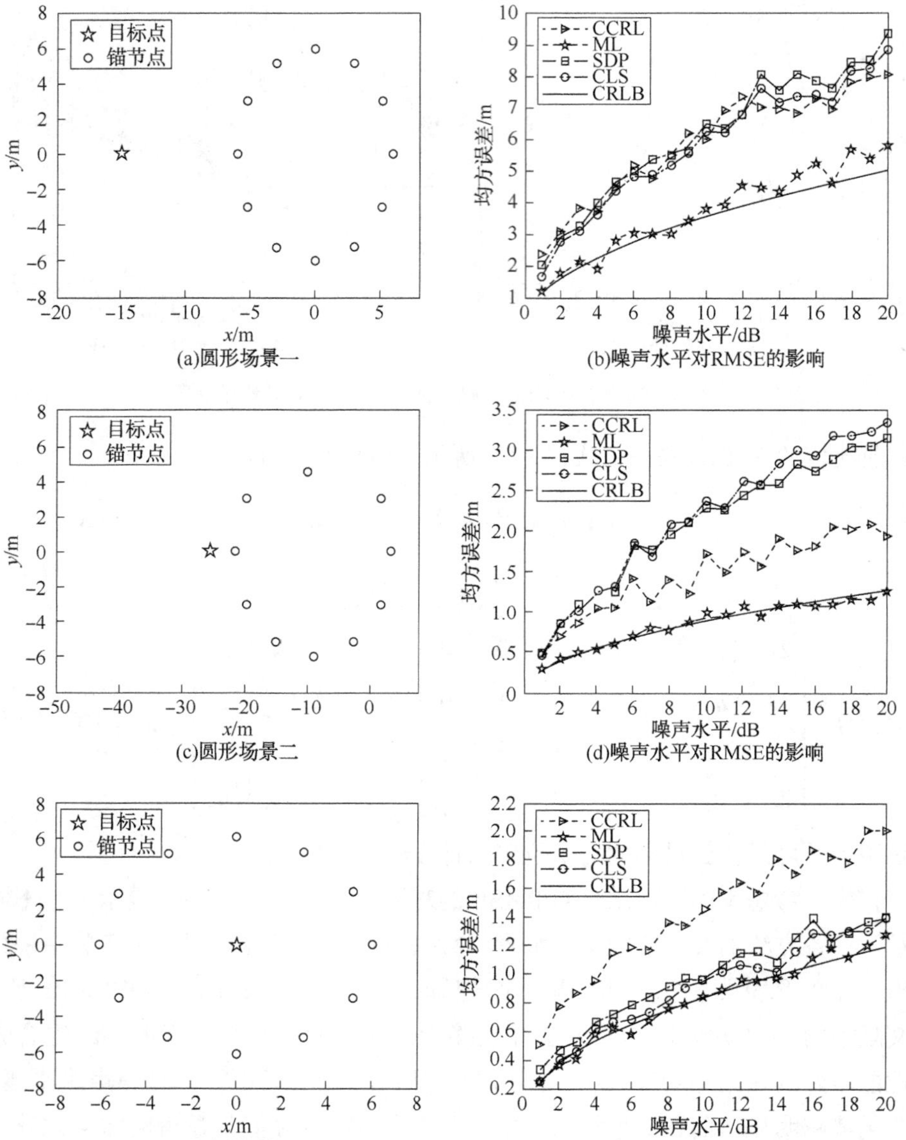

(a)圆形场景一　(b)噪声水平对RMSE的影响

(c)圆形场景二　(d)噪声水平对RMSE的影响

(e)圆形场景三　(f)噪声水平对RMSE的影响

图 3-7　圆形分布场景下噪声水平对 RMSE 的影响

下面考察概率参数 α 对定位结果的影响。图 3-8 给出了概率参数 α 对凸组合方法 RMSE 的影响曲线，图 3-8(a)和图 3-8(b)分别为矩形场景二与圆形场景二的结果，量测噪声的标准差设为 $\sigma = 2\text{dB}$。可以看出，总体上 RMSE 随着 α 的增大而逐渐增大。这是因为，虽然 α 较大的凸包能以较大概率覆盖目标点，但是小的凸包能使得算法的近似误差变小。此外，高斯随机变量具有公式(3-74)所示的概率分布值。可以看出，当α足够大后，对应的概率增量并不明显。因此，只要概率参数的要求不高，我们更希望使用较小的α以便得到较小的凸包。从实验结果来看，α一般选在2和4之间比较合适。

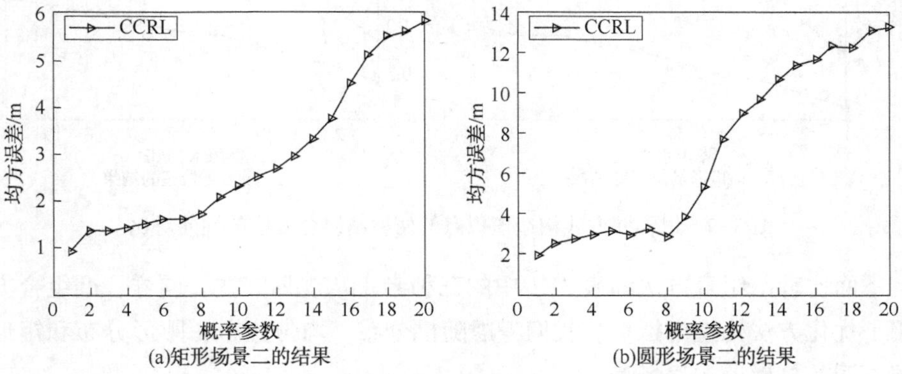

图 3-8　两种场景下概率参数α对RMSE的影响

下面比较各方法的计算效率。表3-4给出了各方法相对于凸组合方法的计算耗时，为200次蒙特卡罗试验结果的平均值。可以看出，凸组合方法的计算效率最高。由于极大似然估计方法的计算用时依赖于初始化，未予比较。

表 3-4　各方法的相对计算用时

方法	相对计算用时/s
凸组合定位方法	1.000
SDP 方法	1.438
约束最小二乘方法	1.417

3.5.4.2　基于优化方法构造虚拟点的凸组合定位

本小节验证基于优化方法构造虚拟点的凸组合方法的定位性能。如无特殊说明，凸组合定位方法采用策略(2)的优化方法构造虚拟点，且将凸包的大小设为$\Delta x=\Delta y=0.5$。

首先，我们对比基于优化方法构造虚拟点与用平行线相交构造虚拟点的两种凸组合方法。图3-9给出了它们在矩形场景三和圆形场景三下的RMSE对比结果。其中，CCRL1表示基于平行线构造虚拟点的结果，CCRL2表示基于优化方法构造虚拟点的结果。显然，基于优化方法构造虚拟点的方法在两个场景下的定位性能均更胜一筹。

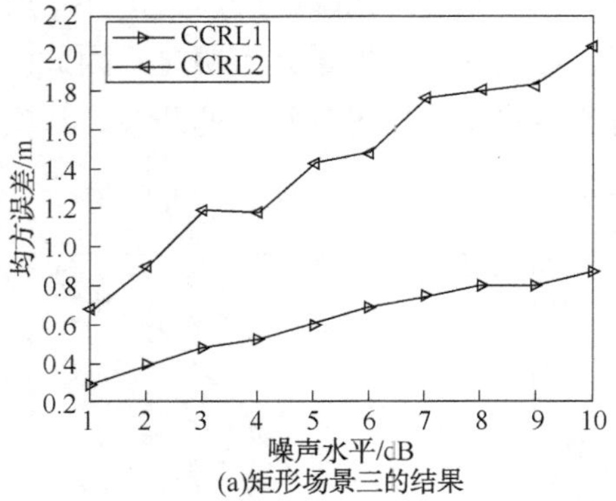

图 3-9 以不同方式构造虚拟点的两种凸组合方法的性能对比

下面比较凸组合方法和表 3-1 中的三种半正定规划方法。同样，凸组合方法采用了优化方法构造虚拟点。我们考虑随机分布、均匀分布、圆形分布和矩形分布等不同的传感器布局场景。

对文献中的 SDP-URSS 法，考虑发射功率已知的情况，所建立的半正定规划问题为：

$$\begin{aligned} &\arg\min_{\boldsymbol{x},\ \boldsymbol{Z},\ h_i} \sum_{i=1}^{n} (\lambda_i h_i - 1)^2 \\ &\text{s. t.} \quad h_i = \begin{bmatrix} \boldsymbol{a}_i \\ -\boldsymbol{e}_i \end{bmatrix}^{\mathrm{T}} \begin{bmatrix} \boldsymbol{I}_2 & \boldsymbol{x} \\ \boldsymbol{x}^{\mathrm{T}} & \boldsymbol{Z} \end{bmatrix} \begin{bmatrix} \boldsymbol{a}_i \\ -\boldsymbol{e}_i \end{bmatrix} \\ &\begin{bmatrix} \boldsymbol{I}_2 & \boldsymbol{x} \\ \boldsymbol{x}^{\mathrm{T}} & \boldsymbol{Z} \end{bmatrix} \geqslant \boldsymbol{0}_{n+2} \end{aligned} \tag{3-87}$$

式中，$h_i = \| \boldsymbol{x} - \boldsymbol{a}_i \|_2^2$，$\lambda_i = 10^{(P_i - P_0)/(5\beta)}$。

此外，为了公平比较，文献中的 SDP-P 方法和 SDP-R 方法在建立优化问题中均采用了 l_1 范数。

SDP-P 方法为：

$$\begin{aligned} &\arg\min_{\boldsymbol{x}, \boldsymbol{X}, t_i} \sum_{i=1}^{n} t_i \\ &\text{s. t.}\ \mathrm{tr}(\boldsymbol{X}) - 2(\boldsymbol{a}_i)^{\mathrm{T}} \boldsymbol{x} + k_i - \beta_i^2 \leqslant t_i \\ &\mathrm{tr}(\boldsymbol{X}) - 2(\boldsymbol{a}_i)^{\mathrm{T}} \boldsymbol{x} + k_i - \beta_i^2 \geqslant -t_i \\ &\begin{bmatrix} \boldsymbol{X} & \boldsymbol{x}^{\mathrm{T}} \\ \boldsymbol{x} & 1 \end{bmatrix} \geqslant \boldsymbol{0} \end{aligned} \tag{3-88}$$

式中，$k_i=(\boldsymbol{a}_i)^{\mathrm{T}}\boldsymbol{a}_i$，$\beta_i=10^{(P_0-P_i)/(10\beta)}$。

SDP-R 方法为：

$$\begin{aligned}
&\arg\min_{\boldsymbol{x},\ \boldsymbol{X},\ t_i}\sum_{i=1}^{n}t_i\\
&\text{s. t. } \operatorname{tr}(\boldsymbol{X})-2(\boldsymbol{a}_i)^{\mathrm{T}}\boldsymbol{x}+k_i\leqslant\beta_i^2t_i\\
&\begin{bmatrix}\operatorname{tr}(\boldsymbol{X})-2(\boldsymbol{a}_i)^{\mathrm{T}}\boldsymbol{x}+k_i & \beta_i\\ \beta_i & t_i\end{bmatrix}\geqslant\mathbf{0}\\
&\begin{bmatrix}\boldsymbol{X} & \boldsymbol{x}^{\mathrm{T}}\\ \boldsymbol{x} & 1\end{bmatrix}\geqslant\mathbf{0}
\end{aligned}\tag{3-89}$$

式中，k_i，β_i 的定义与 SDP-P 方法中的相同。

下面考虑噪声水平对 RMSE 的影响。图 3-10 展示了噪声水平对定位精度的影响。值得一提的是，图 3-10(a)和图 3-10(c)对应的是接收器的导航问题，即把位置已知的辐射源作为锚节点，来估计接收器的位置。这里考虑辐射源随机分布和均匀分布两种场景。而图 3-10(e)和图 3-10(g)对应的是辐射源的定位问题，即把一些位置已知的接收器作为锚节点来估计辐射源的位置。考虑传感器圆形分布和矩形分布两种场景。在所有场景中，噪声水平的变化范围均设置为 1~10dB。

不难看出，在各个场景中随着噪声水平的变高，所有方法的 RMSE 都逐渐增大。而与文献中的三个 SDP 方法相比，凸组合方法的性能几乎在所有不同的噪声水平下都是最好的。SDP-URSS 法和 SDP-R 法的性能相近，而 SDP-P 法的性能相对较差。此外，在图 3-10(c)的场景中，所提凸组合方法的结果和 CR 下界接近。在图 3-10(e)和图 3-10(g)的场景下，当噪声标准差较小时(小于 6)，凸组合方法的结果也与 CR 下界接近。

下面接着考虑锚节点数量对 RMSE 的影响。当锚节点的数量增多时，量测也会增加，从而有助于提高定位精度。这里将噪声标准差 σ 固定为 4dB。如图 3-11(a)所示，在图 3-10(e)的场景下，当接收器数量从 3 增加到 16 时，定位精度越来越高。同样，图 3-11(b)对应于图 3-10(g)的场景，当接收器数量从 4 增加到 40 时，结果也与前面类似。值得注意的是，当接收器数量大于 10 时，凸组合方法在两个场景里性能都是最好的。在矩形场景中当接收器数量大于 25 时，凸组合方法结果几乎和 CR 下界重合。除此之外，所有方法的性能排序基本和不同噪声水平中的结果一致。

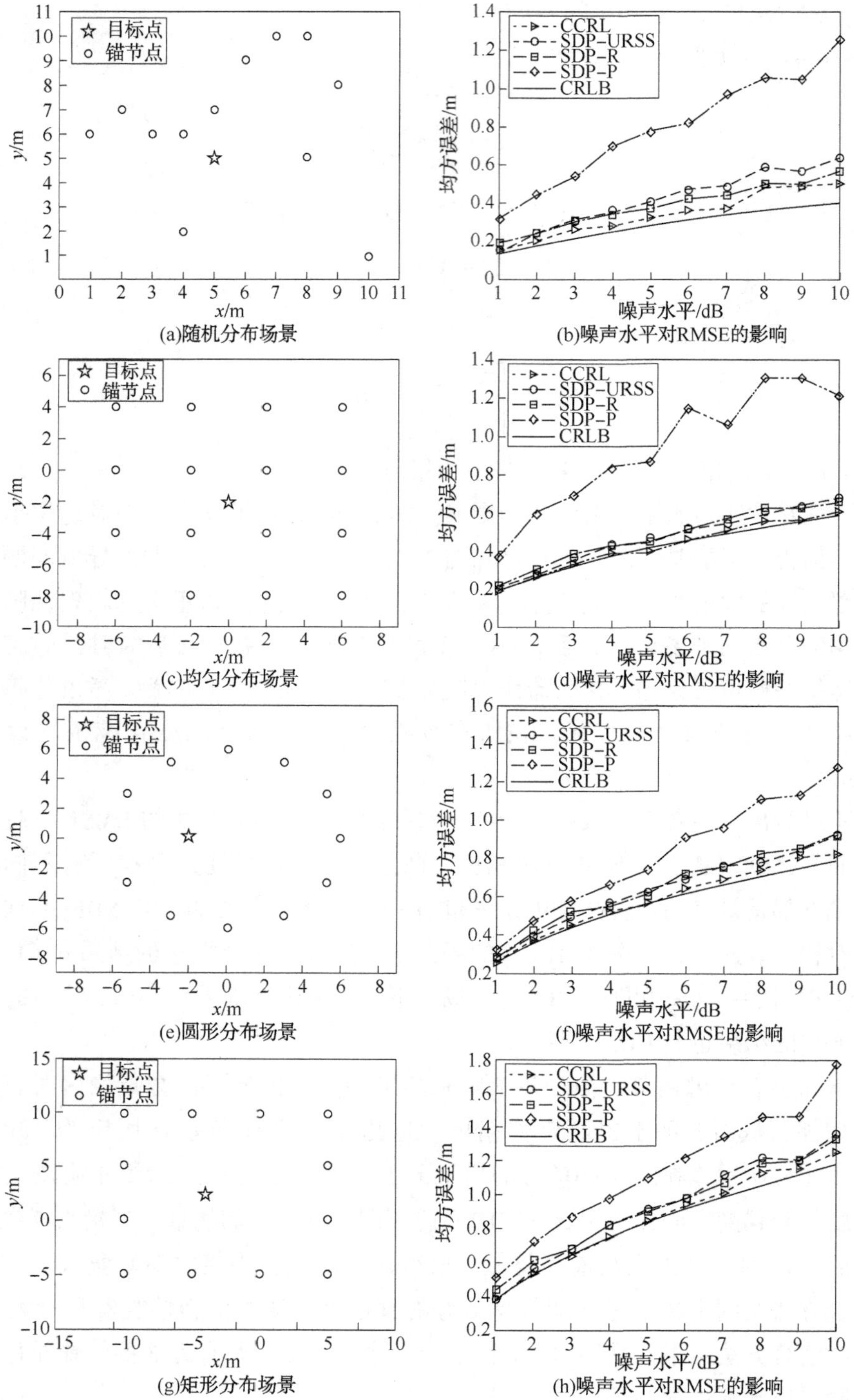

图 3-10　不同分布场景下噪声水平对 RMSE 的影响

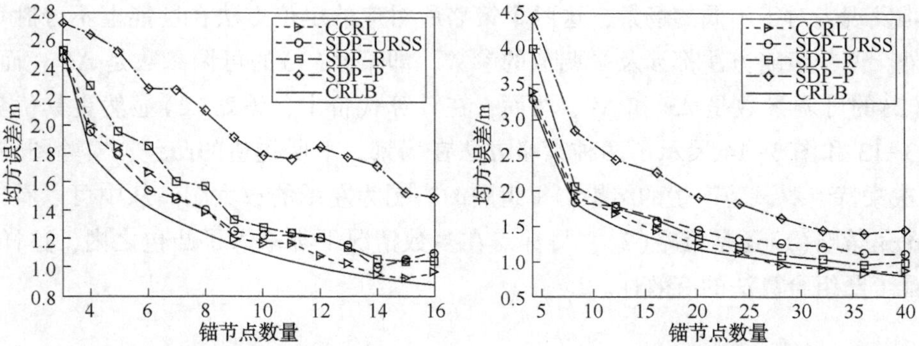

(a)圆形场景结果 (b)矩形场景结果

图 3-11 两个场景下锚节点数量对 RMSE 的影响

下面对两种策略方法构造虚拟点对应的凸组合方法性能进行比较。由前面的内容可知，策略(1)需要额外求解四个二次约束二次规划问题，而策略(2)通过点扩张直接生成凸包。如图 3-12 所示，对比了两种不同策略下凸组合方法的定位结果。其中，在策略(1)中设置 $\Delta\alpha_j = 0.8$，而在策略(2)中设置 $\Delta x = \Delta y = 0.5$。

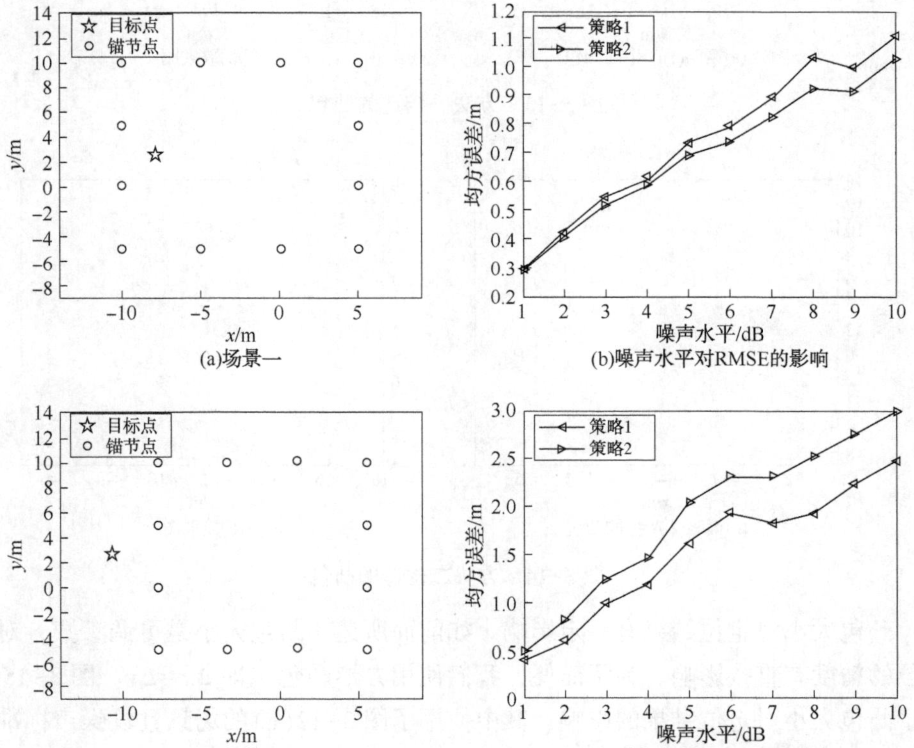

(a)场景一 (b)噪声水平对RMSE的影响

(c)场景二 (d)噪声水平对RMSE的影响

图 3-12 两个虚拟点构造方法在不同场景下的性能比较

不难发现，对于不同的场景，这两个策略所对应的定位方法在性能上不分胜负。此外，两个策略方法都涉及可调节的参数，即策略(1)的可调参数是 $\Delta\alpha_j$，而策略(2)的可调参数是 Δx 和 Δy。然而，在计算代价上，策略(2)显然更具优势。图 3-13 和图 3-14 展示了两种策略方法在场景二下所构造的凸包，实验图均为 10 次蒙特卡罗试验产生的结果，每组图的右图为左图的放大图。从中可以看出，不论是策略(1)还是策略(2)，目标点在多数情况下都落入了凸包之内，这样就保证了凸组合算法的有效性。

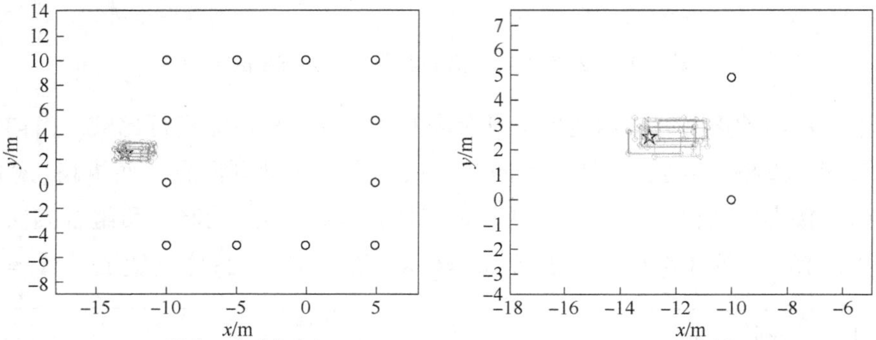

(a)策略(1)产生的凸包　　(b)放大图

图 3-13　方法一构造的凸包

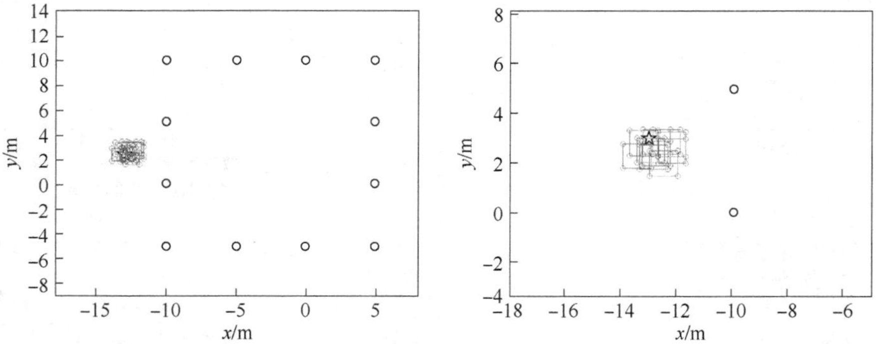

(a)策略(2)产生的凸包　　(b)放大图

图 3-14　方法二构造的凸包

凸包大小对定位结果有一定影响。如前面所述，凸包大小是可调参数，对于定位的精度有直接影响。为了简便，我们使用方形凸包，即 $\Delta x=\Delta y$。图 3-15 展示了凸包大小对定位结果的影响，其中使用了图 3-12(a)的场景且设噪声标准差 $\sigma=1\text{dB}$。如曲线所示，开始时 RMSE 随凸包增大而减小，随后随凸包增大而增大。当凸包尺寸 Δx 约为 0.9 时，即方形边长为 1.8 时，RMSE 达到最小值。

图 3-16 展示了目标点落入凸包内的比例随凸包大小的变化情况。可以看出，随着尺寸增大，这一比例总体上也逐渐增大。然而，当尺寸 $\Delta x>0.9$ 时，比例的增长逐渐变慢。从比例的数据上看，凸包尺寸 $\Delta x=0.9$ 时对定位精度是最有利的，这也与图 3-15 中的结果一致。当尺寸继续增大，目标落入凸包的比例最终饱和达到 1，但此时的性能开始变差。这表明，虽然凸包增大使得目标落入凸包的概率有所增长，但此时算法中引入的近似误差对定位精度的影响却更大。

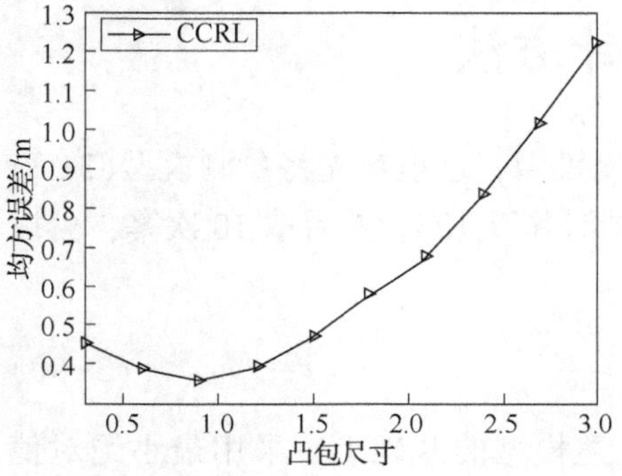

图 3-15　凸包大小对定位结果的影响

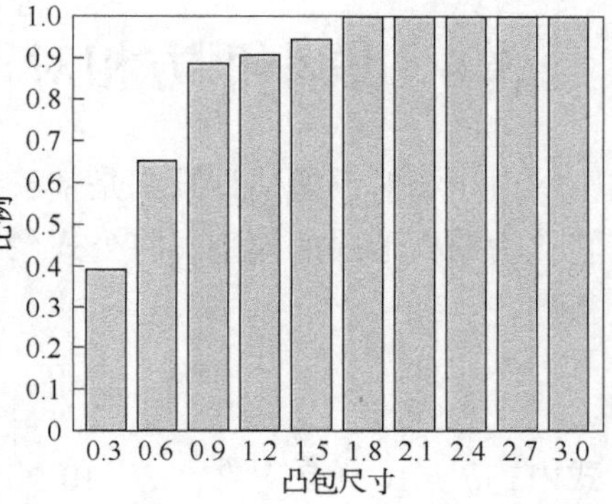

图 3-16　凸包大小对目标点落入凸包的比例的影响

为了验证凸组合方法的计算效率，这里比较各个方法在矩形场景下定位的计算用时。图 3-17 给出了不同方法随锚节点数量变化的计算用时(单位为 s)，均为 200 次蒙特卡罗试验结果的平均值。从图 3-17 中可以看出，在锚节点数量较少的情况下，凸组合法的计算效率不如其他方法。但是，随着锚节点增多(多于 20 时)，凸组合法比 SDP-R 法和 SDP-URSS 法的计算效率更高。表 3-5 展示了当锚节点数量为 20 时，各个方法相对于 SDP-P 法的计算用时。此时，凸组合法比 SDP-R 法和 SDP-URSS 法的计算效率更高。特别是，它比 SDP-URSS 法的计算用时减少了约 35%。虽然 SDP-P 法的计算效率最高，但定位精度却最差，这在前面已有说明。另外值得一提的是，所有方法的用时排序与前面分析的计算复杂度排序也是一致的。

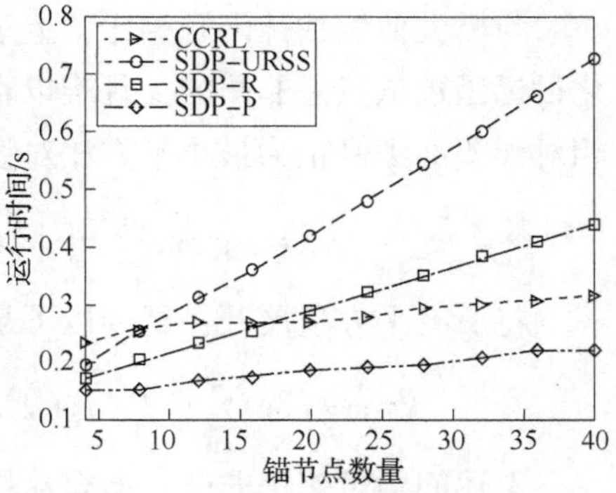

图 3-17　各方法随锚节点数量变化的计算用时

表 3-5　各方法的相对计算用时(锚节点数量为 20)

方法	相对计算用时/s
凸组合定位法	1.4741
SDP-URSS 法	2.2823
SDP-P 法	1.0000
SDP-R 法	1.5858

3.6　最小平方相对误差估计方法

由于相对误差估计准则是基于乘性的量测模型，这里首先将量测模型(3-2)转化为乘积形式的模型。将公式(3-2)两边同时除以 10β，然后取 10 次幂，可以得到：

$$\tilde{d}_i = d_i \varepsilon_i \tag{3-90}$$

式中，$\tilde{d}_i = 10^{(P_0-P_i)/(10\beta)}$，$\varepsilon_i = 10^{-n_i/(10\beta)}$。在上述模型的基础上，采用最小绝对值相对误差估计准则，可以得到 RSS 定位的估计问题为：

$$\hat{\boldsymbol{x}} = \arg\min_{\boldsymbol{x}} \sum_{i \in A} \left[\left| (\tilde{d}_i - d_i)/\tilde{d}_i \right| + \left| (\tilde{d}_i - d_i)/d_i \right| \right] \tag{3-91}$$

与极大似然估计问题相比，上述问题的目标函数中不存在对数项。然而，优化目标函数依然是非凸的，且难以直接松弛为一个凸问题。为此，将最小绝对值相对误差准则修正为最小平方相对误差准则，得到：

$$\hat{\boldsymbol{x}} = \arg\min_{\boldsymbol{x}} \sum_{i \in A} \left[\left| (\tilde{d}_i - d_i)/\tilde{d}_i \right| + \left| (\tilde{d}_i - d_i)/d_i \right| \right]^2 \tag{3-92}$$

将所有平方项展开，得到以下最小平方相对误差估计问题：

$$\hat{\boldsymbol{x}} = \arg\min_{\boldsymbol{x}} \sum_{i \in A} (d_i^2/\tilde{d}_i + \tilde{d}_i^2/d_i - 2) = \arg\min_{x} \sum_{i \in A} (d_i^2/\tilde{d}_i + \tilde{d}_i^2/d_i) \tag{3-93}$$

上述问题虽然仍非凸，但容易松弛为一个凸问题。下面进行详细介绍。

首先引入一个辅助变量 $u_i = d_i^2 = \| \boldsymbol{a}_i - \boldsymbol{x} \|^2$，则公式(3-93)可以写为：

$$\begin{aligned} \hat{\boldsymbol{x}} &= \arg\min_{x,\ u_i} \sum_{i \in A} (u_i/\tilde{d}_i + \tilde{d}_i^2/u_i) \\ \text{s.t. } u_i &= \| \boldsymbol{a}_i - \boldsymbol{x} \|^2,\ i \in A \end{aligned} \tag{3-94}$$

由 $u_i>0$，可知目标函数为凸的，但由于等式约束为二次的，所以上述优化问题依然非凸。定义 $\boldsymbol{Z} = \begin{bmatrix} \boldsymbol{I}_2 & \boldsymbol{x} \\ \boldsymbol{x}^{\mathrm{T}} & \boldsymbol{x}^{\mathrm{T}}\boldsymbol{x} \end{bmatrix}$，$\boldsymbol{I}_2$ 为 2×2 的单位矩阵，则优化公式(3-94)可

以转为以下半正定规划问题：

$$
\begin{aligned}
\hat{\boldsymbol{x}} &= \arg\min_{Z,\ u_i} \sum_{i \in A} \left(u_i / \tilde{d}_i + \tilde{d}_i^2 / u_i \right) \\
\text{s. t. } u_i &= \begin{bmatrix} \boldsymbol{a}_i \\ -1 \end{bmatrix}^{\mathrm{T}} \boldsymbol{Z} \begin{bmatrix} \boldsymbol{a}_i \\ -1 \end{bmatrix},\ i \in A \\
\boldsymbol{Z}_{1:2,\ 1:2} &= \boldsymbol{I}_2 \\
\boldsymbol{Z} &\geqslant \boldsymbol{0}_3 \\
\operatorname{rank}(\boldsymbol{Z}) &= 2
\end{aligned}
\tag{3-95}
$$

式中，$\boldsymbol{Z}_{1:2,1:2}$表示 $\boldsymbol{Z}$ 前两行前两列元素所组成的子矩阵，将非凸的约束条件 $\operatorname{rank}(\boldsymbol{Z})=2$ 松弛掉，得到以下半正定规划问题：

$$
\begin{aligned}
\hat{\boldsymbol{x}} &= \arg\min_{Z,\ u_i} \sum_{i \in A} \left(u_i / \tilde{d}_i + \tilde{d}_i^2 / u_i \right) \\
\text{s. t. } u_i &= \begin{bmatrix} \boldsymbol{a}_i \\ -1 \end{bmatrix}^{\mathrm{T}} \boldsymbol{Z} \begin{bmatrix} \boldsymbol{a}_i \\ -1 \end{bmatrix},\ i \in A \\
\boldsymbol{Z}_{1:2,\ 1:2} &= \boldsymbol{I}_2 \\
\boldsymbol{Z} &\geqslant \boldsymbol{0}_3
\end{aligned}
\tag{3-96}
$$

进一步引入辅助变量 $v_i=1/u_i$，上述优化问题可以转为一个标准的半正定规划问题。约束条件 $v_i=1/u_i$ 为非凸的，将其松弛为 $v_i \geqslant 1/u_i$，并写成线性矩阵不等式形式，即$\begin{bmatrix} v_i & 1 \\ 1 & u_i \end{bmatrix} \geqslant \boldsymbol{0}_2$。从而得到以下标准的半正定规划问题：

$$
\begin{aligned}
\hat{\boldsymbol{x}} &= \arg\min_{Z,\ u_i,\ v_i} \sum_{i \in \mathrm{A}} \left(u_i / \tilde{d}_i + \tilde{d}_i^2 v_i \right) \\
\text{s. t. } u_i &= \begin{bmatrix} \boldsymbol{a}_i \\ -1 \end{bmatrix}^{\mathrm{T}} \boldsymbol{Z} \begin{bmatrix} \boldsymbol{a}_i \\ -1 \end{bmatrix},\ i \in A \\
&\begin{bmatrix} v_i & 1 \\ 1 & u_i \end{bmatrix} \geqslant \boldsymbol{0}_2,\ i \in A \\
\boldsymbol{Z}_{1:2,\ 1:2} &= \boldsymbol{I}_2 \\
\boldsymbol{Z} &\geqslant \boldsymbol{0}_3
\end{aligned}
\tag{3-97}
$$

参 考 文 献

[1] Xue J, Liu J, Sheng M, et al. A Wi-Fi fingerprint based high-adaptability indoor localization

via machine learning[J]. China Communications, 2020, 17(7): 247-259.

[2] Zhou C, Liu J, Sheng M, et al. Exploiting fingerprint correlation for fingerprint-based indoor localization: a deep learning based approach[J]. IEEE Transactions on Vehicular Technology, 2021, 70(6): 5762-5774.

[3] So H C, Lin L. Linear least squares approach for accurate received signal strength based on source localization[J]. IEEE Transactions on Signal Processing, 2011, 59(8): 4035-4040.

[4] Patwari N, Hero A O, Perkins M, et al. Relative location estimation in wireless sensor networks [J]. IEEE Transactions on Signal Processing, 2003, 51(8): 2137-2148.

[5] Pahlavan K, Levesque A H. Wireless information networks[M]. 2nd ed. Hoboken: Wiley, 1995.

[6] Li J, Conan J, Pierre S. Mobile station location estimation for MIMO communication systems [C]//Proceedings of the 2006 3rd International Symposium on Wireless Communication Systems. Piscataway, NJ: IEEE, 2006: 561-564.

[7] Riba J, Urruela A. A non-line-of-sight mitigation technique based on ML-detection[C]//Proceedings of the 2004 IEEE International Conference on Acoustics, Speech, and Signal Processing. Piscataway, NJ: IEEE, 2004: 153-156.

[8] Kay S M. Fundamentals of statistical signal processing: estimation theory[M]. Upper Saddle River, NJ: Prentice-Hall, 1993.

[9] Chan Y T, Hang H Y C, Ching P C. Exact and approximate maximum likelihood localization algorithms[J]. IEEE Transactions on Vehicular Technology, 2006, 55(1): 10-16.

[10] Foy W H. Position-location solution by Taylor-series estimation[J]. IEEE Transactions on Aerospace and Electronic Systems, 1976, 12(3): 187-194.

[11] Salman N, Guo Y J, Kemp A H, et al. Analysis of linear least square solution for RSS based localization[C]//Proceedings of the 2012 International Symposium on Communications and Information Technologies (ISCIT). Piscataway, NJ: IEEE, 2012: 1051-1054.

[12] Guvenc I, Gezici S, Sahinoglu Z. Fundamental limits and improved algorithms for linear least-squares wireless position estimation[J]. Wireless Communications and Mobile Computing, 2012, 12(12): 1037-1052.

[13] Vaghefi R M, Gholami M R, Ström E G. RSS-based sensor localization with unknown transmit power[C]//Proceedings of the 2011 IEEE International Conference on Acoustics, Speech, and Signal Processing. Piscataway, NJ: IEEE, 2011: 2480-2483.

[14] So H C, Lin L. Linear least squares approach for accurate received signal strength based source localization[J]. IEEE Transactions on Signal Processing, 2011, 59(8): 4035-4040.

[15] Tarrio P, Bernardos A M, Besada J A, et al. A new positioning technique for RSS-based localization based on a weighted least squares estimator[C]//Proceedings of the 2008 IEEE International Symposium on Wireless Communication Systems. Piscataway, NJ: IEEE, 2008: 633-637.

[16] Chitte S D, Dasgupta S, Ding Z. Source localization from received signal strength under log-normal shadowing: bias and variance[C]//Proceedings of the 2009 2nd International Congress on Image and Signal Processing. Piscataway, NJ: IEEE, 2009: 1-5.

[17] Ouyang R W, Wong A K, Lea C. Received signal strength-based wireless localization via semidefinite programming: noncooperative and cooperative schemes [J]. IEEE Transactions on Vehicular Technology, 2010, 59(3): 1307-1318.

[18] Wang Q, Duan Z, Li X R, et al. Convex combination for source localization using received signal strength measurements[C]//Proceedings of the 2018 21st International Conference on Information Fusion (Fusion). Piscataway, NJ: IEEE, 2018: 323-330.

[19] Vaghefi R M, Gholami M R, Buechrer R M, et al. Cooperative received signal strength-based sensor localization with unknown transmit powers[J]. IEEE Transactions on Signal Processing, 2013, 61(6): 1389-1403.

[20] Biswas P, Liang T C, Toh K C, et al. Semidefinite programming approaches for sensor network localization with noisy distance measurements[J]. IEEE Transactions on Automation Science and Engineering, 2006, 3(4): 360-371.

[21] Wang Q, Duan Z, Li X R. Emission source localization and sensor registration using RSS measurements[C]//Proceedings of the 2017 20th International Conference on Information Fusion (Fusion). Piscataway, NJ: IEEE, 2017: 1-8.

4 锚节点位置有误差的 RSS 定位

在第 3 章中，介绍了理想量测模型下的 RSS 定位，其中要求锚节点位置是精确已知的。在 RSS 定位过程中，不论是采用哪种量测模型，使用的数据都包含了两部分量测，即各锚节点对应的 RSS 量测和锚节点自身的位置量测。在理想模型中，仅考虑了 RSS 量测存在误差的情况，如上一章中假设 RSS 量测噪声为高斯变量，锚节点位置没有误差。而在很多实际情况中，锚节点的位置也是通过其他方法获得的，例如 GPS 或者自定位方法。对于 GPS 定位，电离层、对流层延迟以及多路径效应难免会引起与传播途径有关的误差。此外，接收机时钟差、位置误差以及天线相位中心偏差等也会造成使用 GPS 定位锚节点结果的不确定性。这些因素使得获取的锚节点位置可能存在一定程度的误差，成为 RSS 定位中量测的一种不确定性。锚节点位置误差会直接影响目标定位的性能。特别是在室内定位中，由于定位区域较小，锚节点与各目标点的距离也较小，若锚节点的位置有误差，就会放大对目标定位精度的影响。由此可见，准确的锚节点位置也是获得可靠定位结果的必要条件，而当锚节点位置存在误差时，使用理想模型下的定位方法会出现模型失配的情况。

本章介绍在锚节点位置有误差的情况下的建模方法和定位方法。在现有的研究工作中，关于锚节点位置有误差或不确定的定位方法多数使用距离量测，而直接考虑 RSS 量测的内容还不太丰富。本章首先介绍一种基于距离量测的定位方法（RSS 量测也属于距离量测），随后介绍基于 RSS 量测的定位方法。

4.1 距离量测下的定位方法

假设传感器网络中有 n 个锚节点，真实位置为 $\boldsymbol{a}_j=[x_j,\ y_j]^{\mathrm{T}}$，$j=1,\ 2,\ \cdots,\ n$，均为未知的，但已知其带噪声的位置量测 z_j，目标节点位置为 $\boldsymbol{x}=[x,\ y]^{\mathrm{T}}$。各个锚节点对应于目标点的距离量测 $r_{i,j}$ 可以通过多次采样得到，i 为采样次数。

考虑如下量测模型：

$$\begin{aligned} &r_{i,j}=d_{i,j}+n_{i,j} \\ &z_j=\boldsymbol{a}_j+\boldsymbol{v}_j,\ i=1,\ 2,\ \cdots,\ s;\ j=1,\ 2,\ \cdots,\ n \end{aligned} \tag{4-1}$$

其中，将锚节点位置的误差建模为零均值的高斯随机噪声，距离量测噪声 $n_{i,j}$ 和锚节点位置量测噪声 $\boldsymbol{v}_j$ 相互独立，且各自均为独立同分布的高斯随机变量，协方差和协方差矩阵分别为 $\sigma_{i,j}^2$ 和 $\boldsymbol{\Phi}_j$。下面考虑使用距离和锚节点位置的联合量测来估计目标点的位置。

令 $\boldsymbol{X}=[\boldsymbol{x}, \boldsymbol{a}_1, \boldsymbol{a}_2, \cdots, \boldsymbol{a}_n]$ 为待估的参数矩阵，包含了目标节点和锚节点的真实位置。由于噪声项 $n_{i,j}$ 和 $\boldsymbol{v}_j$ 的各个分量是相互独立的，且均为高斯分布，给定量测 $\boldsymbol{r}=[r_{1,1}, \cdots, r_{s,1}, \cdots, r_{1,n}, \cdots, r_{s,n}]^{\mathrm{T}}$ 和 $\boldsymbol{Z}=[z_1, z_2, \cdots, z_n]^{\mathrm{T}}$，可以写出 $\boldsymbol{X}$ 的似然函数：

$$\begin{aligned} p(\boldsymbol{r}, \boldsymbol{Z} \mid \boldsymbol{X}) &= p(\boldsymbol{r} \mid \boldsymbol{X}) p(\boldsymbol{Z} \mid \boldsymbol{X}) \\ &= \prod_{j=1}^{n} \prod_{i=1}^{s} \frac{1}{\sqrt{2\pi}\sigma_{i,j}} \mathrm{e}^{\frac{-(\|\boldsymbol{x}-\boldsymbol{a}_j\|-d_{i,j})^2}{2\sigma_{i,j}^2}} \times \\ &\quad \prod_{j=1}^{n} \frac{1}{\sqrt{2\pi|\boldsymbol{\Phi}_j|}} \mathrm{e}^{\frac{-(z_j-\boldsymbol{a}_j)^{\mathrm{T}}\boldsymbol{\Phi}_j^{-1}(z_j-\boldsymbol{a}_j)}{2}} \end{aligned} \tag{4-2}$$

对公式(4-2)取对数并极大化，得到极大似然准则下的位置估计问题：

$$\arg\min_{\boldsymbol{X}} \sum_{j=1}^{n}\sum_{i=1}^{s} -(\|\boldsymbol{x}-\boldsymbol{a}_j\|-d_{i,j})^2/\sigma_{i,j}^2 + \sum_{j=1}^{n}(z_j-\boldsymbol{a}_j)^{\mathrm{T}}\boldsymbol{\Phi}_j^{-1}(z_j-\boldsymbol{a}_j) \tag{4-3}$$

然后将公式(4-3)写成以下等价形式：

$$\begin{aligned} &\arg\min_{t_{i,j}, s_j, \boldsymbol{X}} \sum_{j=1}^{n}\sum_{i=1}^{s} t_{i,j}^2 + \sum_{j=1}^{n} s_j^2 \\ &\text{s.t.} \quad g_{i,j}\big|\|\boldsymbol{x}-\boldsymbol{a}_j\| - d_{i,j}\big| \leqslant t_{i,j} \\ &\qquad \|\boldsymbol{\Phi}_j^{-1/2}(z_j-\boldsymbol{a}_j)\| \leqslant s_j \end{aligned} \tag{4-4}$$

式中，$g_{i,j}=1/\sigma_{i,j}$。定义一个新变量 $\boldsymbol{u}$，涵括了目标函数里的所有优化变量，即：

$$\boldsymbol{u}=[t_{i,j}, s_j], i=1, 2, \cdots, s; j=1, 2, \cdots, n \tag{4-5}$$

再将公式(4-4)所示的优化问题转为以下等价形式：

$$\begin{aligned} &\arg\min_{\boldsymbol{u}, q_{i,j}, v, \boldsymbol{X}} v \\ &\text{s.t.} \ \|\boldsymbol{u}\| \leqslant v \\ &g_{i,j}|q_{i,j}-d_{i,j}| \leqslant t_{i,j} \\ &\|\boldsymbol{\Phi}_j^{-1/2}(z_j-\boldsymbol{a}_j)\| \leqslant s_j \\ &\|\boldsymbol{x}-\boldsymbol{a}_j\| = q_{i,j} \end{aligned} \tag{4-6}$$

将上述问题中关于 $q_{i,j}$ 的等式约束条件松弛为不等式，即可得到以下二阶锥规划问题：

$$
\begin{aligned}
&\arg\min_{\boldsymbol{u},q_{i,j},v,\boldsymbol{X}} v \\
&\text{s.t.}\ \|\boldsymbol{u}\| \leqslant v \\
&g_{i,j}\left|q_{i,j}-d_{i,j}\right| \leqslant t_{i,j} \\
&\|\boldsymbol{\Phi}_j^{-1/2}(z_j-\boldsymbol{a}_j)\| \leqslant s_j \\
&\|\boldsymbol{x}-\boldsymbol{a}_j\| \leqslant q_{i,j}
\end{aligned}
\tag{4-7}
$$

由于上述优化问题是标准的二阶锥规划问题，因而可以采用内点法有效地求解，得到目标的位置估计。

4.2 RSS 量测下的定位方法

4.2.1 高斯分布的不确定性

锚节点位置有误差的 RSS 定位与距离量测下的定位思想类似，也将锚节点位置的误差建模为零均值的高斯随机变量。同样，假设传感器网络中有 n 个真实位置为 $\boldsymbol{a}_j=[x_j,\ y_j]^{\mathrm{T}}$ 但未知的锚节点，已知它们带噪声的位置量测 z_j，目标点的待估位置为 $\boldsymbol{x}=[x,\ y]^{\mathrm{T}}$。各锚节点可以通过多次采样得到关于目标点的 RSS 量测 $P_{i,j}$，i 为采样次数。

考虑如下量测模型：

$$
\begin{aligned}
&P_{i,j}=P_0-10\beta\lg d_j(\boldsymbol{x},\ \boldsymbol{a}_j)/d_0+n_{i,j} \\
&z_j=\boldsymbol{a}_j+\boldsymbol{v}_j,\ i=1,\ 2,\ \cdots,\ s;\ j=1,\ 2,\ \cdots,\ n
\end{aligned}
\tag{4-8}
$$

式中，$P_{i,j}$ 为第 j 个锚节点第 i 次的 RSS 量测值，dB；z_j 为第 j 个锚节点的带噪声位置，即锚节点位置量测；$\boldsymbol{v}_j$ 为锚节点位置的噪声，假定为零均值的高斯随机变量且各分量相互独立，方差均为 σ_2^2。

其余变量与前文中的一致，即 P_0 为距离信号发射端 d_0 处的参考信号强度，β 为路径损失因子，n_i 为 RSS 量测的噪声，假定为零均值独立同分布的高斯噪声，方差为 σ_1^2，$d_j=\|\boldsymbol{x}-\boldsymbol{a}_j\|_2$ 为第 j 个锚节点到目标点的真实距离，同时假设 n_i 和 $\boldsymbol{v}_j$ 的分量相互独立。

根据模型[公式(4-8)]，我们使用锚节点多次采集的 RSS 量测 $P_{i,j}$ 和带噪声

的锚节点位置 z_j 来估计目标点的位置 $\boldsymbol{x}$。同样，首先考虑所有未知位置的极大似然估计问题。令 $\boldsymbol{X}=[\boldsymbol{x}, \boldsymbol{a}_1, \boldsymbol{a}_2, \cdots, \boldsymbol{a}_n]$，为待估参数矩阵，它包含了目标节点和锚节点的真实位置。由于噪声项 n_i 和 $\boldsymbol{v}_j$ 的各个分量是相互独立的，且均为高斯分布，给定量测 $\boldsymbol{P}=[P_{1,1}, \cdots, P_{s,1}, \cdots, P_{1,n}, \cdots, P_{s,n}]^{\mathrm{T}}$ 和 $\boldsymbol{Z}=[z_1, z_2, \cdots, z_n]^{\mathrm{T}}$，可以得到 $\boldsymbol{X}$ 的似然函数：

$$
\begin{aligned}
&p(\boldsymbol{P}, \boldsymbol{Z} \mid \boldsymbol{X})=p(\boldsymbol{P} \mid \boldsymbol{X})p(\boldsymbol{Z} \mid \boldsymbol{X}) \\
&=\prod_{j=1}^{n}\prod_{i=1}^{s}\frac{1}{\sqrt{2\pi}\sigma_{i,j}}\mathrm{e}^{\frac{-[P_{i,j}-P_0+10\beta\lg d(\boldsymbol{x},\boldsymbol{a}_j)/d_0]^2}{2\sigma_{i,j}^2}}\times \\
&\prod_{j=1}^{n}\frac{1}{\sqrt{2\pi\left|\boldsymbol{\Phi}_j\right|}}\mathrm{e}^{\frac{-(z_j-\boldsymbol{a}_j)^{\mathrm{T}}\boldsymbol{\Phi}_j^{-1}(z_j-\boldsymbol{a}_j)}{2}}
\end{aligned}
\tag{4-9}
$$

因为 $\boldsymbol{v}_j$ 假设为独立同分布的高斯噪声，$\boldsymbol{\Phi}_j=\mathrm{diag}(\sigma_2^2)$。

对公式(4-9)两边取对数，可以得到 $\boldsymbol{X}$ 的极大似然估计为：

$$
\hat{\boldsymbol{X}}=\arg\min_{\boldsymbol{X}}\sum_{j=1}^{n}\sum_{i=1}^{s}1/\sigma_1^2(P_{i,j}-\tilde{P}_{i,j})^2+\sum_{j=1}^{n}1/\sigma_2^2(z_j-\boldsymbol{a}_j)^{\mathrm{T}}(z_j-\boldsymbol{a}_j) \tag{4-10}
$$

式中，$\tilde{P}_{i,j}=P_0-10\beta\lg d(\boldsymbol{x}, \boldsymbol{a}_j)/d_0$。

显然，优化问题(4-10)非凸，不易求解。下面介绍两种半正定规划方法，将上述优化问题转为半正定规划问题。

4.2.1.1 SDP-1 方法

首先，优化问题(4-10)可以写为：

$$
\hat{\boldsymbol{X}}=\arg\min_{\boldsymbol{X}}\sum_{j=1}^{n}\sum_{i=1}^{s}(5\beta)^2\frac{1}{\sigma_1^2}\left(\lg d_j^2 10^{\frac{P_{i,j}-P_0}{5\beta}}\right)^2+\sum_{j=1}^{n}\frac{1}{\sigma_2^2}(z_j-\boldsymbol{a}_j)^{\mathrm{T}}(z_j-\boldsymbol{a}_j) \tag{4-11}
$$

又由于 $d_j^2 10^{(P_{i,j}-P_0)/(5\beta)}=10^{n_{i,j}/(5\beta)}$，当噪声 $n_{i,j}$ 充分小时，有 $d_j^2 10^{(P_{i,j}-P_0)/(5\beta)}\to 1$。使用一阶泰勒展开，公式(4-11)可进一步近似为：

$$
\hat{\boldsymbol{X}}=\arg\min_{\boldsymbol{X}}\sum_{j=1}^{n}\sum_{i=1}^{s}\frac{25\beta^2}{(\ln 10)^2\sigma_1^2}\left(d_j^2\,10^{\frac{P_{i,j}-P_0}{5\beta}}-1\right)^2+\sum_{j=1}^{n}\frac{1}{\sigma_2^2}(z_j-\boldsymbol{a}_j)^{\mathrm{T}}(z_j-\boldsymbol{a}_j) \tag{4-12}
$$

即：

$$
\hat{\boldsymbol{X}}=\arg\min_{\boldsymbol{X}}\sum_{j=1}^{n}\sum_{i=1}^{s}w_1(h_j\lambda_{i,j}-1)^2+\sum_{j=1}^{n}w_2(z_j-\boldsymbol{a}_j)^{\mathrm{T}}(z_j-\boldsymbol{a}_j) \tag{4-13}
$$

式中，$w_1=25\beta^2/[(\ln 10)^2\sigma_1^2]$，$w_2=1/\sigma_2^2$，$\lambda_{i,j}=10^{(P_{i,j}-P_0)/(5\beta)}$，$h_j=d_j^2=\|\boldsymbol{x}-\boldsymbol{a}_j\|_2^2$。

由此，有以下半正定规划问题：

$$\begin{aligned}
&\underset{t_{i,j},\, s_j,\, h_j,\, X,\, Z}{\arg\min} \sum_{j=1}^{n}\sum_{i=1}^{s} t_{i,j} + \sum_{j=1}^{n} s_j \\
&\text{s. t.} \quad w_1(\lambda_{i,j}h_j - 1)^2 \leqslant t_{i,j} \\
&w_2(z_j - \boldsymbol{a}_j)^{\mathrm{T}}(z_j - \boldsymbol{a}_j) \leqslant s_j \\
&\boldsymbol{a}_j = \boldsymbol{X}(:,\ j+1) \\
&h_j = \begin{bmatrix} \boldsymbol{0}_2 \\ \boldsymbol{e}_1 - \boldsymbol{e}_j \end{bmatrix}^{\mathrm{T}} \begin{bmatrix} \boldsymbol{I}_2 & \boldsymbol{X} \\ \boldsymbol{X}^{\mathrm{T}} & \boldsymbol{Z} \end{bmatrix} \begin{bmatrix} \boldsymbol{0}_2 \\ \boldsymbol{e}_1 - \boldsymbol{e}_j \end{bmatrix} \\
&\begin{bmatrix} \boldsymbol{I}_2 & \boldsymbol{X} \\ \boldsymbol{X}^{\mathrm{T}} & \boldsymbol{Z} \end{bmatrix} \geqslant \boldsymbol{0}_{n+3}
\end{aligned} \tag{4-14}$$

式中，$\boldsymbol{e}_j$ 为 n+1 行 1 列的单位向量且第 j 个元素为 1。

公式(4-14)含有辅助变量 $\boldsymbol{Z}=\boldsymbol{X}^{\mathrm{T}}\boldsymbol{X}$ 并被松弛为 $\begin{bmatrix} \boldsymbol{I}_2 & \boldsymbol{X} \\ \boldsymbol{X}^{\mathrm{T}} & \boldsymbol{Z} \end{bmatrix} \geqslant \boldsymbol{0}_{n+3}$，这个约束条件是凸的。同时，第四个约束条件可以写为：

$$h_j = (d_j)^2 = \| \boldsymbol{x} - \boldsymbol{a}_j \|_2^2$$

$$= \begin{bmatrix} 0 & 0 & 1 & 0 & \cdots & \underbrace{-1}_{\text{第}j+3\text{个元素}} & \cdots & 0 \end{bmatrix} \begin{bmatrix} 1 & 0 & x & x_1 & \cdots & x_n \\ 0 & 1 & y & y_1 & \cdots & y_n \\ x & y & \boldsymbol{x}^{\mathrm{T}}\boldsymbol{x} & \boldsymbol{x}^{\mathrm{T}}\boldsymbol{a}_1 & \cdots & \boldsymbol{x}^{\mathrm{T}}\boldsymbol{a}_n \\ x_1 & y_1 & (\boldsymbol{a}_1)^{\mathrm{T}}\boldsymbol{x} & (\boldsymbol{a}_1)^{\mathrm{T}}\boldsymbol{a}_1 & \cdots & (\boldsymbol{a}_1)^{\mathrm{T}}\boldsymbol{a}_n \\ \vdots & \vdots & \vdots & \vdots & \ddots & \vdots \\ x_n & y_n & (\boldsymbol{a}_n)^{\mathrm{T}}\boldsymbol{x} & (\boldsymbol{a}_n)^{\mathrm{T}}\boldsymbol{a}_1 & \cdots & (\boldsymbol{a}_n)^{\mathrm{T}}\boldsymbol{a}_n \end{bmatrix} \begin{bmatrix} 0 \\ 0 \\ 1 \\ 0 \\ \vdots \\ \underbrace{-1}_{\text{第}j+3\text{个元素}} \\ \vdots \\ 0 \end{bmatrix} \tag{4-15}$$

求解半正定规划公式(4-14)，容易得到目标点位置的估计 $\hat{\boldsymbol{x}}$。

4.2.1.2 SDP-2 方法

将锚节点的真实位置 $\boldsymbol{a}_j=z_j-\boldsymbol{v}_j$ 代入 RSS 量测方程(4-8)中得到：

$$P_{i,j}=P_0-10\beta\lg d_j(\boldsymbol{x},\ z_j-\boldsymbol{v}_j)/d_0+n_{i,j},\ i=1,\ 2,\ \cdots,\ s;\ j=1,\ 2,\ \cdots,\ n \tag{4-16}$$

等价于：

$$P_{i,j}=P_0-10\beta\lg d_j(\boldsymbol{x}+\boldsymbol{v}_j,\ z_j)/d_0+n_{i,j},\ i=1,\ 2,\ \cdots,\ s;\ j=1,\ 2,\ \cdots,\ n \tag{4-17}$$

从而得到一个新的量测模型：

$$\begin{aligned}&P_{i,j}=P_0-10\beta\lg d_j(\boldsymbol{x}_j^s,\ z_j)/d_0+n_{i,j}\\&\boldsymbol{x}_j^s=\boldsymbol{x}+\boldsymbol{v}_j,\ i=1,\ 2,\ \cdots,\ s;\ j=1,\ 2,\ \cdots,\ n\end{aligned} \tag{4-18}$$

令 $\boldsymbol{X}=[\boldsymbol{x},\ \boldsymbol{x}_1^s,\ \boldsymbol{x}_2^s,\ \cdots,\ \boldsymbol{x}_n^s]$ 为新的待估矩阵，它包含了真实目标位置 $\boldsymbol{x}$ 和带噪声的目标位置 $\boldsymbol{x}_j^s$，其噪声等于原锚节点位置的量测噪声。

基于新的量测模型(4-18)，以及给定的量测 $\boldsymbol{P}=[P_{1,1},\ \cdots,\ P_{s,1},\ \cdots,\ P_{1,n},\ \cdots,\ P_{s,n}]^{\mathrm{T}}$ 和 $\boldsymbol{X}_j^s=[\boldsymbol{x}_1^s,\ \boldsymbol{x}_2^s,\ \cdots,\ \boldsymbol{x}_n^s]^{\mathrm{T}}$，$\boldsymbol{X}$ 的似然函数可以写为：

$$\begin{aligned}p(\boldsymbol{P},\ \boldsymbol{X}_j^s\mid\boldsymbol{X})&=p(\boldsymbol{P}\mid\boldsymbol{X})p(\boldsymbol{X}_j^s\mid\boldsymbol{X})\\&=\prod_{j=1}^{n}\prod_{i=1}^{s}\frac{1}{\sqrt{2\pi}\,\sigma_{i,\ j}}\mathrm{e}^{\frac{-[P_{i,\ j}-P_0+10\beta\lg d(\boldsymbol{x}_j^s,\ z_j)/d_0]^2}{2\sigma_{i,\ j}^2}}\times\\&\quad\prod_{j=1}^{n}\frac{1}{\sqrt{2\pi\,|\boldsymbol{\Phi}_j|}}\mathrm{e}^{-(\boldsymbol{x}_j^s-\boldsymbol{x})^{\mathrm{T}}\boldsymbol{\Phi}_j^{-1}(\boldsymbol{x}_j^s-\boldsymbol{x})/2}\end{aligned} \tag{4-19}$$

从而得到 $\boldsymbol{X}$ 的极大似然估计为：

$$\hat{\boldsymbol{X}}=\arg\min_{\boldsymbol{X}}\sum_{j=1}^{n}\sum_{i=1}^{s}w_1(h_j\lambda_{i,j}-1)^2+\sum_{j=1}^{n}w_2(\boldsymbol{x}_j^s-\boldsymbol{x})^{\mathrm{T}}(\boldsymbol{x}_j^s-\boldsymbol{x}) \tag{4-20}$$

式中，$h_j=d_j^2=\|z_j-\boldsymbol{x}_j^s\|_2^2$。

优化公式(4-20)可以进一步转化为以下半正定规划问题：

$$\begin{aligned}&\arg\min_{t_{i,\ j},\ s_j,\ q_j,\ \boldsymbol{X},\ \boldsymbol{Z}}\quad\sum_{j=1}^{n}\sum_{i=1}^{s}w_1t_{i,\ j}+\sum_{j=1}^{n}w_2s_j\\&\text{s. t.}\quad(\lambda_{i,\ j}h_j-1)^2\leqslant t_{i,\ j}\\&h_j=\boldsymbol{Z}(i+1,\ i+1)-2(z_j)^{\mathrm{T}}\boldsymbol{X}(:,\ i+1)+2(z_j)^{\mathrm{T}}z_j\\&s_j=\begin{bmatrix}\boldsymbol{0}_2\\\boldsymbol{e}_1-\boldsymbol{e}_j\end{bmatrix}^{\mathrm{T}}\begin{bmatrix}\boldsymbol{I}_2&\boldsymbol{X}\\\boldsymbol{X}^{\mathrm{T}}&\boldsymbol{Z}\end{bmatrix}\begin{bmatrix}\boldsymbol{0}_2\\\boldsymbol{e}_1-\boldsymbol{e}_j\end{bmatrix}\\&\begin{bmatrix}\boldsymbol{I}_2&\boldsymbol{X}\\\boldsymbol{X}^{\mathrm{T}}&\boldsymbol{Z}\end{bmatrix}\geqslant\boldsymbol{0}_{n+3}\end{aligned} \tag{4-21}$$

式中，$\boldsymbol{e}_j$ 依然为 n+1 行 1 列的单位向量，第 j 个元素为 1。与 SDP-1 方法类似，

公式(4-21)中 $s_j=\|\boldsymbol{x}-\boldsymbol{x}_j^s\|_2^2$ 具有下列形式：

$$q_j=\begin{bmatrix}0 & 0 & 1 & 0 & \cdots & \underbrace{-1}_{\text{第}j+3\text{个元素}} & \cdots & 0\end{bmatrix}\begin{bmatrix}1 & 0 & x & x_1^s & \cdots & x_n^s\\ 0 & 1 & y & y_1^s & \cdots & y_n^s\\ x & y & \boldsymbol{x}^{\mathrm{T}}\boldsymbol{x} & \boldsymbol{x}^{\mathrm{T}}\boldsymbol{x}_1^s & \cdots & \boldsymbol{x}^{\mathrm{T}}\boldsymbol{x}_n^s\\ x_1^s & y_1^s & (\boldsymbol{x}_1^s)^{\mathrm{T}}\boldsymbol{x} & (\boldsymbol{x}_1^s)^{\mathrm{T}}\boldsymbol{x}_1^s & \cdots & (\boldsymbol{x}_1^s)^{\mathrm{T}}\boldsymbol{x}_n^s\\ \vdots & \vdots & \vdots & \vdots & \ddots & \vdots\\ x_n^s & y_n^s & (\boldsymbol{x}_n^s)^{\mathrm{T}}\boldsymbol{x} & (\boldsymbol{x}_n^s)^{\mathrm{T}}\boldsymbol{x}_1^s & \cdots & (\boldsymbol{x}_n^s)^{\mathrm{T}}\boldsymbol{x}_n^s\end{bmatrix}\begin{bmatrix}0\\0\\1\\0\\ \vdots\\ \underbrace{-1}_{\text{第}j+3\text{个元素}}\\ \vdots\\0\end{bmatrix} \tag{4-22}$$

式中，$\boldsymbol{x}=[x,\ y]^{\mathrm{T}}$，$\boldsymbol{x}_j^s=[x_j^s,\ y_j^s]^{\mathrm{T}}$。

通过求解半正定规划问题(4-22)，可以得到目标节点位置的估计 $\hat{\boldsymbol{x}}$。

与 SDP-1 方法不同，SDP-2 方法将锚节点位置的不确定性转移到目标点的位置上，构造了新的不确定量。这样距离函数 $d_j(\cdot)$ 中原有的两个不确定量变为仅含一个不确定量，即包含在 $d_j(\boldsymbol{x}_j^s,\ z_j)$ 中，其中 $\boldsymbol{x}_j^s$ 不确定，而 z_j 已知。此时，各 RSS 量测可以看作当锚节点处于带噪声的位置处，来接收目标点处于不同特定位置时的信号强度，而各个特定位置由目标真实位置加上相应噪声。

4.2.1.3 实验与分析

针对锚节点位置的不确定性(为高斯随机变量)情况，本小节验证 SDP-1 方法和 SDP-2 方法的定位性能。考虑辐射源定位问题。在 RSS 量测模型中，发射功率、路径损失因子依然分别设为 $P_0=-40\text{dB}$，$\beta=3$。每组实验结果均为 200 次蒙特卡罗试验的平均值。场景和结果中距离的单位为 m。所有 SDP 问题依然使用 MATLAB 工具箱中的 CVX 工具包求解。SDP-1 方法和 SDP-2 方法的定位性能将与文献[11]中的最优线性最小二乘方法、文献[12]中的半正定规划方法相比较。这两种方法均未考虑锚节点位置的不确定性。这里分别使用了传感器随机分布、圆形分布以及矩形分布等场景。

首先考虑 RSS 量测噪声水平对定位精度的影响。图 4-1～图 4-3 展示了各方法在不同场景下 RMSE 随 RSS 量测噪声水平的变化曲线。在图 4-1 中，10 个传感器随机分布，在图 4-2 中，12 个传感器以圆形均匀分布，而在图 4-3 中，12 个传感器以矩形均匀分布。传感器位置噪声标准差设为 $\sigma_2=3\text{m}$，RSS 量测噪声的标准差变化范围为 1～10dB。

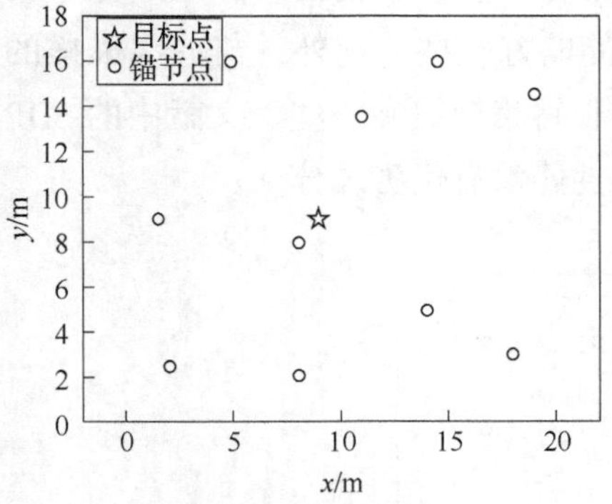

(a)传感器随机分布场景

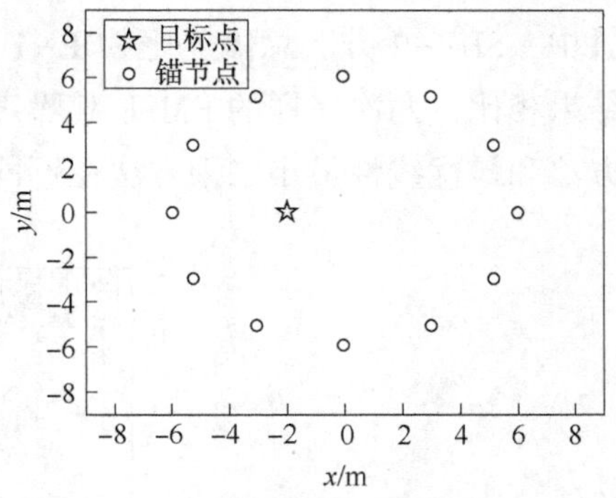

(a)传感器圆形分布场景

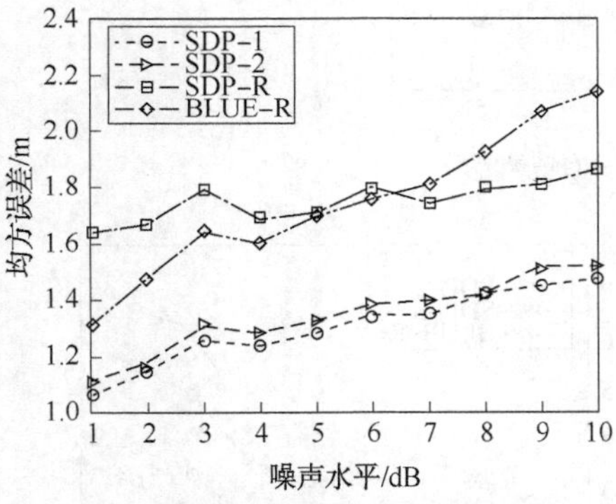

(b)传感器采样一次时的RMSE曲线

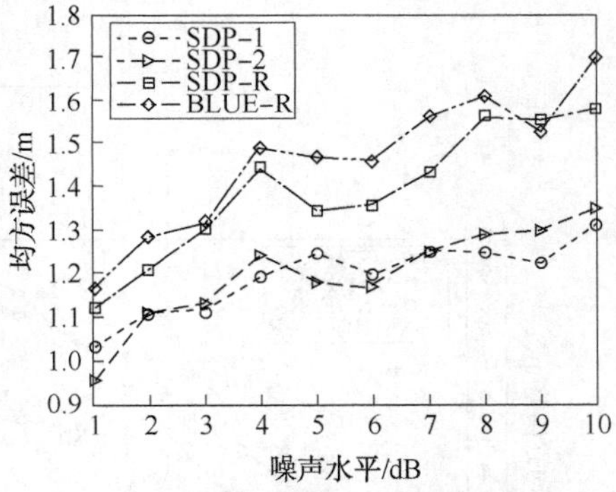

(b)传感器采样一次时的RMSE曲线

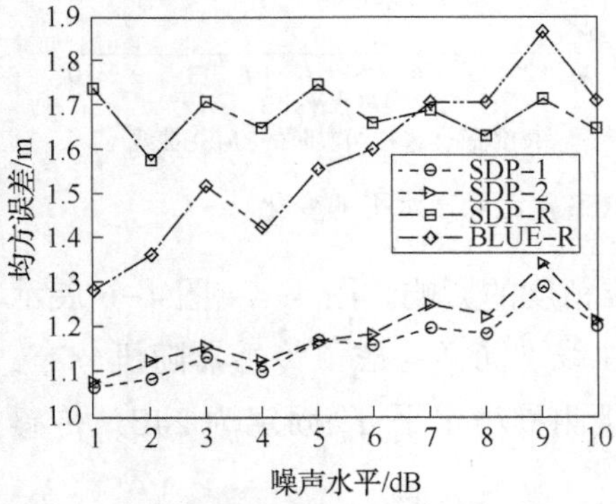

(c)传感器采样两次时的RMSE曲线

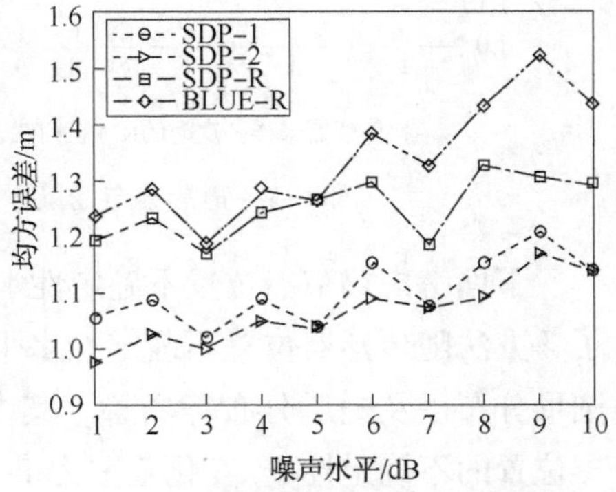

(c)传感器采样两次时的RMSE曲线

图 4-1 随机分布场景下 RMSE 随 RSS 量测噪声水平的变化

图 4-2 圆形分布场景下 RMSE 随 RSS 量测噪声水平的变化

从图 4-1~图 4-3 中可以看出，在考虑的所有场景中，SDP-1 方法和 SDP-2 方法的定位精度都明显高于文献中未考虑传感器位置不确定性的方法。在随机分布场景中，SDP-1 方法比 SDP-2 方法的性能略好一些。而在圆形和矩形分布场景中，SDP-2 方法总体上比 SDP-1 方法的性能略好一些。此外，与一次采样的结果相比，两次采样的 RMSE 随噪声增大而增长得稍微缓慢一些。文献中的 SDP 方法和最优线性最小二乘方法在不同场景下，性能没有优劣之分。

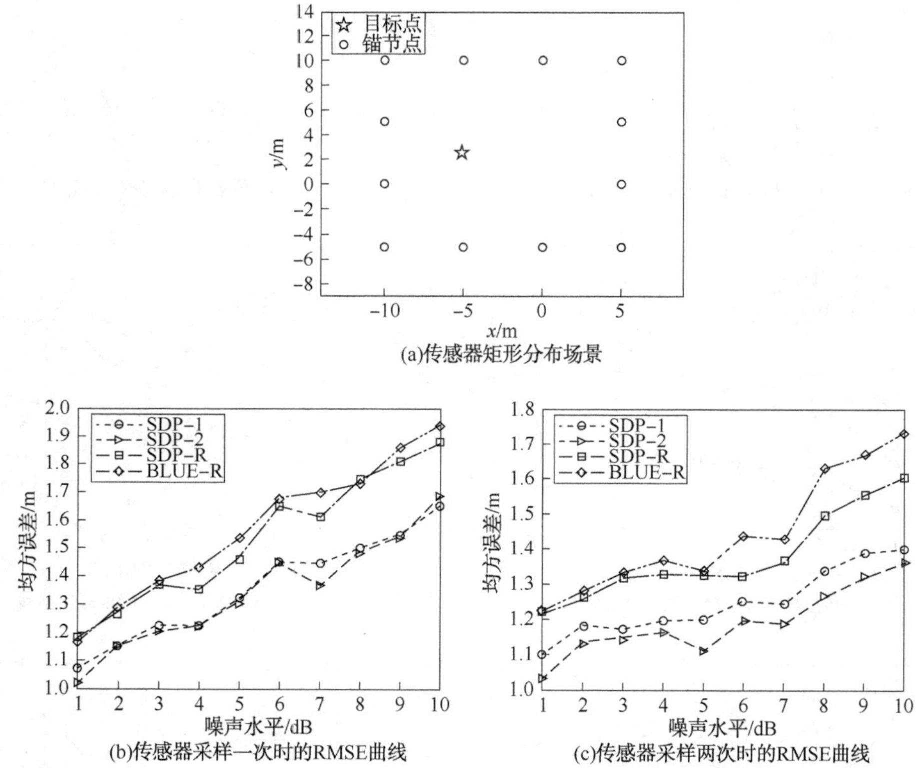

图 4-3　矩形分布场景下 RMSE 随 RSS 量测噪声水平的变化

下面考虑锚节点位置不确定性水平对定位精度的影响。图 4-4～图 4-6 展示了各方法随传感器位置不确定性水平的变化曲线。同样考虑了传感器随机分布、圆形分布以及矩形分布等场景。其中，RSS 量测噪声水平 σ_1 固定为 2dB，传感器位置的不确定性 σ_2 变化范围为 1～10m。

从各组实验结果来看，SDP-1 方法和 SDP-2 方法比未考虑传感器位置不确定性的方法在定位精度上有明显优势。在传感器随机分布场景中，SDP-1 方法比 SDP-2 方法的性能略好。在圆形和矩形场景中，当传感器位置的不确定性较小时，SDP-2 方法比 SDP-1 方法的性能略好。此外，在圆形和矩形场景中，文献中的半正定规划方法比最优线性最小二乘方法的性能好，而在随机场景中，结果相反。

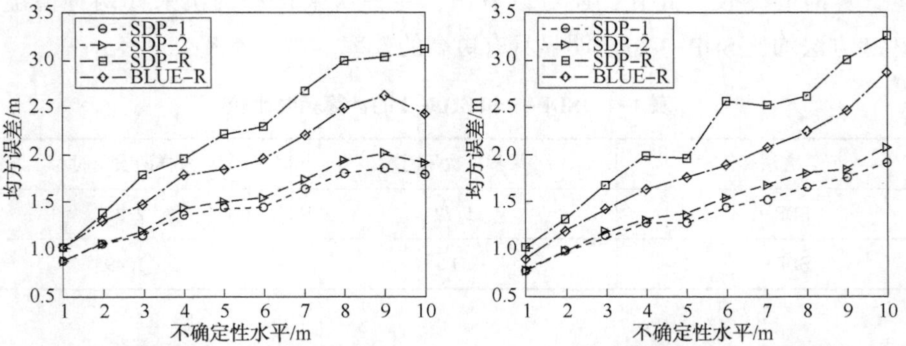

(a)传感器采样一次时的RMSE曲线　(b)传感器采样两次时的RMSE曲线

图 4-4　随机分布场景下 RMSE 随传感器位置不确定性水平的变化

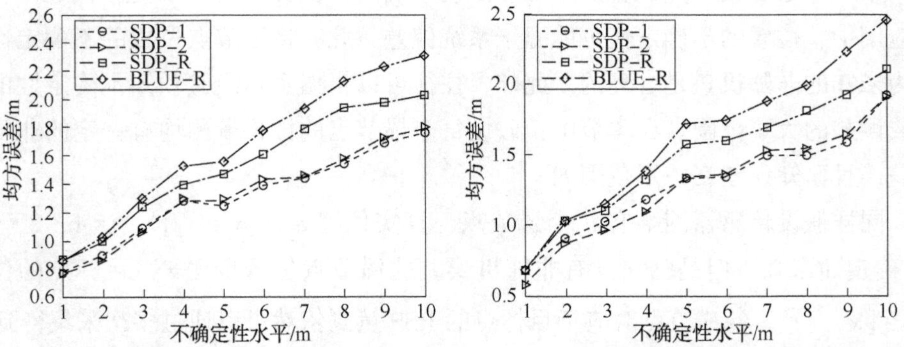

(a)传感器采样一次时的RMSE曲线　(b)传感器采样两次时的RMSE曲线

图 4-5　圆形分布场景下 RMSE 随传感器位置不确定性水平的变化

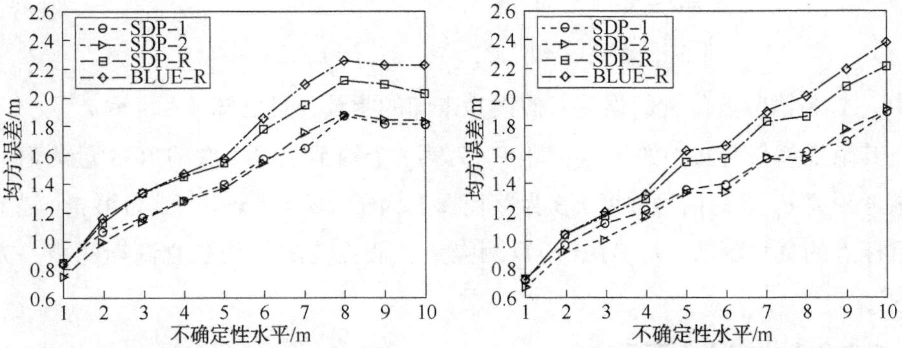

(a)传感器采样一次时的RMSE曲线　(b)传感器采样两次时的RMSE曲线

图 4-6　矩形分布场景下 RMSE 随传感器位置不确定性水平的变化

表 4-1 给出了 SDP-1 方法和 SDP-2 方法的相对计算耗时比较(相对于 SDP-2 采样一次)。可以看出，随着采样次数的增多，需要处理的数据也增多，定位算

法的计算时间变长。此外，还可以看出，在一次采样和两次采样两种情况下，SDP-2 方法均比 SDP-1 方法明显具有更高的效率。

表 4-1 SDP-1 和 SDP-2 的计算耗时比较

方法	采样一次用时/s	采样两次用时/s
SDP-1	1.79	2.30
SDP-2	1	1.49

4.2.2 未知非随机不确定性的 RSS 定位

本节考虑在锚节点位置的未知非随机不确定性情况下的 RSS 定位问题。在实际应用中，位置的不确定性可能源于系统偏差，此时将锚节点位置的不确定性建模为未知的非随机量是合理的。此外，往往可以根据实际经验预知不确定性的程度或误差的大小范围。在本节中，假设每个锚节点的位置量测均有一定的非随机误差，且已知误差在一定范围内。

同样假设传感器网络有 n 个锚节点，真实位置 $\boldsymbol{a}_j=[x_j,\ y_j]^{\mathrm{T}}$，$j=1,\ 2,\ \cdots,\ n$，确定而未知，但是已知具有非随机误差的锚节点位置量测 z_j，目标点的位置为$\boldsymbol{x}=[x,\ y]^{\mathrm{T}}$。各锚节点对应于目标点的 RSS 量测依然可以通过多次采集得到。

考虑如下量测模型：

$$\begin{aligned}&P_{i,j}=P_0-10\beta\lg d_j(\boldsymbol{x},\ \boldsymbol{a}_j)/d_0+n_{i,j}\\&z_j=\boldsymbol{a}_j+\Delta_j\\&\|\Delta_j\|\leqslant a,\ i=1,\ 2,\ \cdots,\ s;\ j=1,\ 2,\ \cdots,\ n\end{aligned}\tag{4-23}$$

式中，Δ_j 为锚节点位置的误差，假设为未知的常量，且已知 $\|\Delta_j\|\leqslant a$。

其余变量与前文中的一致，即 $P_{i,j}$为第 j 个锚节点第 i 次的 RSS 量测值，P_0 为参考距离 d_0 处的信号强度，β 为路径损失因子，$d_j=\|\boldsymbol{x}-\boldsymbol{a}_j\|_2$ 为第 j 个锚节点到目标点的真实距离，$n_{i,j}$为 RSS 量测噪声，假设为零均值独立高斯噪声，方差为 σ_1^2。

4.2.2.1 SDP-1 方法

依然令 $\boldsymbol{X}=[\boldsymbol{x},\ \boldsymbol{a}_1,\ \boldsymbol{a}_2,\ \cdots,\ \boldsymbol{a}_n]$为待估的参数矩阵，包含了所有未知的真实节点位置。给定所有锚节点多次采样的 RSS 量测 $\boldsymbol{P}=[P_{1,1},\ \cdots,\ P_{s,1},\ \cdots,\ P_{1,n},\ \cdots,\ P_{s,n}]^{\mathrm{T}}$，由 RSS 量测模型，可以写出 $\boldsymbol{X}$ 的似然函数：

$$p(\boldsymbol{P} \mid \boldsymbol{X}) = \prod_{j=1}^{n} \prod_{i=1}^{s} \frac{1}{\sqrt{2\pi}\sigma_1} e^{-\frac{\left[P_{i,j}-P_0+10\beta\lg\frac{d(x,a_j)}{d_0}\right]^2}{2\sigma_1^2}} \tag{4-24}$$

同时，考虑传感器位置不确定性的约束条件，可以描述关于 $\boldsymbol{X}$ 的带约束的极大似然估计问题为：

$$\begin{aligned} \hat{\boldsymbol{X}} &= \arg\min_{\boldsymbol{X}} \sum_{j=1}^{n} \sum_{i=1}^{s} (P_{i,j} - \tilde{P}_{i,j})^2 \\ \text{s. t. } & \| z_j - \boldsymbol{a}_j \| \leqslant a \end{aligned} \tag{4-25}$$

式中，$\tilde{P}_{i,j}=P_0-10\beta\lg d(\boldsymbol{x},\ \boldsymbol{a}_j)/d_0$。

由公式(4-25)，可以建立半正定规划问题：

$$\begin{aligned} \arg\min_{t_{i,j},\ h_j,\ \boldsymbol{X},\ \boldsymbol{Z}} \quad & \sum_{j=1}^{n} \sum_{i=1}^{s} t_{i,j} \\ \text{s. t. } & w_1(\lambda_{i,j}h_j - 1)^2 \leqslant t_{i,j} \\ & \| z_j - \boldsymbol{a}_j \| \leqslant a \\ & \boldsymbol{a}_j = \boldsymbol{X}(i,\ j+1) \\ & h_j = \begin{bmatrix} \boldsymbol{0}_2 \\ \boldsymbol{e}_1 - \boldsymbol{e}_j \end{bmatrix}^{\mathrm{T}} \begin{bmatrix} \boldsymbol{I}_2 & \boldsymbol{X} \\ \boldsymbol{X}^{\mathrm{T}} & \boldsymbol{Z} \end{bmatrix} \begin{bmatrix} \boldsymbol{0}_2 \\ \boldsymbol{e}_1 - \boldsymbol{e}_j \end{bmatrix} \\ & \begin{bmatrix} \boldsymbol{I}_2 & \boldsymbol{X} \\ \boldsymbol{X}^{\mathrm{T}} & \boldsymbol{Z} \end{bmatrix} \geqslant \boldsymbol{0}_{n+3} \end{aligned} \tag{4-26}$$

式中，$\boldsymbol{e}_j$ 为 $n+1$ 行 1 列的单位向量，第 j 个元素为 1，$\boldsymbol{Z}=\boldsymbol{X}^{\mathrm{T}}\boldsymbol{X}$ 依然被松弛为 $\begin{bmatrix} \boldsymbol{I}_2 & \boldsymbol{X} \\ \boldsymbol{X}^{\mathrm{T}} & \boldsymbol{Z} \end{bmatrix} \geqslant \boldsymbol{0}_{n+3}$，变为一个凸的约束条件。

在这个约束条件下，求解半正定规划公式(4-26)即得到目标的位置估计 $\hat{\boldsymbol{x}}$。

4.2.2.2 SDP-2 方法

将锚节点的真实位置 $\boldsymbol{a}_j=z_j-\Delta_j$ 代入 RSS 量测模型[公式(4-23)]中，可得：

$$\begin{aligned} P_{i,j} &= P_0 - 10\beta\lg\frac{d_j(\boldsymbol{x},\ z_j-\Delta_j)}{d_0} + n_{i,j} \\ \| \Delta_j \| &\leqslant a_j,\ i=1,\ 2,\ \cdots,\ s;\ j=1,\ 2,\ \cdots,\ n \end{aligned} \tag{4-27}$$

由于 $d_j(\boldsymbol{x},\ z_j-\Delta_j)=d_j(\boldsymbol{x}+\Delta_j,\ z_j)$，上述模型可以等价地写成：

$$P_{i,j}=P_0-10\beta\lg\frac{d_j(\boldsymbol{x}+\Delta_j,\ z_j)}{d_0}+n_{i,j}$$
$$\|\Delta_j\|\leqslant a_j,\ i=1,\ 2,\ \cdots,\ s;\ j=1,\ 2,\ \cdots,\ n \tag{4-28}$$

令 $\boldsymbol{x}_j^s=\boldsymbol{x}+\Delta_j$，可以得到新的量测模型：

$$P_{i,j}=P_0-10\beta\lg\frac{d_j(\boldsymbol{x}_j^s,\ z_j)}{d_0}+n_{i,j}$$
$$\|\boldsymbol{x}_j^s-\boldsymbol{x}\|\leqslant a_j,\ i=1,\ 2,\ \cdots,\ s;\ j=1,\ 2,\ \cdots,\ n \tag{4-29}$$

令 $\boldsymbol{X}=[\boldsymbol{x},\ \boldsymbol{x}_1^s,\ \boldsymbol{x}_2^s,\ \cdots,\ \boldsymbol{x}_n^s]$ 为待估矩阵，它包含了目标点的真实位置和 n 个带误差的目标点位置，误差大小等于原锚节点的位置误差大小。

进而，可以描述关于 $\boldsymbol{X}$ 的带约束的极大似然估计问题为：

$$\hat{\boldsymbol{X}}=\arg\min_{\boldsymbol{X}}\sum_{j=1}^{n}\sum_{i=1}^{s}(P_{i,j}-\tilde{P}_{i,j})^2$$
$$\text{s. t. } \|\boldsymbol{x}_j^s-\boldsymbol{x}\|\leqslant a_j \tag{4-30}$$

式中，$\tilde{P}_{i,j}=P_0-10\beta\lg d(\boldsymbol{x}_j^s,\ z_j)/d_0$。

优化公式(4-30)可以进一步转化为以下 SDP 问题：

$$\begin{aligned}
&\arg\min_{t_{i,j},\ h_j,\ \boldsymbol{X},\ \boldsymbol{Z}}\quad \sum_{j=1}^{n}\sum_{i=1}^{s}t_{i,j}\\
&\text{s. t.}\quad (\lambda_{i,j}h_j-1)^2\leqslant t_{i,j}\\
&\|\boldsymbol{x}_j^s-\boldsymbol{x}\|\leqslant a_j\\
&\boldsymbol{x}=\boldsymbol{X}(:,\ 1)\\
&\boldsymbol{x}_j^s=\boldsymbol{X}(:,\ j+1)\\
&h_j=\boldsymbol{Z}(i+1,\ i+1)-2(z_j)^{\mathrm{T}}\boldsymbol{X}(:,\ i+1)+2(z_j)^{\mathrm{T}}z_j\\
&\begin{bmatrix}\boldsymbol{I}_2 & \boldsymbol{X}\\ \boldsymbol{X}^{\mathrm{T}} & \boldsymbol{Z}\end{bmatrix}\geqslant \boldsymbol{0}_{n+3}
\end{aligned} \tag{4-31}$$

求解半正定规划公式(4-31)同样可以得到目标的位置估计 $\hat{\boldsymbol{x}}$。

4.2.2.3 实验与分析

针对锚节点位置的不确定性未知非随机的情况，本小节验证 SDP-1 法和 SDP-2 法的性能。这里同样考虑辐射源定位问题，其中每个传感器位置的误差均在一个已知范围内。

在 RSS 量测模型中，$P_0=-40\text{dB}$，$\beta=3$。每组实验结果均为 200 次蒙特卡罗试验的平均值。场景和结果中的距离单位依然为米。SDP-1 法和 SDP-2 法将与文献[11]中的最优线性最小二乘估计方法(如图中 BLUE-R 所示)和文献[12]中的半正定规划方法(如图中 SDP-R 所示)进行比较，其中文献的方法忽略了传感器位置的不确定性。我们同样考察各方法在传感器随机分布、圆形分布以及矩形分布等不同场景下的性能。

同样首先考虑 RSS 量测噪声水平对定位精度的影响。图 4-7 到图 4-9 展示了不同场景下各方法在不同量测噪声水平下的定位性能。其中，设各个传感器位置的误差 $\Delta_j=3\text{m}$。从 3 组实验结果来看，SDP-1 方法和 SDP-2 方法由于考虑了传感器位置的不确定性，比其他未考虑不确定性的方法在定位精度上有不同程度的提升。在传感器随机分布和矩形分布场景中，SDP-2 方法比 SDP-1 方法的性能更好，尤其是在随机场景采样两次的情况下。而在圆形分布场景中，SDP-1 方法和 SDP-2 方法的性能基本一致。

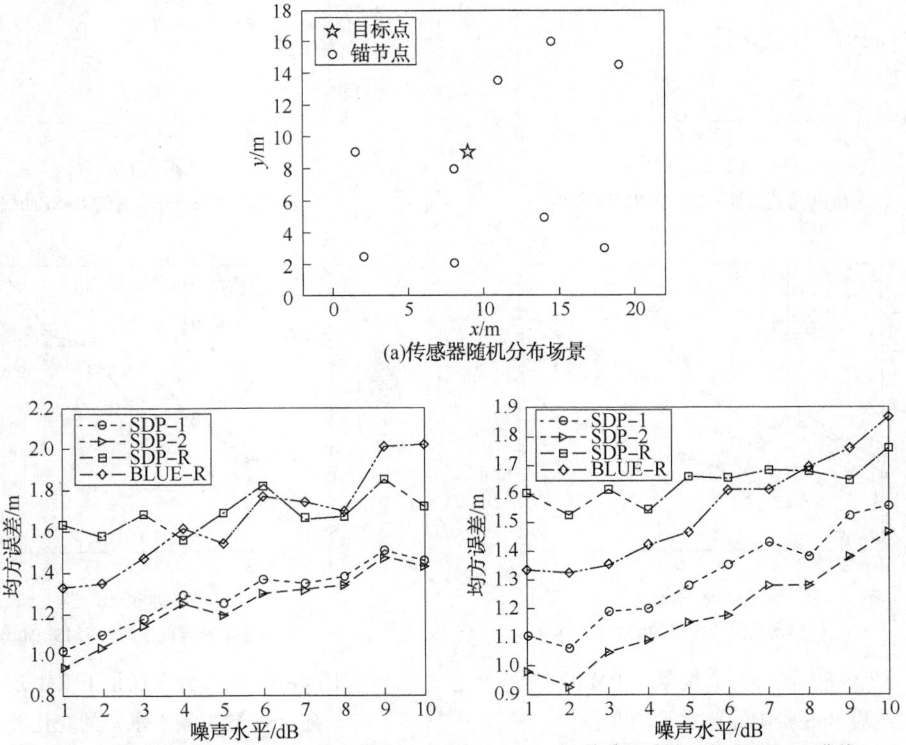

(a)传感器随机分布场景

(b)传感器采样一次时的RMSE曲线　(c)传感器采样两次时的RMSE曲线

图 4-7　随机分布场景下 RMSE 随 RSS 量测噪声水平的变化

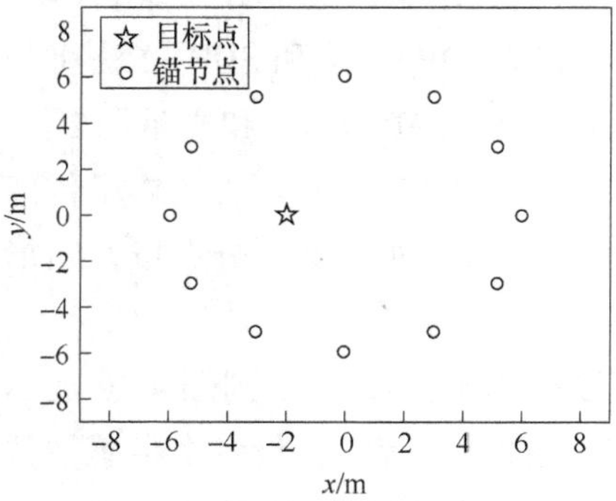

(a)传感器圆形分布场景

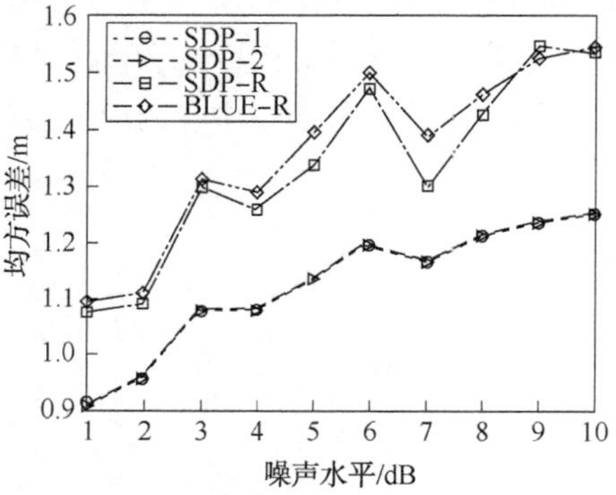

(b)传感器采样一次时的RMSE曲线

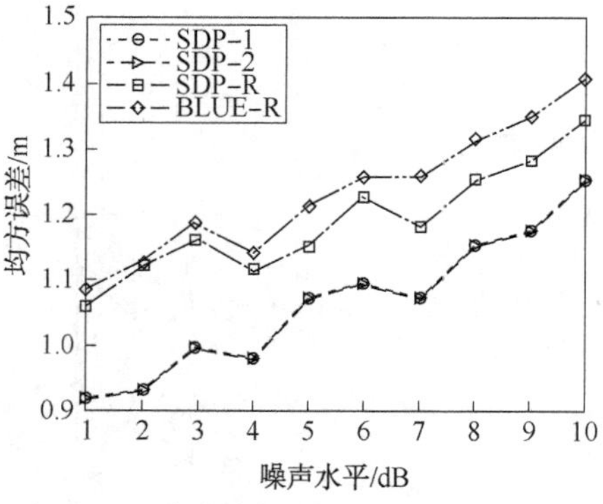

(c)传感器采样两次时的RMSE曲线

图 4-8　圆形分布场景下 RMSE 随 RSS 量测噪声水平的变化

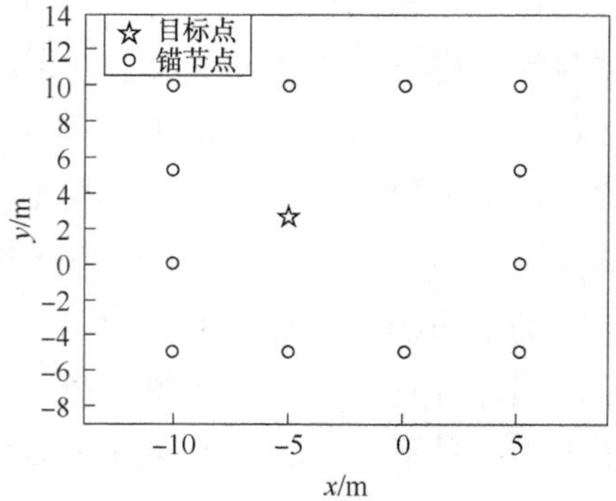

(a)传感器矩形分布场景

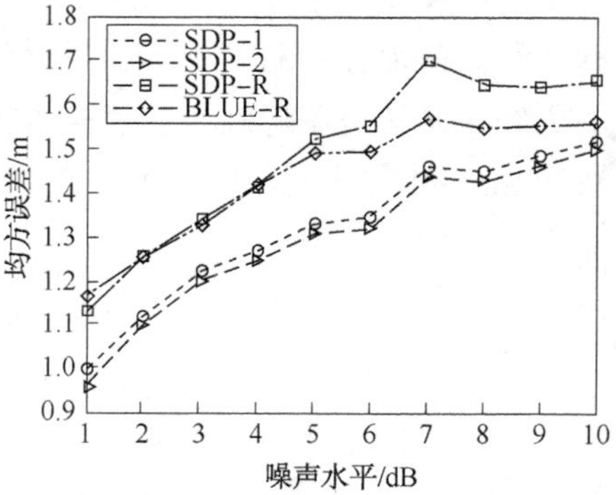

(b)传感器采样一次时的RMSE曲线

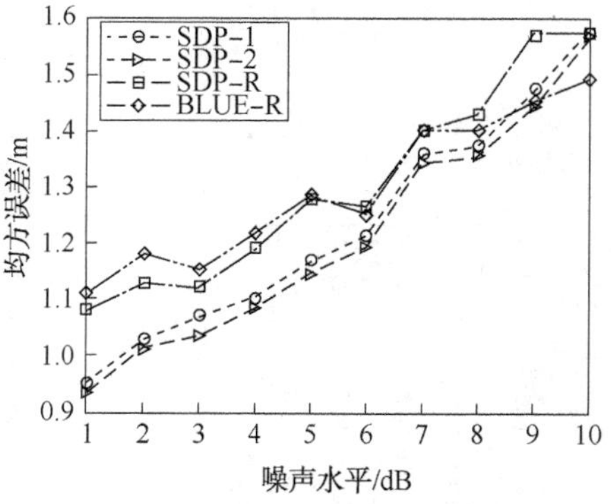

(c)传感器采样两次时的RMSE曲线

图 4-9　矩形分布场景下 RMSE 随 RSS 量测噪声水平的变化

同样，下面考虑锚节点位置的不确定性水平对定位精度的影响。图 4-10 到图 4-12 展示了各方法的 RMSE 随传感器位置不确定性水平的变化曲线。其中，

RSS 量测的噪声水平 σ_1 固定为 2dB，传感器位置的最大不确定性阈值 a_j 的变化范围为 1~10m，而每次蒙特卡罗试验中位置误差的真值从 0 到 a_j 中随机产生，其余参数的设置同前面一致。

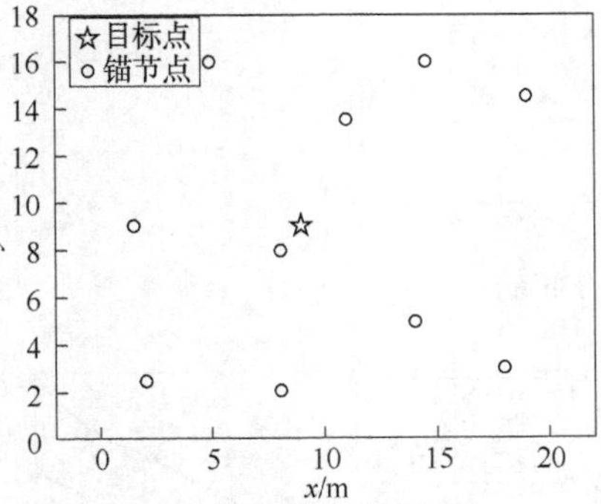

(a)传感器随机分布场景

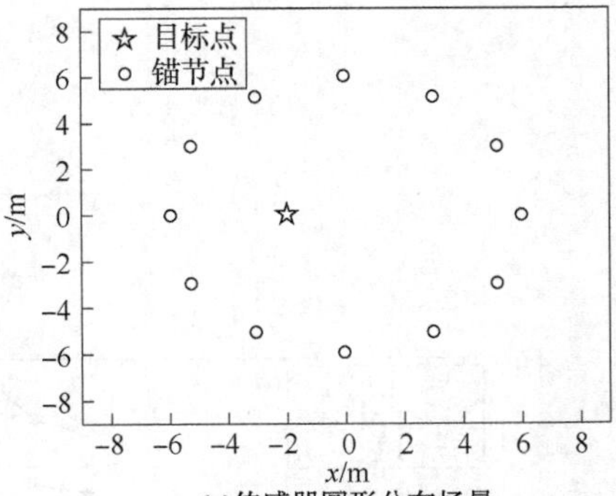

(a)传感器圆形分布场景

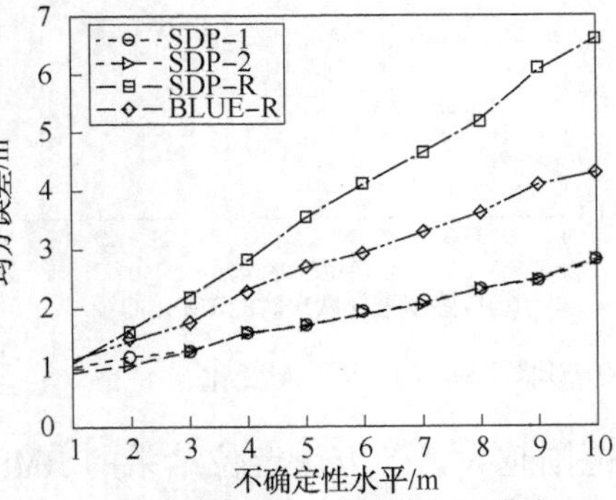

(b)传感器采样一次时的RMSE曲线

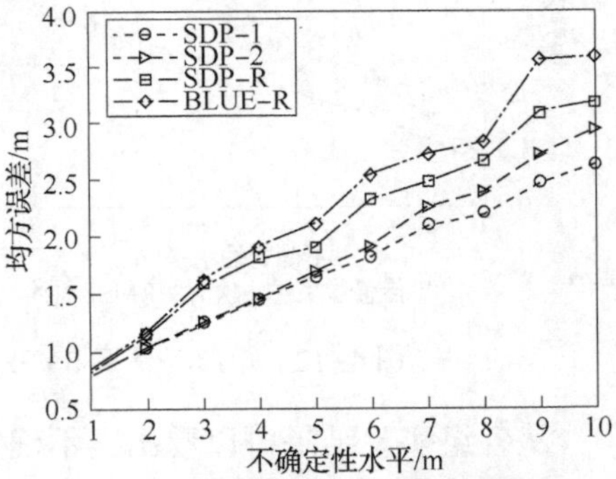

(b)传感器采样一次时的RMSE曲线

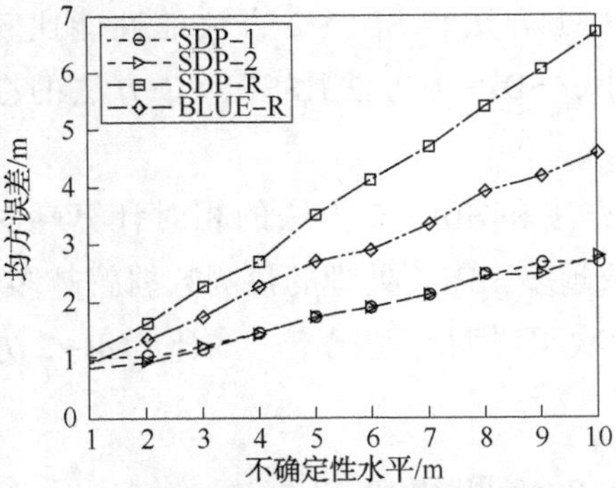

(c)传感器采样两次时的RMSE曲线

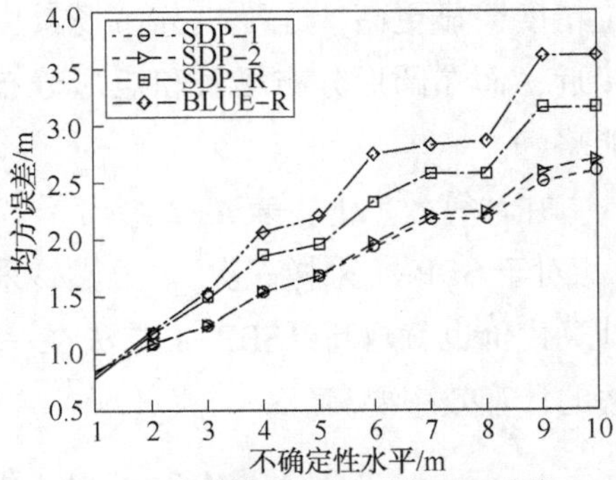

(c)传感器采样两次时的RMSE曲线

图 4-10　随机场景下 RMSE 随 RSS 传感器位置不确定性水平的变化

图 4-11　圆形场景下 RMSE 随 RSS 传感器位置不确定性水平的变化

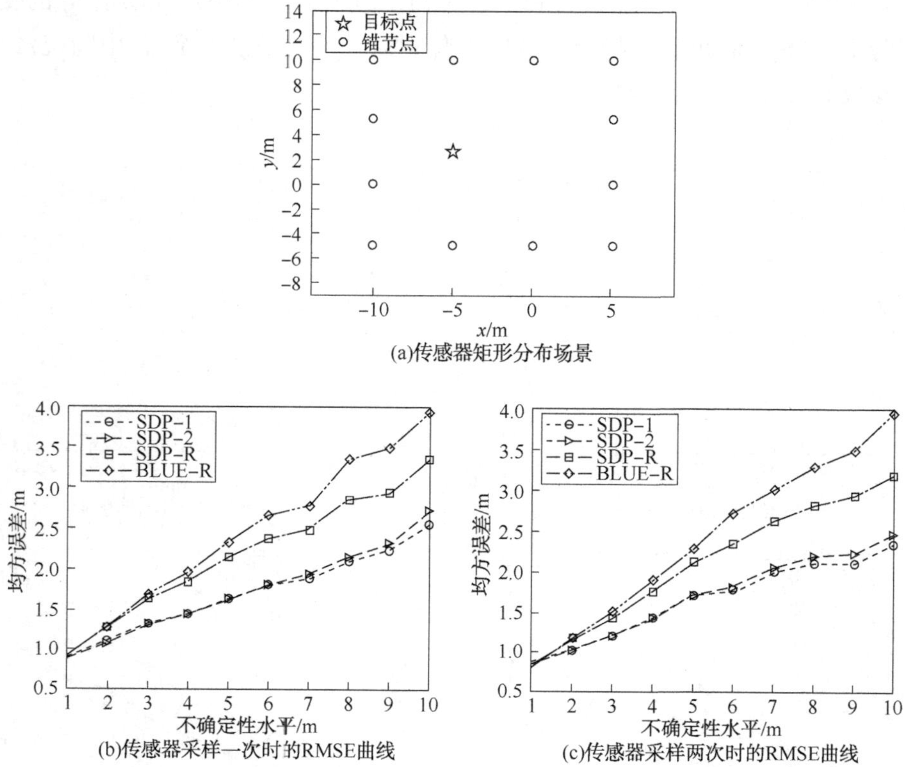

(a)传感器矩形分布场景

(b)传感器采样一次时的RMSE曲线

(c)传感器采样两次时的RMSE曲线

图 4-12 矩形场景下 RMSE 随 RSS 传感器不确定性水平的变化

从各组实验结果可以看出，不确定性的范围越大，各方法定位结果的 RMSE 也越大。与未考虑位置不确定性的方法相比，SDP-1 方法和 SDP-2 方法的定位精度明显更高。在随机分布场景中，SDP-1 方法和 SDP-2 方法的性能比较接近，而在圆形分布场景和矩形分布场景中，SDP-1 方法比 SDP-2 方法的性能略好。

在计算效率上，表 4-2 给出了 SDP-1 方法和 SDP-2 方法的相对计算耗时（相对于 SDP-1 采样一次）。显然，采样次数越多，需要处理的量测数据就越多，计算代价也就越高。SDP-1 方法在一次和两次采样两种情况下，均比 SDP-2 方法的计算效率要高。

表 4-2 SDP-1 和 SDP-2 的计算用时比较

方法	采样一次用时/s	采样两次用时/s
SDP-1	1	1.25
SDP-2	1.28	1.38

参 考 文 献

[1] Angjelichinoski M, Denkovski D, Atanasovski V, et al. SPEAR: source position estimation for anchor position uncertainty reduction[J]. IEEE Communications Letters, 2014, 18(4): 560-563.

[2] Shirazi G N, Shenouda M B, Lampe L. Second order cone programming for sensor network localization with anchor position uncertainty[C]//Proceedings of the 2011 8th Workshop on Positioning, Navigation and Communication. Piscataway, NJ: IEEE, 2011: 51-55.

[3] Naddafzadeh-Shirazi G, Shenouda M B, Lampe L. Second order cone programming for sensor network localization with anchor position uncertainty[J]. IEEE Transactions on Wireless Communications, 2014, 13(2): 749-763.

[4] Liu Y, Han G, Wang Y, et al. Received signal strength-based wireless source localization with inaccurate anchor positions[J]. IEEE Sensors Journal, 2022, 22(23): 23539-23551.

[5] Li Y, Ma S, Yang G, et al. Robust localization for mixed LOS/NLOS environments with anchor uncertainties[J]. IEEE Transactions on Communications, 2020, 68(7): 4507-4521.

[6] Lui K W K, Ma W K, So H C, et al. Semi-definite programming approach to sensor network node localization with anchor position uncertainty[C]//Proceedings of the 2009 IEEE International Conference on Acoustics, Speech and Signal Processing. Piscataway, NJ: IEEE, 2009: 2245-2248.

[7] Angjelichinoski M, Denkovski D, Atanasovski V, et al. Cramér-Rao lower bounds of RSS-based localization with anchor position uncertainty[J]. IEEE Transactions on Information Theory, 2015, 61(5): 2807-2834.

[8] Lohrasbipeydeh H, Gulliver T A, Amindavar H. Unknown transmit power RSSD based source localization with sensor position uncertainty[J]. IEEE Transactions on Communications, 2015, 63(5): 1784-1797.

[9] Liu X, Wang T, Chen J, et al. Joint source localization and sensor position refinement with extra inter-sensor information[J]. IEEE Signal Processing Letters, 2022, 29: 1107-1111.

[10] Lui K W K, Ma W K, So H C, et al. Semi-definite programming algorithms for sensor network node localization with uncertainties in anchor positions and/or propagation speed[J]. IEEE Transactions on Signal Processing, 2009, 57(2): 752-763.

[11] So H C, Lin L. Linear least squares approach for accurate received signal strength based source localization[J]. IEEE Transactions on Signal Processing, 2011, 59(8): 4035-4040.

[12] Ouyang R W, Wong A K, Lea C. Received signal strength-based wireless localization via semidefinite programming: noncooperative and cooperative schemes[J]. IEEE Transactions on

Vehicular Technology, 2010, 59(3): 1307-1318.
[13] 郑鑫. 锚节点位置不确定情况下的鲁棒室内定位方法研究[D]. 哈尔滨：哈尔滨工业大学, 2015.
[14] 牛晓雷. 基于位置误差锚节点的静止固态体精确定位[D]. 西安：西安电子科技大学, 2019.

5 有偏差RSS量测的定位

在实际中，量测数据往往不是无偏差的。比如，传感器接收信号强度有偏差就会导致 RSS 量测有偏差。忽视偏差会大大影响 RSS 定位结果。为此，本章考虑有偏差 RSS 量测的定位问题，具体将研究三维空间中的接收器导航和辐射源定位两个问题。在无系统偏差的情况下，这两个定位问题本质上是相同的，因而可以统一描述为一个问题，即用锚节点对目标节点进行定位。然而，当传感器量测有偏差时，这两个定位问题有很大区别。这体现在以下几个方面：对于接收器导航，接收器使用自身传感器接收各辐射源的 RSS 量测估计自身的位置，因而只涉及一个偏差量。而对于辐射源定位，需要使用多个接收器接收相应的 RSS 量测，才能保证位置是可估的，会涉及多个偏差量(每个传感器量测的偏差一般不同)。因此，当传感器量测有偏差时，接收器导航和辐射源定位涉及的未知参数数量不同，两个问题需要区别对待。本章就有偏差 RSS 量测下的接收器导航和辐射源定位两个问题，首先建立有偏差 RSS 量测模型，然后具体介绍相应的定位方法。

5.1 有偏模型与问题描述

假设传感器网络有 N_s 个辐射源，同时有 N_r 个移动接收器，辐射源位置固定为 $\boldsymbol{x}^i=[x^i,\ y^i,\ z^i]^{\mathrm{T}}$，$i\in\mathbb{N}=\{1,\ \cdots,\ N_s\}$，接收器在时刻 k 的位置为 $\boldsymbol{y}_k^j=[x_k^j,\ y_k^j,\ z_k^j]^{\mathrm{T}}$，$j\in\mathbb{M}=\{1,\ \cdots,\ N_r\}$，$k=1,\ 2,\ \cdots,\ n$。根据对数正态阴影模型，在时刻 k 第 j 个接收器收到来自第 i 个辐射源的 RSS 量测为：

$$P_k^{i,j}=P_0^i+\Delta_j-10\beta\lg\frac{d_k^{i,j}}{d_0}+n_k^{i,j},\ i\in\mathbb{N},\ j\in\mathbb{M} \tag{5-1}$$

式中，P_0^i 为第 i 个辐射源的参考距离 d_0 处的功率(通常假设 $d_0=1$)，dB；Δ_j 为第 j 个传感器量测的偏差，dB。

其余变量的定义与前文中的一致。此外，$d_k^{i,j}=\|\boldsymbol{x}^i-\boldsymbol{y}_k^j\|_2$ 为第 i 个辐射源与第 j 个传感器之间的距离。同样假设噪声 $n_k^{i,j}$ 为独立同分布的零均值高斯噪声，

方差为 σ^2。与之前一样，假设 P_0^i，β 均为已知，但各个传感器量测的偏差 Δ_j 未知。

对于 RSS 量测模型[公式(5-1)]，考虑以下两个位置估计问题。

(1) 接收器导航：给定所有静止辐射源的位置信息，估计移动接收器的位置。

(2) 辐射源定位：给定每一时刻所有移动接收器的位置信息，估计静止辐射源的位置。为简化问题，这里仅考虑单一辐射源的特殊情况，即 $N_s=1$。在此情况下，令 $P_0=P_0^i$，$P_k^j=P_k^{i,j}$，$d_k^j=d_k^{i,j}$，以及 $\boldsymbol{x}=\boldsymbol{x}^i$。

同时无须考虑数据关联的问题。在实际中，传感器接收到的信号往往包含关于特定辐射源的 ID 信息。例如，智能设备通过软件层面的通信协议，可以激活特定函数来识别接收的信号，从而判断每一个 RSS 数据的来源。这种情况在合作式定位中比较常见，其中需要对多个辐射源进行定位。

为了保证接收器导航和辐射源定位这两个问题的待估量都是可估的，量测的数量不能少于待估量的数量。对于接收器导航，由于待估量包括三维的位置和一维的传感器量测偏差，因此，至少要有 4 个位置已知的辐射源。而对于辐射源定位，即使只有一个接收器，也可以通过在不同位置多次采集数据而获得足够的量测，保证可估性。下面考虑两类定位问题的极大似然估计方法。

令 $\boldsymbol{\theta}_k=[(\boldsymbol{y}_k^1)^{\mathrm{T}},(\boldsymbol{y}_k^2)^{\mathrm{T}},\cdots,(\boldsymbol{y}_k^{N_r})^{\mathrm{T}},\Delta_1,\Delta_2,\cdots,\Delta_{N_r}]^{\mathrm{T}}$ 为接收器导航问题的待估参数向量，$\boldsymbol{\theta}_k=[\boldsymbol{x}^{\mathrm{T}},\Delta_1,\Delta_2,\cdots,\Delta_{N_r}]^{\mathrm{T}}$ 为辐射源定位问题的待估参数向量。由于量测噪声假设为高斯独立同分布，容易得到这两个定位问题的极大似然估计问题。

对于接收器导航，在时刻 k，$\boldsymbol{\theta}_k$ 的极大似然估计为：

$$\hat{\boldsymbol{\theta}}_k=\arg\min_{\boldsymbol{\theta}_k}\sum_{j=1}^{N_r}\sum_{i=1}^{N_s}\left(P_k^{i,j}-P_0^i-\Delta_j+10\beta\lg\frac{d_k^{i,j}}{d_0}\right)^2 \tag{5-2}$$

对于辐射源定位，在时刻 k，$\boldsymbol{\theta}_k$ 的极大似然估计为：

$$\hat{\boldsymbol{\theta}}_k=\arg\min_{\boldsymbol{\theta}_k}\sum_{j=1}^{N_r}\sum_{s=1}^{k}\left(P_s^j-P_0-\Delta_j+10\beta\lg\frac{d_s^j}{d_0}\right)^2 \tag{5-3}$$

可以看出，由于接收器没有运动模型，因而在接收器导航中，每一时刻的估计只使用当前时刻的数据，而辐射源定位可以使用时间上累计的数据。可以证明公式(5-2)和公式(5-3)均为非凸问题，存在局部最优解，难以得到全局最优解，尽管可以用数值迭代求解，但结果对初值比较敏感。下面来证明定位问题的非凸性。这两个问题的非凸性证明相似，所以我们只给出关于接收器导航的证明，不失一般性，考虑三个辐射源的情况。

证明：对于第 j 个传感器，在时刻 k，考虑以下目标函数

$$f(\boldsymbol{\rho}_k)=f(\boldsymbol{x}_k^j,\ \boldsymbol{y}_k^j,\ z_k^j,\ \Delta_j)=\sum_{i=1}^{3}(g_k^{i,j})^2 \tag{5-4}$$

式中，$g_k^{i,j}=P_k^{i,j}-P_0^i-\Delta_j+10\beta\lg\sqrt{(\boldsymbol{x}_k^j-x^i)^2+(\boldsymbol{y}_k^j-y^i)^2+(z_k^j-z^i)^2}$；$\boldsymbol{\rho}_k=[\boldsymbol{x}_k^j,\ \boldsymbol{y}_k^j,\ z_k^j,\ \Delta_j]^{\mathrm{T}}$ 为待估的向量。假设 x^1，x^2，x^3 的大小排序为 $x^1\leqslant x^2\leqslant x^3$。

令 $\omega\in(0,\ 1)$，$\boldsymbol{\rho}_k^1=[x^1+\delta_1,\ y^1,\ z^1,\ 0]^{\mathrm{T}}$ 和 $\boldsymbol{\rho}_k^2=[x^3,\ y^3+\delta_2,\ z^3,\ 0]^{\mathrm{T}}$ 为构造的两点，$\boldsymbol{\rho}_k^3=\omega\boldsymbol{\rho}_k^1+(1-\omega)\boldsymbol{\rho}_k^2=[u,\ v,\ w,\ 0]^{\mathrm{T}}$，是 $\boldsymbol{\rho}_k^1$ 和 $\boldsymbol{\rho}_k^2$ 的凸组合，$u=\omega(x^1+\delta_1)+(1-\omega)x^3$，$v=\omega y^1+(1-\omega)(y^3+\delta_2)$，$w=\omega z^1+(1-\omega)z^3$。可以得到：

$$f(\boldsymbol{\rho}_k^1)=(P_k^{1,j}-P_0^1+10\beta\lg\delta_1)^2+c_2+c_3 \tag{5-5}$$

$$f(\boldsymbol{\rho}_k^2)=(P_k^{3,j}-P_0^3+10\beta\lg\delta_2)^2+e_1+e_2 \tag{5-6}$$

$$f(\boldsymbol{\rho}_k^3)=l_1+l_2+l_3 \tag{5-7}$$

$$l_i=[P_k^{i,j}-P_0^i+10\beta\lg\sqrt{(u-x^i)^2+(v-y^i)^2+(w-z^i)^2}]^2 \tag{5-8}$$

式中，c_i，e_i 和 l_i 均为常值；δ_1 和 δ_2 为变量。

令 $\delta_1\to 0$ 或 $\delta_2\to 0$，可以得到 $f(\boldsymbol{\rho}_k^1)\to+\infty$ 或 $f(\boldsymbol{\rho}_k^2)\to+\infty$。此时，由于 u 是 $x^1+\delta_1$ 和 x^3 的凸组合，可以选取 ω 使得 u 不接近 x^1、x^2 或 x^3。因此，l_i 是有限的，进而 $f(\boldsymbol{\rho}_k^3)$ 也是有限的。此时，可以得到：

$$\omega f(\boldsymbol{\rho}_k^1)+(1-\omega)f(\boldsymbol{\rho}_k^2)>f(\boldsymbol{\rho}_k^3) \tag{5-9}$$

然而，当 $\omega=(z^2-z^3)/(z^1-z^3)$ 时，有 $w=\omega z^1+(1-\omega)z^3=z^2$。

令 $\delta_2=(z^1-z^3)/(z^1-z^2)y^2-(z^2-z^3)/(z^1-z^2)y^1-y^3$，同时有 $v=\omega y^1+(1-\omega)(y^3+\delta_2)=y^2$。在此情况下，令 $\delta_1=x^3-x^1+(1/\omega)(x^2-x^3+\delta_3)$ 且 $\delta_3\to 0$，可以得到：

$$u=\omega(x^1+\delta_1)+(1-\omega)x^3=x^2+\delta_3 \tag{5-10}$$

由于 $\delta_1\nrightarrow 0$ 且 $\delta_2\nrightarrow 0$，则 $f(\boldsymbol{\rho}_k^1)$ 和 $f(\boldsymbol{\rho}_k^2)$ 是有限的。然而，

$$f(\boldsymbol{\rho}_k^3)=q_1+q_3+(P_k^{2,j}-P_0^2+10\beta\lg\delta_3)^2 \tag{5-11}$$

式中，q_i 为常量。由于 $\delta_3\to 0$，故 $f(\boldsymbol{\rho}_k^3)\to\infty$。因此，我们有：

$$\omega f(\boldsymbol{\rho}_k^1)+(1-\omega)f(\boldsymbol{\rho}_k^2)<f(\boldsymbol{\rho}_k^3) \tag{5-12}$$

综合考虑公式(5-9)和公式(5-12)，可以看出 $\omega f(\boldsymbol{\rho}_k^1)+(1-\omega)f(\boldsymbol{\rho}_k^2)$ 和 $f(\boldsymbol{\rho}_k^3)$ 没有确定的大小关系，即 $f(\boldsymbol{x}_k^j,\ \boldsymbol{y}_k^j,\ z_k^j,\ \Delta_j)$ 为非凸的。由此得证公式(5-2)所指问题的非凸性。

极大似然估计方法的非凸性导致全局最优解难以得到。为此，针对接收器导航和辐射源定位这两个问题，我们下面致力于将原有的非凸问题转化为新的

凸问题。本章将针对这两个问题分别介绍半正定规划方法和带约束的最小二乘方法。虽然这些方法是次优的，但所得到的问题是凸的，可以得到全局最优解。

5.2 基于凸优化的有偏 RSS 定位方法

5.2.1 接收器导航

本小节提出两类三维空间的接收器导航方法：联合强度法(United Received Signal Strength，URSS)和差分强度法(Differential Received Signal Strength，DRSS)。

5.2.1.1 联合强度法

首先将公式(5-1)变形得到：

$$\lg[(d_k^{i,j}/d_0)^2 10^{(P_k^{i,j}-P_0^i)/(5\beta)}]=\Delta_j/(5\beta)+n_k^{i,j}/(5\beta) \tag{5-13}$$

令 $\kappa_k^{i,j}=(d_k^{i,j}/d_0)^2$，$\upsilon_k^{i,j}=10^{(P_k^{i,j}-P_0^i)/(5\beta)}$，$\gamma_j=10^{\Delta_j/(5\beta)}$，可以得到：

$$\kappa_k^{i,j}\upsilon_k^{i,j}=\gamma_j\ 10^{n_k^{i,j}/(5\beta)} \tag{5-14}$$

对于充分小的 $n_k^{i,j}$，将公式(5-14)的右侧关于 $n_k^{i,j}$ 一阶泰勒展开，可以近似得到：

$$\kappa_k^{i,j}\upsilon_k^{i,j}\approx\gamma_j\left(1+\frac{\ln10}{5\beta}n_k^{i,j}\right)=\gamma_j+\tilde{n}_k^{i,j} \tag{5-15}$$

式中，$\tilde{n}_k^{i,j}$ 是零均值，方差为$(\ln10)^2\gamma_j^2\sigma^2/(25\beta^2)$的高斯噪声。

在公式(5-15)的基础上，进一步通过变形可以得到关于接收器位置的不同估计方法。由于 l_2 范数受大数影响较大，因此，当向量的个别分量较大时，对目标函数的评价影响很大。对比之下，l_1 范数相对较好，在这方面更适用于目标函数。另外，l_1 范数在优化处理上往往比较困难，而将 l_2 范数用于目标函数往往是可导的，易于优化处理。综合考虑，我们分别使用这两个范数作为目标函数，得到不同的 SDP 方法。

(1) URSS-SDP-l_1 方法。根据公式(5-15)，$\boldsymbol{\theta}$ 在 l_1 范数下的最小一乘估计是：

$$\hat{\boldsymbol{\theta}}=\arg\min_{\boldsymbol{\theta}}\sum_{i=1}^{N_r}\sum_{j=1}^{N_s}|\kappa_k^{i,j}\upsilon_k^{i,j}-\gamma_j| \tag{5-16}$$

在任意时刻 k，因为各传感器的量测是不相关的，所以可以单独估计每个接收器的位置(考虑接收器 j 的导航问题)。它在时刻 k 的待估参数向量 $\boldsymbol{\theta}_k^j=[(\boldsymbol{y}_k^j)^{\mathrm{T}}$,

$\Delta_j]^{\mathrm{T}}$。定义辅助变量 $z_k^j=(\boldsymbol{y}_k^j)^{\mathrm{T}}\boldsymbol{y}_k^j$。从而得到接收器 j 导航的半正定规划问题：

$$\begin{aligned} &\arg\min_{t_k^{i,j},\ \kappa_k^{i,j},\ \gamma_j,\ z_k^j,\ y_k^j} \sum_{i=1}^{N_s} t_k^{i,j} \\ &\text{s.t.}\quad -t_k^{i,j} \leqslant \kappa_k^{i,j}\upsilon_k^{i,j}-\gamma_j \leqslant t_k^{i,j} \\ &\kappa_k^{i,j}=z_k^j-2(\boldsymbol{x}^i)^{\mathrm{T}}\boldsymbol{y}_k^j+(\boldsymbol{x}^i)^{\mathrm{T}}\boldsymbol{x}^i \\ &z_k^j \geqslant (\boldsymbol{y}_k^j)^{\mathrm{T}}\boldsymbol{y}_k^j \end{aligned} \tag{5-17}$$

其中，第二个约束条件由 $z_k^j=(\boldsymbol{y}_k^j)^{\mathrm{T}}\boldsymbol{y}_k^j$ 代入 $\kappa_k^{i,j}=(d_k^{i,j})^2=\|\boldsymbol{x}^i-\boldsymbol{y}_k^j\|_2^2$ 得到。第一个约束条件保证 $|\kappa_k^{i,j}\upsilon_k^{i,j}-\gamma_j|\leqslant t_k^{i,j}$，因此，极小化所有 $t_k^{i,j}$ 之和等价于公式(5-16)。第二个约束条件中的 $\kappa_k^{i,j}$ 由前文给出，依赖于 k 时刻接收器 j 与辐射源 i 的距离。将 $\kappa_k^{i,j}$ 写成第二个约束条件，使其成为线性等式约束，满足 SDP 问题对约束条件的要求。第三个约束条件将关于 z_k^j 的等式约束松弛为不等式约束，使之变为凸约束，与以下线性矩阵不等式等价：

$$\begin{bmatrix} \boldsymbol{I}_3 & \boldsymbol{y}_k^j \\ (\boldsymbol{y}_k^j)^{\mathrm{T}} & z_k^j \end{bmatrix} \geqslant \boldsymbol{0} \tag{5-18}$$

从而，接收器 j 在时刻 k 的位置估计可以通过求解 SDP 公式(5-17)得到。

(2) URSS-SDP-l_2 方法。同理可以使用 l_2 范数来建立目标函数，得到估计问题：

$$\hat{\boldsymbol{\theta}}_k^j=\arg\min_{\theta_k^j}\sum_{i=1}^{N_s}(\kappa_k^{i,j}\upsilon_k^{i,j}-\gamma_j)^2 \tag{5-19}$$

它等价于：

$$\begin{aligned} &\arg\min\ t \\ &\text{s.t.}\quad t-(\boldsymbol{U}_1\boldsymbol{a}_1)^{\mathrm{T}}\boldsymbol{U}_1\boldsymbol{a}_1 \geqslant 0 \end{aligned} \tag{5-20}$$

式中，$\boldsymbol{U}_1=\begin{bmatrix} \upsilon_k^{1,j} & & & & -1 \\ & \upsilon_k^{2,j} & & & -1 \\ & & \ddots & & \vdots \\ & & & \upsilon_k^{N_s,j} & -1 \end{bmatrix}_{N_s\times(N_s+1)}$，$\boldsymbol{a}_1=[\kappa_k^{1,j},\ \kappa_k^{2,j},\ \cdots,\ \kappa_k^{N_s,j},\ \gamma_j]^{\mathrm{T}}$。显然，根据公式(5-20)的约束条件，极小化公式(5-19)中的平方和等价于极小化 t。这为下一步 SDP 问题的建立奠定了基础。

将公式(5-20)中的约束条件改写为线性矩阵不等式，同时引入辅助变量 z_k^j，可以将公式(5-19)转化为以下半正定规划问题：

$$\begin{aligned} &\underset{t,\kappa_k^{i,j},\gamma_j,z_k^j,y_k^j}{\arg\min}\ t \\ &\text{s.t.}\quad \boldsymbol{F}_0+\boldsymbol{a}_{1,l}\boldsymbol{F}_l+\cdots+\boldsymbol{a}_{1,N_s+1}\boldsymbol{F}_{N_s+1}\geqslant \boldsymbol{0} \\ &\kappa_k^{i,j}=z_k^j-2(\boldsymbol{x}^i)^{\mathrm{T}}\boldsymbol{y}_k^j+(\boldsymbol{x}^i)^{\mathrm{T}}\boldsymbol{x}^i \\ &z_k^j\geqslant(\boldsymbol{y}_k^j)^{\mathrm{T}}\boldsymbol{y}_k^j \end{aligned} \tag{5-21}$$

式中，$\boldsymbol{F}_0=\begin{bmatrix}\boldsymbol{I}_{N_s} & \\ & t\end{bmatrix}$；$\boldsymbol{F}_l=\begin{bmatrix}\boldsymbol{0} & \boldsymbol{U}_{1,l}\\ (\boldsymbol{U}_{1,l})^{\mathrm{T}} & 0\end{bmatrix}$；$\boldsymbol{a}_{1,l}$为$\boldsymbol{a}_1$的第$l$个元素；$\boldsymbol{U}_{1,l}$是$\boldsymbol{U}_1$的第$l$列。同样松弛手段$z_k^j\geqslant(\boldsymbol{y}_k^j)^{\mathrm{T}}\boldsymbol{y}_k^j$保证了凸性。此外，公式(5-21)中的线性矩阵不等式与公式(5-20)中的约束条件等价，其余两个约束条件与URSS-SDP-l_1方法中的一致。

(3) URSS-CLS方法。可以将公式(5-15)变形为以下伪线性形式：

$$\begin{bmatrix}2\upsilon_k^{i,j}(\boldsymbol{x}^i)^{\mathrm{T}} & -\upsilon_k^{i,j} & 1\end{bmatrix}\begin{bmatrix}\boldsymbol{y}_k^j\\ (\boldsymbol{y}_k^j)^{\mathrm{T}}\boldsymbol{y}_k^j\\ \gamma_j\end{bmatrix}+\tilde{n}_k^{i,j}=\upsilon_k^{i,j}(\boldsymbol{x}^i)^{\mathrm{T}}\boldsymbol{x}^i,\ i\in\mathbb{N} \tag{5-22}$$

令$\xi_k^j=[(\boldsymbol{y}_k^j)^{\mathrm{T}},(\boldsymbol{y}_k^j)^{\mathrm{T}}\boldsymbol{y}_k^j,\gamma_j]^{\mathrm{T}}$为待估参数向量。在$k$时刻，对所有辐射源将关于公式(5-22)的量测进行叠加，写为矩阵形式：

$$\boldsymbol{q}_{1,k}^j=\boldsymbol{W}_{1,k}^j\boldsymbol{\xi}_k^j+\boldsymbol{e}_{1,k}^j \tag{5-23}$$

式中，$\boldsymbol{q}_{1,k}^j=\begin{bmatrix}\upsilon_k^{1,j}(\boldsymbol{x}^1)^{\mathrm{T}}\boldsymbol{x}^1\\ \upsilon_k^{2,j}(\boldsymbol{x}^2)^{\mathrm{T}}\boldsymbol{x}^2\\ \vdots\\ \upsilon_k^{N_s,j}(\boldsymbol{x}^{N_s})^{\mathrm{T}}\boldsymbol{x}^{N_s}\end{bmatrix}$；$\boldsymbol{e}_{1,k}^j=\begin{bmatrix}\tilde{n}_k^{1,j}\\ \tilde{n}_k^{2,j}\\ \vdots\\ \tilde{n}_k^{N_s,j}\end{bmatrix}$；$\boldsymbol{W}_{1,k}^j=\begin{bmatrix}2\upsilon_k^{1,j}(\boldsymbol{x}^1)^{\mathrm{T}} & -\upsilon_k^{1,j} & 1\\ 2\upsilon_k^{2,j}(\boldsymbol{x}^2)^{\mathrm{T}} & -\upsilon_k^{2,j} & 1\\ \vdots & \vdots & \vdots\\ 2\upsilon_k^{N_s,j}(\boldsymbol{x}^{N_s})^{\mathrm{T}} & -\upsilon_k^{N_s,j} & 1\end{bmatrix}$。

由公式(5-23)，容易得到$\boldsymbol{\xi}_k^j$的线性最小二乘估计为：

$$\hat{\boldsymbol{\xi}}_k^j=[(\boldsymbol{W}_{1,k}^j)^{\mathrm{T}}\boldsymbol{W}_{1,k}^j]^{-1}(\boldsymbol{W}_{1,k}^j)^{\mathrm{T}}\boldsymbol{q}_{1,k}^j \tag{5-24}$$

显然，关于$\boldsymbol{\xi}_k^j$，各元素之间存在以下约束关系：

$$\xi_{k,4}^j=(\xi_{k,1}^j)^2+(\xi_{k,2}^j)^2+(\xi_{k,3}^j)^2 \tag{5-25}$$

式中，$\xi_{k,i}^j$为$\boldsymbol{\xi}_k^j$的第i个元素。由公式(5-23)和公式(5-25)，可以把定位问题写成带约束的最小二乘形式：

$$\begin{aligned} &\underset{\hat{\xi}_k^j}{\arg\min}\quad J=(\boldsymbol{q}_{1,k}^j-\boldsymbol{W}_{1,k}^j\hat{\boldsymbol{\xi}}_k^j)^{\mathrm{T}}(\boldsymbol{q}_{1,k}^j-\boldsymbol{W}_{1,k}^j\hat{\boldsymbol{\xi}}_k^j) \\ &\text{s.t.}\quad \hat{\xi}_{k,4}^j\geqslant(\hat{\xi}_{k,1}^j)^2+(\hat{\xi}_{k,2}^j)^2+(\hat{\xi}_{k,3}^j)^2 \end{aligned} \tag{5-26}$$

其中，对公式(5-25)作了松弛，把带约束的最小二乘问题转为了凸问题。这样，求解该带约束的最小二乘问题可以得到$\hat{\gamma}_k^j$。

针对以上三种联合强度方法，传感器偏差估计可以由下式得到：

$$\hat{\Delta}_j = 5\beta \lg\hat{\gamma}_j \tag{5-27}$$

总的来说，URSS-SDP-l_1 和 URSS-SDP-l_2 方法源于极小化公式(5-15)的误差项。它们通过替换目标函数并引入约束条件，描述相关的半正定规划问题。URSS-CLS 方法基于公式(5-15)的等价线性形式，得到带约束的最小二乘方法。图 5-1 给出了各方法之间的关系。

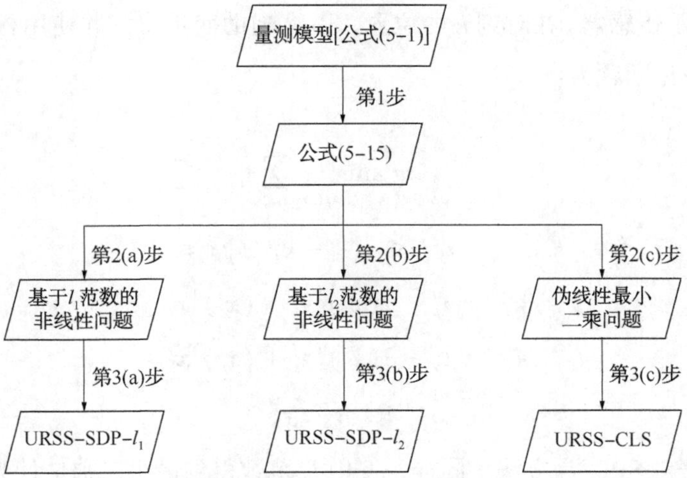

图 5-1 联合强度法的流程

5.2.1.2 差分强度法

选定一个辐射源 r 作为参考节点，对于接收器 j 在任意时刻 k，可以将来自参考节点的 RSS 量测和其他辐射源的 RSS 量测作差，得到新的量测。这样就消除了传感器量测偏差的影响，即：

$$\tilde{P}_k^{i,j} = P_k^{r,j} - P_k^{i,j} = 10\beta \lg(d_k^{i,j}/d_k^{r,j}) + m_k^{i,j} \tag{5-28}$$

式中，$\tilde{P}_k^{i,j}$ 为新的量测；$P_k^{r,j}$ 为传感器 j 关于参考辐射源 r 的量测；$m_k^{i,j} = n_k^{r,j} - n_k^{i,j}$。

与 URSS 方法类似，由公式(5-28)，可得：

$$(d_k^{i,j})^2 = (d_k^{r,j})^2 \psi_k^{i,j}\, 10^{(-m_k^{i,j})/(5\beta)} \tag{5-29}$$

将公式(5-29)进行一阶泰勒展开可以得到：

$$\kappa_k^{i,j} \approx \kappa_k^{r,j} \psi_k^{i,j} + \tilde{m}_k^{i,j} \tag{5-30}$$

式中，$\kappa_k^{i,j}=(d_k^{i,j})^2$；$\kappa_k^{r,j}=(d_k^{r,j})^2$；$\psi_k^{i,j}=10^{\tilde{P}_k^{i,j}/(5\beta)}$；$\tilde{m}_k^{i,j}=-\ln10\,(d_k^{r,j})^2\psi_k^{i,j}m_k^{i,j}/(5\beta)$。

基于公式(5-30)，可以使用半正定规划和带约束的最小二乘方法得到关于位置估计的不同优化问题。本小节中将使用与联合强度法相同的思想、相同的范数和类似的变量描述约束条件和优化问题。

(1) DRSS-SDP-l_1 方法。根据公式(5-30)，使用 l_1 范数得到未知参数向量的最小一乘估计：

$$\hat{\boldsymbol{y}}_k^j=\arg\min_{\boldsymbol{y}_k^j}\sum_{i=1}^{N_s}\left|\kappa_k^{i,j}-\kappa_k^{r,j}\psi_k^{i,j}\right| \tag{5-31}$$

式中，$\boldsymbol{y}_k^j$ 表示传感器 j 在时刻 k 的位置。引入辅助变量 z_k^j，并使用松弛手段，可以建立 SDP-l_1 问题为：

$$\begin{aligned}
&\arg\min_{t_k^{i,j},\ \kappa_k^{i,j},\ \kappa_k^{r,j},\ z_k^j,\ \boldsymbol{y}_k^j}\sum_{i=1}^{N_s}t_k^{i,j}\\
\text{s. t.}\quad & -t_k^{i,j}\leqslant\kappa_k^{i,j}-\kappa_k^{r,j}\psi_k^{i,j}\leqslant t_k^{i,j}\\
&\kappa_k^{i,j}=z_k^j-2(\boldsymbol{x}^i)^{\mathrm{T}}\boldsymbol{y}_k^j+(\boldsymbol{x}^i)^{\mathrm{T}}\boldsymbol{x}^i\\
&\kappa_k^{r,j}=z_k^j-2(\boldsymbol{x}^r)^{\mathrm{T}}\boldsymbol{y}_k^j+(\boldsymbol{x}^r)^{\mathrm{T}}\boldsymbol{x}^r\\
&z_k^j\geqslant(\boldsymbol{y}_k^j)^{\mathrm{T}}\boldsymbol{y}_k^j
\end{aligned} \tag{5-32}$$

(2) DRSS-SDP-l_2 方法。同样，使用 l_2 范数得到最小二乘估计为：

$$\hat{\boldsymbol{y}}_k^j=\arg\min_{\boldsymbol{y}_k^j}\sum_{i=1}^{N_s}\left(\kappa_k^{i,j}-\kappa_k^{r,j}\psi_k^{i,j}\right)^2 \tag{5-33}$$

它等价于：

$$\begin{aligned}
&\arg\min\ t\\
\text{s. t.}\quad & t-(\boldsymbol{U}_2\boldsymbol{a}_2)^{\mathrm{T}}\boldsymbol{U}_2\boldsymbol{a}_2\geqslant0
\end{aligned} \tag{5-34}$$

式中，$\boldsymbol{U}_2=\begin{bmatrix}1 & & & -\psi_k^{1,j}\\ & 1 & & -\psi_k^{2,j}\\ & & \ddots & \vdots\\ & & 1 & -\psi_k^{N_s,j}\end{bmatrix}_{N_s\times(N_s+1)}$；$\boldsymbol{a}_2=[\kappa_k^{1,j},\ \kappa_k^{2,j},\ \cdots,\ \kappa_k^{N_s,j},\ \kappa_k^{r,j}]^{\mathrm{T}}$。

将公式(5-34)中的约束条件写成线性矩阵不等式的形式，非线性最小二乘公式(5-33)松弛为以下半正定规划问题：

$$\begin{aligned}&\arg\min_{t,\ \kappa_k^{i,j},\ \kappa_k^{r,j},\ z_k^j,\ y_k^j} t\\&\text{s. t. } \boldsymbol{F}_0+\boldsymbol{a}_{2,l}\boldsymbol{F}_l+\cdots+\boldsymbol{a}_{2,N_s+1}\boldsymbol{F}_{N_s+1}\geqslant \mathbf{0}\\&\kappa_k^{i,j}=z_j^k-2(\boldsymbol{x}^i)^{\mathrm{T}}\boldsymbol{y}_k^j+(\boldsymbol{x}^i)^{\mathrm{T}}\boldsymbol{x}^i\\&\kappa_k^{r,j}=z_j^k-2(\boldsymbol{x}^r)^{\mathrm{T}}\boldsymbol{y}_k^j+(\boldsymbol{x}^r)^{\mathrm{T}}\boldsymbol{x}^r\\&z_k^j\geqslant(\boldsymbol{y}_k^j)^{\mathrm{T}}\boldsymbol{y}_k^j\end{aligned}\tag{5-35}$$

式中，$\boldsymbol{F}_0=\begin{bmatrix}\mathbf{I}_{N_s} & \\ & t\end{bmatrix}$；$\boldsymbol{F}_l=\begin{bmatrix}\mathbf{0} & \boldsymbol{U}_{2,l}\\ (\boldsymbol{U}_{2,l})^{\mathrm{T}} & 0\end{bmatrix}$；$\boldsymbol{a}_{2,l}$为$\boldsymbol{a}_2$ 的第 l 个元素；$\boldsymbol{U}_{2,l}$为$\boldsymbol{U}_2$ 的第 l 列。

(3) DRSS-CLS 方法。将公式(5-30)变形成以下伪线性形式：

$$\begin{bmatrix}2\psi_k^{i,j}(\boldsymbol{x}^r)^{\mathrm{T}}-2(\boldsymbol{x}^i)^{\mathrm{T}} & 1-\psi_k^{i,j}\end{bmatrix}\begin{bmatrix}\boldsymbol{y}_k^j\\(\boldsymbol{y}_k^j)^{\mathrm{T}}\boldsymbol{y}_k^j\end{bmatrix}+\tilde{m}_k^{i,j}=\psi_k^{i,j}(\boldsymbol{x}^r)^{\mathrm{T}}(\boldsymbol{x}^r)-(\boldsymbol{x}^i)^{\mathrm{T}}(\boldsymbol{x}^i)\tag{5-36}$$

即：

$$\boldsymbol{q}_{2,k}^j=\boldsymbol{W}_{2,k}^j\boldsymbol{\lambda}_k^j+\boldsymbol{e}_{2,k}^j\tag{5-37}$$

其中，$\boldsymbol{W}_{2,k}^j=\begin{bmatrix}2\psi_k^{1,j}(\boldsymbol{x}^r)^{\mathrm{T}}-2(\boldsymbol{x}^1)^{\mathrm{T}} & 1-\psi_k^{1,j}\\2\psi_k^{2,j}(\boldsymbol{x}^r)^{\mathrm{T}}-2(\boldsymbol{x}^2)^{\mathrm{T}} & 1-\psi_k^{2,j}\\\vdots & \vdots\\2\psi_k^{N_s,j}(\boldsymbol{x}^r)^{\mathrm{T}}-2(\boldsymbol{x}^{N_s})^{\mathrm{T}} & 1-\psi_k^{N_s,j}\end{bmatrix}$，$\boldsymbol{q}_{2,k}^j=\begin{bmatrix}\psi_k^{1,j}(\boldsymbol{x}^r)^{\mathrm{T}}\boldsymbol{x}^r-(\boldsymbol{x}^1)^{\mathrm{T}}\boldsymbol{x}^1\\\psi_k^{2,j}(\boldsymbol{x}^r)^{\mathrm{T}}\boldsymbol{x}^r-(\boldsymbol{x}^2)^{\mathrm{T}}\boldsymbol{x}^2\\\vdots\\\psi_k^{N_s,j}(\boldsymbol{x}^r)^{\mathrm{T}}\boldsymbol{x}^r-(\boldsymbol{x}^{N_s})^{\mathrm{T}}\boldsymbol{x}^{N_s}\end{bmatrix}$，$\boldsymbol{e}_{2,k}^j=[\tilde{m}_k^{1,j}\quad \tilde{m}_k^{2,j}\quad\cdots\quad\tilde{m}_k^{N_s,j}]^{\mathrm{T}}$，$\boldsymbol{\lambda}_k^j=[\boldsymbol{y}_k^j\quad(\boldsymbol{y}_k^j)^{\mathrm{T}}\boldsymbol{y}_k^j]^{\mathrm{T}}$ 为待估参数向量。

由公式(5-37)，容易得到 $\boldsymbol{\lambda}_k^j$ 的线性最小二乘估计：

$$\hat{\boldsymbol{\lambda}}_k^j=[(\boldsymbol{W}_{2,k}^j)^{\mathrm{T}}\boldsymbol{W}_{2,k}^j]^{-1}(\boldsymbol{W}_{2,k}^j)^{\mathrm{T}}\boldsymbol{q}_{2,k}^j\tag{5-38}$$

将 $\boldsymbol{\lambda}_k^j$ 各元素之间进行等式约束：

$$\lambda_{k,4}^j=(\lambda_{k,1}^j)^2+(\lambda_{k,2}^j)^2+(\lambda_{k,3}^j)^2\tag{5-39}$$

松弛为不等式约束，得到一个凸的带约束最小二乘估计问题：

$$\begin{aligned}&\arg\min_{\hat{\boldsymbol{\lambda}}_k^j}J=(\boldsymbol{q}_{2,k}^j-\boldsymbol{W}_{2,k}^j\hat{\boldsymbol{\lambda}}_k^j)^{\mathrm{T}}(\boldsymbol{q}_{2,k}^j-\boldsymbol{W}_{2,k}^j\hat{\boldsymbol{\lambda}}_k^j)\\&\text{s. t.}\quad\hat{\lambda}_{k,4}^j\geqslant(\hat{\lambda}_{k,1}^j)^2+(\hat{\lambda}_{k,2}^j)^2+(\hat{\lambda}_{k,3}^j)^2\end{aligned}\tag{5-40}$$

同样，给定任意差分强度法所得的接收器位置估计$\hat{\boldsymbol{y}}_k^j$，可以进一步利用最小二乘估计得到传感器的偏差估计：

$$\hat{\Delta}_j = \arg\min_{\Delta_j} \sum_{i=1}^{N_s} \left[P_k^{i,j} - P_0^i - \Delta_j + 10\beta \lg \frac{d_k^{i,j}(\hat{\boldsymbol{y}}_k^j)}{d_0} \right]^2 \tag{5-41}$$

在接收器导航中，由于每一时刻的待估位置和偏差相对于其他时刻是独立的，因此所介绍的方法对于时变的偏差也是有效的。

差分强度法的流程如图 5-2 所示，从中可以看出各方法之间的关系。

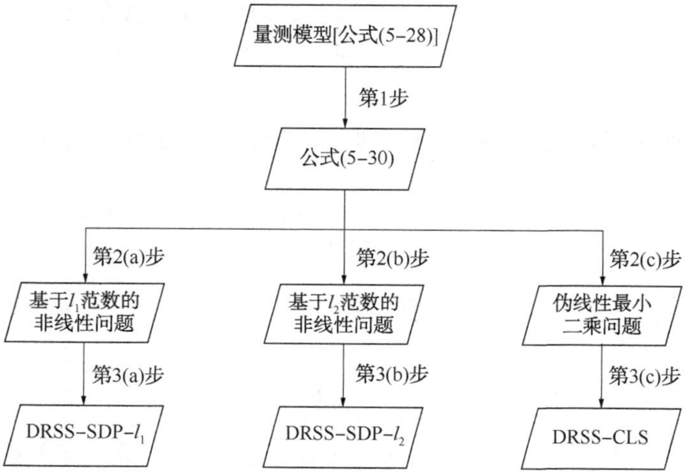

图 5-2　差分强度法的流程

5.2.2　辐射源定位

本小节介绍在三维空间中 RSS 量测有偏差的情况下的辐射源定位问题。这里也给出联合强度法和差分强度法两大类方法。为了简化问题，仅考虑单一静止辐射源的情况，即 $N_s=1$。在每一时刻，N_r 个运动的接收器采集辐射源的 RSS 数据。使用所有接收器在不同时刻累计的数据来估计辐射源的位置。如前面所述，辐射源定位问题与接收器导航问题类似。然而，由于这两个问题在估计时存在很大区别，很难统一描述为一个问题，因而也难以给出统一的估计方法。辐射源定位中使用所有传感器的量测，涉及多个传感器偏差。在接收器导航中，接收器仅使用自身的量测，因而只涉及单一传感器的偏差。下面详述在量测有偏差的情况下的辐射源定位方法。

5.2.2.1　联合强度法

由于只考虑单一辐射源的定位，量测模型写为：

$$P_k^j = P_0 + \Delta_j - 10\beta \lg d_k^j / d_0 + n_k^j,\ j \in \mathbb{M} \tag{5-42}$$

对上式进行变形，可以得到：

$$\lg[(d_k^j/d_0)^2\ 10^{(P_k^j - P_0)/(5\beta)}] = \Delta_j/(5\beta) + n_k^j/(5\beta) \tag{5-43}$$

令 $\mu_k^j = (d_k^j)^2 (d_0 = 1)$，$\tau_k^j = 10^{(P_k^j - P_0)/(5\beta)}$，$\alpha_j = 10^{\Delta_j/(5\beta)}$，可以得到：

$$\tau_k^j\ \mu_k^j = \alpha_j\ 10^{n_k^j/(5\beta)} \tag{5-44}$$

对于充分小的 n_k^j，对公式(5-44)的右侧关于 n_k^j 使用一阶泰勒展开，近似得到：

$$\tau_k^j\ \mu_k^j \approx \alpha_j \left(1 + \frac{\ln 10}{5\beta} n_k^j\right) = \alpha_j + \tilde{n}_k^j \tag{5-45}$$

式中，$\tilde{n}_k^j$ 为均值为 0，方差为 $[\ln 10 \alpha_j \sigma/(5\beta)]^2$ 的高斯噪声。

同接收器导航一样，由公式(5-45)可以建立辐射源定位的不同方法。

(1) URSS-SDP-l_1 方法。对公式(5-45)，首先可以建立关于未知参数向量 $\boldsymbol{\theta} = [\boldsymbol{x}^{\mathrm{T}},\ \Delta_1,\ \Delta_2,\ \cdots,\ \Delta_{N_r}]^{\mathrm{T}}$ 的最小一乘估计：

$$\hat{\boldsymbol{\theta}} = \arg\min_{\boldsymbol{\theta}} \sum_{s=1}^{k} \sum_{j=1}^{N_s} |\tau_s^j \mu_s^j - \alpha_j| \tag{5-46}$$

定义辅助变量 $y = \boldsymbol{x}^{\mathrm{T}}\boldsymbol{x}$，并松弛为 $y \geqslant \boldsymbol{x}^{\mathrm{T}}\boldsymbol{x}$，可将上述问题转化为以下半正定规划问题：

$$\begin{aligned} &\arg\min_{\boldsymbol{x},\ y,\ \mu_s^j,\ \alpha_j,\ t_s^j} \sum_{j=1}^{N_r} \sum_{s=1}^{k} t_s^j \\ &\text{s.t.}\ -t_s^j \leqslant \tau_s^j \mu_s^j - \alpha_j \leqslant t_s^j \\ &\mu_s^j = y - 2(\boldsymbol{y}_s^j)^{\mathrm{T}}\boldsymbol{x} + (\boldsymbol{y}_s^j)^{\mathrm{T}}\boldsymbol{y}_s^j \\ &y \geqslant \boldsymbol{x}^{\mathrm{T}}\boldsymbol{x} \end{aligned} \tag{5-47}$$

式中，s 为过去时刻；k 为当前时刻；$\boldsymbol{x}$ 为待估的辐射源位置。

(2) URSS-SDP-l_2 方法。同理，使用 l_2 范数可以建立起未知参数向量 $\boldsymbol{\theta} = [\boldsymbol{x}^{\mathrm{T}},\ \Delta_1,\ \Delta_2,\ \cdots,\ \Delta_{N_r}]^{\mathrm{T}}$ 的最小二乘估计：

$$\hat{\boldsymbol{\theta}} = \arg\min_{\boldsymbol{\theta}} \sum_{s=1}^{k} \sum_{j=1}^{N_s} (\tau_s^j \mu_s^j - \alpha_j)^2 \tag{5-48}$$

它可以写为：

$$\begin{aligned} &\arg\min\ t \\ &\text{s.t.}\quad t - (\boldsymbol{U}_3 \boldsymbol{a}_3)^{\mathrm{T}} \boldsymbol{U}_3 \boldsymbol{a}_3 \geqslant 0 \end{aligned} \tag{5-49}$$

式中，$\boldsymbol{a}_3=[\mu_1^1, \cdots, \mu_k^1, \cdots, \mu_1^{N_r}, \cdots, \mu_k^{N_r}, \alpha_1, \cdots, \alpha_{N_r}]^{\mathrm{T}}$，

$$\boldsymbol{U}_3=\begin{bmatrix} \tau_1^1 & & & & & -1 & \\ & \ddots & & & & \vdots & \\ & & \tau_k^1 & & & -1 & \\ & & & \ddots & & & \ddots \\ & & & & \tau_1^{N_r} & & -1 \\ & & & & & & \vdots \\ & & & & \tau_k^{N_r} & & -1 \end{bmatrix}_{kN_r\times(kN_r+N_r)}$$ 。

同样，引入辅助变量 $y=\boldsymbol{x}^{\mathrm{T}}\boldsymbol{x}$，将它松弛并将约束条件写为线性矩阵不等式，上述问题可转化为：

$$\begin{gathered} \underset{\boldsymbol{x},y,\mu_s^j,\alpha_j,t}{\arg\min}\ t \\ \text{s. t. } \boldsymbol{F}_0+a_{3,l}\boldsymbol{F}_l+\cdots+a_{3,kN_r+N_r}\boldsymbol{F}_{kN_r+N_r}\geqslant\boldsymbol{0} \\ \mu_s^j=y-2(\boldsymbol{y}_s^j)^{\mathrm{T}}\boldsymbol{x}+(\boldsymbol{y}_s^j)^{\mathrm{T}}\boldsymbol{y}_s^j \\ y\geqslant\boldsymbol{x}^{\mathrm{T}}\boldsymbol{x} \end{gathered} \tag{5-50}$$

式中，$\boldsymbol{F}_0=\begin{bmatrix}\mathbf{I}_{kN_r} & \\ & t\end{bmatrix}$；$\boldsymbol{F}_l=\begin{bmatrix}0 & \boldsymbol{U}_{3,l} \\ (\boldsymbol{U}_{3,l})^{\mathrm{T}} & 0\end{bmatrix}$；$a_{3,l}$ 为 a_3 的第 l 列；$\boldsymbol{U}_{3,l}$ 为 $\boldsymbol{U}_3$ 的第 l 列；$\mu_s^j=(d_s^j)^2=\|\boldsymbol{x}-\boldsymbol{y}_s^j\|_2^2$。

（3）URSS-CLS 方法。由公式（5-45）同样可以得到一个关于未知参数向量 $\boldsymbol{\theta}=[\boldsymbol{x}^{\mathrm{T}}, \Delta_1, \Delta_2, \cdots, \Delta_{N_r}]^{\mathrm{T}}$ 的伪线性形式：

$$[2\tau_s^j(\boldsymbol{y}_s^j)^{\mathrm{T}} \quad -\tau_s^j \quad 1]\begin{bmatrix}\boldsymbol{y}_s^j \\ (\boldsymbol{y}_s^j)^{\mathrm{T}}\boldsymbol{y}_s^j \\ \alpha_j\end{bmatrix}+\tilde{n}_s^j=\tau_s^j(\boldsymbol{y}_k^j)^{\mathrm{T}}\boldsymbol{y}_k^j,\ j\in\mathbb{M} \tag{5-51}$$

令 $\boldsymbol{\zeta}=[\boldsymbol{x}, \boldsymbol{x}^{\mathrm{T}}\boldsymbol{x}, \alpha_1, \cdots, \alpha_{N_r}]^{\mathrm{T}}$ 为待估向量，并将 N_r 个传感器的上述等式累加成以下矩阵形式：

$$\boldsymbol{h}_{1,k}=\boldsymbol{G}_{1,k}\boldsymbol{\zeta}+\boldsymbol{u}_{1,k}^j \tag{5-52}$$

式中，$\boldsymbol{h}_{1,k}=\begin{bmatrix}\tau_1^1(\boldsymbol{y}_1^1)^{\mathrm{T}}\boldsymbol{y}_1^1\\ \vdots\\ \tau_k^1(\boldsymbol{y}_k^1)^{\mathrm{T}}\boldsymbol{y}_k^1\\ \vdots\\ \tau_1^{N_r}(\boldsymbol{y}_1^{N_r})^{\mathrm{T}}\boldsymbol{y}_1^{N_r}\\ \vdots\\ \tau_k^{N_r}(\boldsymbol{y}_k^{N_r})^{\mathrm{T}}\boldsymbol{y}_k^{N_r}\end{bmatrix}$，$\boldsymbol{G}_{1,k}=\begin{bmatrix}2\tau_1^1(y_1^1)^{\mathrm{T}} & -\tau_1^1 & 1 & \cdots & 0\\ \vdots & \vdots & \vdots & \ddots & \vdots\\ 2\tau_k^1(y_k^1)^{\mathrm{T}} & -\tau_k^1 & 0 & \cdots & 1\\ \vdots & \vdots & \vdots & \vdots & \vdots\\ 2\tau_1^{N_r}(y_1^{N_r})^{\mathrm{T}} & -\tau_1^{N_r} & 1 & \cdots & 0\\ \vdots & \vdots & \vdots & \ddots & \vdots\\ 2\tau_k^{N_r}(y_k^{N_r})^{\mathrm{T}} & -\tau_k^{N_r} & 0 & \cdots & 1\end{bmatrix}$，$\boldsymbol{u}_{1,k}^j=\begin{bmatrix}\tilde{n}_1^1\\ \vdots\\ \tilde{n}_k^1\\ \vdots\\ \tilde{n}_1^{N_r}\\ \vdots\\ \tilde{n}_k^{N_r}\end{bmatrix}$，$\boldsymbol{\tau}_s^j$ 的定义同前文的一致。

由线性等式(5-52)，可以得到关于 $\boldsymbol{\zeta}$ 的线性最小二乘估计：

$$\hat{\boldsymbol{\zeta}}=[(\boldsymbol{G}_{1,k})^{\mathrm{T}}\boldsymbol{G}_{1,k}]^{-1}(\boldsymbol{G}_{1,k})^{\mathrm{T}}\boldsymbol{h}_{1,k} \tag{5-53}$$

显然，待估参数向量本身存在约束条件：

$$\zeta_4=(\zeta_1)^2+(\zeta_2)^2+(\zeta_3)^2 \tag{5-54}$$

把它松弛为凸条件 $\zeta_4\geqslant(\zeta_1)^2+(\zeta_2)^2+(\zeta_3)^2$，得到关于 ζ 的带约束的最小二乘估计问题：

$$\begin{gathered}\arg\min_{\hat{\zeta}} J=(\boldsymbol{h}_{1,k}-\boldsymbol{G}_{1,k}\hat{\boldsymbol{\zeta}})^{\mathrm{T}}(\boldsymbol{h}_{1,k}-\boldsymbol{G}_{1,k}\hat{\boldsymbol{\zeta}})\\ \text{s. t. } \hat{\zeta}_4\geqslant(\hat{\zeta}_1)^2+(\hat{\zeta}_2)^2+(\hat{\zeta}_3)^2\end{gathered} \tag{5-55}$$

求解该凸问题，可以得到辐射源位置的一个估计。

对于上述任意的联合强度法，传感器偏差的估计可以由下式得到：

$$\hat{\Delta}_j=5\beta\lg\hat{\alpha}_j \tag{5-56}$$

5.2.2.2 差分强度法

如同接收器导航一样，在辐射源定位中，可以对每个接收器选择一个参考时刻。将不同时刻的量测与参考时刻的量测作差，即可消除传感器偏差，从而得到新的量测模型：

$$\tilde{P}_k^j=P_r^j-P_k^j=10\beta\lg(d_k^j/d_r^j)+m_k^j \tag{5-57}$$

式中，$\tilde{P}_k^j$ 为新的量测；P_r^j 为传感器 j 在参考时刻 r 的量测；$m_k^j=n_r^j-n_k^j$。

对公式(5-57)变形，可以得到：

$$(d_k^j)^2=(d_r^j)^2\phi_k^j10^{-m_k^j/(5\beta)} \tag{5-58}$$

然后，关于 m_k^j 作一阶泰勒展开得到：

$$\mu_k^j \approx \mu_r^j \phi_k^j + \tilde{m}_k^j \tag{5-59}$$

式中，$\phi_k^j = 10^{\tilde{P}_k^j/(5\beta)}$；$\mu_k^j = (d_k^j)^2$；$\mu_r^j = (d_r^j)^2$；$\tilde{m}_k^j = -\ln 10\,(d_r^j)^2 \phi_k^j m_k^j/(5\beta)$。

（1）DRSS-SDP-l_1 方法。基于公式(5-59)，使用时间上累计的数据，可以得到辐射源位置 $\boldsymbol{x}$ 的最小一乘估计：

$$\hat{\boldsymbol{x}} = \arg\min_{\boldsymbol{x}} \sum_{j=1}^{N_r} \sum_{s=1}^{k} \left| \mu_s^j - \mu_r^j \phi_s^j \right| \tag{5-60}$$

同样，引入辅助变量 $y = \boldsymbol{x}^{\mathrm{T}}\boldsymbol{x}$ 并作松弛，上述问题可以转为以下半正定规划问题：

$$\begin{aligned} &\arg\min_{t_s^j,\, \mu_r^j,\, \mu_s^j,\, y,\, \boldsymbol{x}} \sum_{j=1}^{N_r} \sum_{s=1}^{k} t_s^j \\ &\text{s. t.} \ -t_s^j \leqslant \mu_r^j \phi_s^j - \mu_s^j \leqslant t_s^j \\ &\mu_s^j = y - 2(\boldsymbol{y}_s^j)^{\mathrm{T}}\boldsymbol{x} + (\boldsymbol{y}_s^j)^{\mathrm{T}}\boldsymbol{y}_s^j \\ &\mu_r^j = y - 2(\boldsymbol{y}_r^j)^{\mathrm{T}}\boldsymbol{x} + (\boldsymbol{y}_r^j)^{\mathrm{T}}\boldsymbol{y}_r^j \\ &y \geqslant \boldsymbol{x}^{\mathrm{T}}\boldsymbol{x} \end{aligned} \tag{5-61}$$

式中，$\boldsymbol{y}_r^j$ 为传感器 j 在参考时刻 r 的位置；$\boldsymbol{x}$ 为待估的辐射源位置。

（2）DRSS-SDP-l_2 方法。使用 l_2 范数可得到相应最小二乘估计的优化问题：

$$\hat{\boldsymbol{x}} = \arg\min_{\boldsymbol{x}} \sum_{j=1}^{N_r} \sum_{s=1}^{k} (\mu_s^j - \mu_r^j \phi_s^j)^2 \tag{5-62}$$

它等价于：

$$\begin{aligned} &\arg\min t \\ &\text{s. t.}\ t - (\boldsymbol{U}_4 \boldsymbol{a}_4)^{\mathrm{T}} \boldsymbol{U}_4 \boldsymbol{a}_4 \geqslant 0 \end{aligned} \tag{5-63}$$

其中，$\boldsymbol{U}_4 = \begin{bmatrix} 1 & & & & & & -\phi_1^1 & \\ & \ddots & & & & & \vdots & \\ & & 1 & & & & -\phi_k^1 & \\ & & & \ddots & & & & \ddots \\ & & & & 1 & & & -\phi_1^{N_r} \\ & & & & & \ddots & & \vdots \\ & & & & & & 1 & -\phi_k^{N_r} \end{bmatrix}_{kN_r \times (kN_r + N_r)}$，$\phi_s^j$ 的定义同前文中的一致，$\boldsymbol{a}_4 = [\mu_1^1, \cdots, \mu_k^1, \cdots, \mu_1^{N_r}, \cdots, \mu_k^{N_r}, \mu_r^1, \cdots, \mu_r^{N_r}]^{\mathrm{T}}$。引入辅助变量 $y = \boldsymbol{x}^{\mathrm{T}}\boldsymbol{x}$，并作松弛，将上述问题中的约束条件写为线性矩阵不等式形

式，可以得到以下半正定规划问题：

$$
\begin{aligned}
&\underset{x,y,\mu_s^j,\mu_r^j,t}{\arg\min}\ t\\
&\text{s. t. } \boldsymbol{F}_0+a_{4,l}\boldsymbol{F}_l+\cdots+a_{4,kN_r+N_r}\boldsymbol{F}_{kN_r+N_r}\geqslant \boldsymbol{0}\\
&\mu_s^j=y-2\,(\boldsymbol{y}_s^j)^{\mathrm{T}}\boldsymbol{x}+(\boldsymbol{y}_s^j)^{\mathrm{T}}\boldsymbol{y}_s^j\\
&\mu_r^j=y-2\,(\boldsymbol{y}_r^j)^{\mathrm{T}}\boldsymbol{x}+(\boldsymbol{y}_r^j)^{\mathrm{T}}\boldsymbol{y}_r^j\\
&y\geqslant \boldsymbol{x}^{\mathrm{T}}\boldsymbol{x}
\end{aligned}
\tag{5-64}
$$

式中，$\boldsymbol{F}_0=\begin{bmatrix}\boldsymbol{I}_{kN_r} & \\ & t\end{bmatrix}$；$\boldsymbol{F}_l=\begin{bmatrix}\boldsymbol{0} & \boldsymbol{U}_{4,l}\\ (\boldsymbol{U}_{4,l})^T & 0\end{bmatrix}$；$a_{4,l}$为 a_4 的第 l 个元素；$\boldsymbol{U}_{4,l}$为 $\boldsymbol{U}_4$ 的第 l 列。

(3) DRSS-CLS 方法。由公式(5-59)，可以得到辐射源位置向量 $\boldsymbol{\eta}=[\boldsymbol{x},\ \boldsymbol{x}^{\mathrm{T}}\boldsymbol{x}]^{\mathrm{T}}$ 的一个伪线性形式：

$$
[2\phi_k^j\,(\boldsymbol{y}_r^j)^{\mathrm{T}}-2\,(\boldsymbol{y}_k^j)^{\mathrm{T}}\quad 1-\phi_k^j]\begin{bmatrix}\boldsymbol{x}\\ \boldsymbol{x}^{\mathrm{T}}\boldsymbol{x}\end{bmatrix}+\tilde{m}_k^j=2\phi_k^j\,(\boldsymbol{y}_r^j)^{\mathrm{T}}\boldsymbol{y}_r^j-(\boldsymbol{y}_k^j)^{\mathrm{T}}\boldsymbol{y}_k^j \tag{5-65}
$$

累加每个传感器在多个时刻的数据，得到以下矩阵形式：

$$
\boldsymbol{h}_{2,k}=\boldsymbol{G}_{2,k}\boldsymbol{\eta}+\boldsymbol{u}_{2,k}^j \tag{5-66}
$$

其中，$\boldsymbol{h}_{2,k}=\begin{bmatrix}2\phi_1^1\,(\boldsymbol{y}_r^1)^{\mathrm{T}}\boldsymbol{y}_r^1-(\boldsymbol{y}_1^1)^{\mathrm{T}}\boldsymbol{y}_1^1\\ \vdots\\ 2\phi_k^1\,(\boldsymbol{y}_r^1)^{\mathrm{T}}\boldsymbol{y}_r^1-(\boldsymbol{y}_k^1)^{\mathrm{T}}\boldsymbol{y}_k^1\\ \vdots\\ 2\phi_1^{N_r}\,(\boldsymbol{y}_r^{N_r})^{\mathrm{T}}\boldsymbol{y}_r^{N_r}-(\boldsymbol{y}_1^{N_r})^{\mathrm{T}}\boldsymbol{y}_1^{N_r}\\ \vdots\\ 2\phi_k^{N_r}\,(\boldsymbol{y}_r^{N_r})^{\mathrm{T}}\boldsymbol{y}_r^{N_r}-(\boldsymbol{y}_k^{N_r})^{\mathrm{T}}\boldsymbol{y}_k^{N_r}\end{bmatrix}$，$\boldsymbol{G}_{2,k}=\begin{bmatrix}2\phi_1^1\,(\boldsymbol{y}_r^1)^{\mathrm{T}}-2\,(\boldsymbol{y}_1^1)^{\mathrm{T}} & 1-\phi_1^1\\ \vdots & \vdots\\ 2\phi_k^1\,(\boldsymbol{y}_r^1)^{\mathrm{T}}-2\,(\boldsymbol{y}_k^1)^{\mathrm{T}} & 1-\phi_k^1\\ \vdots & \vdots\\ 2\phi_1^{N_r}\,(\boldsymbol{y}_r^{N_r})^{\mathrm{T}}-2\,(\boldsymbol{y}_1^{N_r})^{\mathrm{T}} & 1-\phi_1^{N_r}\\ \vdots & \vdots\\ 2\phi_k^{N_r}\,(\boldsymbol{y}_r^{N_r})^{\mathrm{T}}-2\,(\boldsymbol{y}_k^{N_r})^{\mathrm{T}} & 1-\phi_k^{N_r}\end{bmatrix}$，$\boldsymbol{u}_{2,k}^j=[\tilde{m}_1^1,\ \cdots,\ \tilde{m}_k^1,\ \cdots,\ \tilde{m}_1^{N_r},\ \cdots,\ \tilde{m}_k^{N_r}]^{\mathrm{T}}$。

由线性等式(5-66)，可以得到 $\boldsymbol{\eta}$ 的线性最小二乘估计：

$$
\hat{\boldsymbol{\eta}}=[(\boldsymbol{G}_{2,k})^{\mathrm{T}}\boldsymbol{G}_{2,k}]^{-1}(\boldsymbol{G}_{2,k})^{\mathrm{T}}\boldsymbol{h}_{2,k} \tag{5-67}
$$

然而，显然 $\boldsymbol{\eta}$ 自身也存在约束条件：

$$
\eta_4=(\eta_1)^2+(\eta_2)^2+(\eta_3)^2 \tag{5-68}
$$

将它松弛为 $\eta_4\geqslant(\eta_1)^2+(\eta_2)^2+(\eta_3)^2$，得到 $\boldsymbol{\eta}$ 的带约束的最小二乘估计问题：

$$\begin{aligned} \arg \min_{\hat{\boldsymbol{\eta}}} J &= (\boldsymbol{h}_{2,k} - \boldsymbol{G}_{2,k}\hat{\boldsymbol{\eta}})^{\mathrm{T}}(\boldsymbol{h}_{2,k} - \boldsymbol{G}_{2,k}\hat{\boldsymbol{\eta}}) \\ \text{s. t.} \quad & \hat{\eta}_4 \geqslant (\hat{\eta}_1)^2 + (\hat{\eta}_2)^2 + (\hat{\eta}_3)^2 \end{aligned} \tag{5-69}$$

求解凸优化公式(5-61)、公式(5-64)或公式(5-69)中的任意一个，可以得到辐射源位置的估计 $\hat{\boldsymbol{x}}$。将它代入原始的量测模型，可以得到传感器偏差的估计：

$$\hat{\Delta}_j = \arg \min_{\Delta_j} \sum_{s=1}^{k} \left[P_s^j - P_0 - \Delta_j + 10\beta \lg \frac{d_s^j(\hat{\boldsymbol{x}})}{d_0} \right]^2 \tag{5-70}$$

为简化问题，我们只介绍了单一辐射源的定位问题。对于多辐射源的情况，问题会变得复杂。因为接收器对于不同辐射源的量测包含相同的偏差，从而有耦合关系，所以不能独立地对每个辐射源进行定位。但是，本书所介绍的方法可以推广到这个更一般的定位问题上。

5.2.3 算法讨论

本节分析讨论前文介绍的接收器导航和辐射源定位方法，包括对比联合强度法和差分强度法，对比 SDP-l_2 法和带约束的最小二乘方法，以及如何确定差分强度法的参考点。

5.2.3.1 联合强度法和差分强度法的比较

联合强度法在每一时刻同时估计位置(辐射源或接收器)和传感器的偏差。对于接收器导航，不论传感器偏差是否时变，联合强度法都是有效的。对于辐射源定位，当传感器偏差是时变的时，联合强度法会失效。因为这时待估量的数量多于量测的数量。我们假设传感器偏差是时不变的，因而联合强度法对于接收器导航和辐射源定位总是有效的。此外，如果想知道传感器偏差有多大，那么联合强度法是比较好的选择。

差分强度法只估计位置，而不直接估计传感器偏差。要想知道偏差有多大，就要进行第二步估计。对于接收器导航，不论传感器偏差是否时变，差分强度法总是有效的。这是因为在任意时刻，每一个接收器所有量测的偏差都是相同的。而对于辐射源定位，获得多个时刻的量测，差分强度法才是有效的，并且必须知道传感器偏差在时间上的相关性。此外，差分强度法需要参考节点或参考时间。在高斯量测噪声的假设下，差分强度法使用新模型的噪声比原始的噪声更大。因此，理论上应该选择噪声项较小的节点或时间作为参考点。

5.2.3.2 SDP-l_2 法和带约束的最小二乘法的比较

半正定规划方法和带约束的最小二乘方法均源于对原始量测模型的变形和近

似化处理，进而分别建立了不同的凸优化问题。其中，SDP-l_2 法和带约束的最小二乘方法有本质联系，下面进行说明。

首先，带约束的最小二乘法可以转化为二次约束二次规划问题，即可以写成下面的一般形式：

$$\begin{aligned} &\arg\min_{x} \quad f_0(\boldsymbol{x}) \\ &\text{s. t.} \quad f_i(\boldsymbol{x}) \leqslant 0, \ i=1, \ \cdots, \ L \end{aligned} \tag{5-71}$$

式中，$\boldsymbol{x} \in R^k$ 为任意 k 维优化变量；目标函数 f_0 和约束条件函数 f_i 都是二次函数，均为凸条件，且有以下形式：

$$f_i(\boldsymbol{x}) = (\boldsymbol{U}_i\boldsymbol{x}+\boldsymbol{r}_i)^{\mathrm{T}}(\boldsymbol{U}_i\boldsymbol{x}+\boldsymbol{r}_i) - c_i^{\mathrm{T}}\boldsymbol{x} - \boldsymbol{d}_i, \ i=0, \ \cdots, \ L \tag{5-72}$$

式中，$\boldsymbol{U}_0 = [\boldsymbol{a}_1^0, \ \boldsymbol{a}_2^0, \ \cdots, \ \boldsymbol{a}_k^0]$；$\boldsymbol{c}_0 = [c_1^0, \ c_2^0, \ \cdots, \ c_k^0]^{\mathrm{T}}$；$\boldsymbol{U}_i = [\boldsymbol{a}_1^i, \ \boldsymbol{a}_2^i, \ \cdots, \ \boldsymbol{a}_k^i]$；$\boldsymbol{c}_i = [c_1^i, \ c_2^i, \ \cdots, \ c_k^i]^{\mathrm{T}}$。

因而，二次约束二次规划问题[公式(5-71)]可以等价地写为：

$$\begin{aligned} &\arg\min_{x} t \\ &\text{s. t.} \begin{bmatrix} \boldsymbol{I} & \boldsymbol{U}_0\boldsymbol{x}+\boldsymbol{r}_0 \\ (\boldsymbol{U}_0\boldsymbol{x}+\boldsymbol{r}_0)^{\mathrm{T}} & \boldsymbol{c}_0^{\mathrm{T}}\boldsymbol{x}+\boldsymbol{d}_0+t \end{bmatrix} \geqslant \boldsymbol{0} \\ &\begin{bmatrix} \boldsymbol{I} & \boldsymbol{U}_i\boldsymbol{x}+\boldsymbol{r}_i \\ (\boldsymbol{U}_i\boldsymbol{x}+\boldsymbol{r}_i)^{\mathrm{T}} & \boldsymbol{c}_i^{\mathrm{T}}\boldsymbol{x}+d_i \end{bmatrix} \geqslant \boldsymbol{0}, \ i=1, \ 2, \ \cdots, \ L \end{aligned} \tag{5-73}$$

上述问题约束条件的左侧与变量 $\boldsymbol{x}$ 是仿射关系，因而可以写成以下线性矩阵不等式形式：

$$F(\boldsymbol{x}) = \boldsymbol{F}_0 + x_1\boldsymbol{F}_1 + \cdots + x_k\boldsymbol{F}_k \geqslant \boldsymbol{0} \tag{5-74}$$

式中，对于第一个约束条件有 $\boldsymbol{F}_0 = \begin{bmatrix} \boldsymbol{I} & \boldsymbol{r}_0 \\ \boldsymbol{r}_0^{\mathrm{T}} & d_0+t \end{bmatrix}$，$\boldsymbol{F}_j = \begin{bmatrix} \boldsymbol{0} & \boldsymbol{a}_j^0 \\ (\boldsymbol{a}_j^0)^{\mathrm{T}} & c_j^0 \end{bmatrix}$，$j=1, \ 2, \ \cdots, \ k$。

对于第二个约束条件有 $\boldsymbol{F}_0 = \begin{bmatrix} \boldsymbol{I} & \boldsymbol{r}_i \\ \boldsymbol{r}_i^{\mathrm{T}} & d_i \end{bmatrix}$，$\boldsymbol{F}_j = \begin{bmatrix} \boldsymbol{0} & \boldsymbol{a}_j^i \\ (\boldsymbol{a}_j^i)^{\mathrm{T}} & c_j^i \end{bmatrix}$，$j=1, \ 2, \ \cdots, \ k, \ \forall i$。

换句话说，原来的带约束最小二乘问题可以转化为一个目标函数是线性的，且约束条件是线性矩阵不等式的新优化问题，即半正定规划问题。

其次，SDP-l_2 法描述的优化问题本质上是一个二次约束二次规划问题，因为它的目标函数和约束条件均为二次的。此外，SDP-l_2 法中的辅助变量和带约束最小二乘法中的约束条件有一一对应的关系。以 URSS-SDP-l_2 法和 URSS-CLS 法为例。显然，以下两个等式约束是等价的：

$$z_k^j=(\boldsymbol{y}_k^j)^{\mathrm{T}}\boldsymbol{y}_k^j$$
$$\xi_{k,4}^j=(\xi_{k,1}^j)^2+(\xi_{k,2}^j)^2+(\xi_{k,3}^j)^2 \tag{5-75}$$

总的来说，虽然 SDP-l_2 法和带约束的最小二乘方法描述了不同的优化问题，但是它们本质上是等价的。注意，虽然带约束的最小二乘方法总能转化为半正定规划方法，但这样转化处理未必合适，因为求解半正定规划问题比求解带约束的最小二乘问题的效率低，特别是在半正定规划问题中线性矩阵不等式维数较高的情况下。由于带约束的最小二乘法是凸的，可以采用一些效率更高的方法来求解，如内点法等。

5.2.3.3 差分强度法中参考点的选取

在差分强度法中，与原始的噪声项相比，新量测模型中的噪声更大。以接收器导航为例，噪声项 $m_k^{i,j}=n_k^{r,j}-n_k^{i,j}$。由于假设 $n_k^{r,j}$ 和 $n_k^{i,j}$ 为独立同分布的高斯噪声，方差均为 σ^2，因而 $m_k^{i,j}$ 的方差为 $2\sigma^2$。

为了减小噪声变大带来的影响，选择一个合适的参考时间或节点尤为重要。显然，在接收器离辐射源较近的情况下，接收信号的信噪比更高，对提高估计精度更有利。也可以说，近距离的量测比远距离的量测更可信。反之，信噪比低的量测将产生较大的估计误差。

对于接收器 j 的导航，在时刻 k，我们选择参考辐射源为：

$$r_k^j=\arg\max_i \quad P_k^{i,j} \tag{5-76}$$

即选择接收信号最强的辐射源作为参考点。

对于辐射源定位，在时刻 k 关于接收器 j，我们选择时刻 s 作为参考时刻：

$$r_k^j=\arg\min_s \|\hat{\boldsymbol{x}}_{k-1}-\boldsymbol{y}_s^j\|_2 \tag{5-77}$$

式中，$\hat{\boldsymbol{x}}_{k-1}$ 为 $k-1$ 时刻辐射源位置的估计，即使用最新的辐射源位置估计来代替真实位置，从而得到辐射源和接收器之间的距离估计。然后对于每个接收器，选择距离最小的时刻作为参考时刻。

5.2.4 数值实验

下面验证所介绍方法的性能，并与极大似然方法和 CR 下界(后文将给出详细推导)进行比较。ML 方法使用 MATLAB 工具箱进行数值求解，并采用理想的真值初始化。虽然有偏估计的 RMSE 不能由 CR 下界描述下界，但可以为所介绍方法的性能评估提供参考。半正定规划问题的求解采用 CVX 工具包中的 SeDuMi 方法。路径损失函数和参考功率分别设为 $\beta=3$，$P_0=-40\text{dB}$。所有实验结果都是 200 次蒙特卡罗实验的平均值。未加特殊说明，场景和结果中关于距离的单位是米。由于 SDP-l_2 法和带约束的最小二乘法的性能几乎一致(图 5-8)，在其他实验中不再展示 SDP-l_2 法的结果。

5.2.4.1 接收器导航

在图 5-3(a)中，16 个位置已知的辐射源分布在一个立方体的边界上，接收器在立方体内做圆周运动。圆的中心和法向量分别为 $\boldsymbol{O}=[6,\ 6,\ 6]^{\mathrm{T}}$ 和 $\vec{\boldsymbol{n}}=[1,\ 1,\ 1]^{\mathrm{T}}$。在每一时刻，接收器使用来自不同辐射源的实时量测估计自身位置。噪声标准差 σ 和传感器偏差 Δ_j 分别设为 $\sqrt{2}$ dB 和 3dB。图 5-3(b)和图 5-3(c)分别展示了导航结果和偏差估计随时间变化的 RMSE 曲线。图 5-4 展示了位置 RMSE 和偏差 RMSE 随噪声大小变化的曲线。不难发现，联合强度法在位置估计上精度更高，其中 URSS-CLS 表现得最好。差分强度法在偏差估计上比联合强度法精度略高。联合强度法是一步的联合估计，直觉上应该比两步法的差分强度法精度要高，然而，偏差估计的实验结果却与此相反。其中可能的原因有：首先，

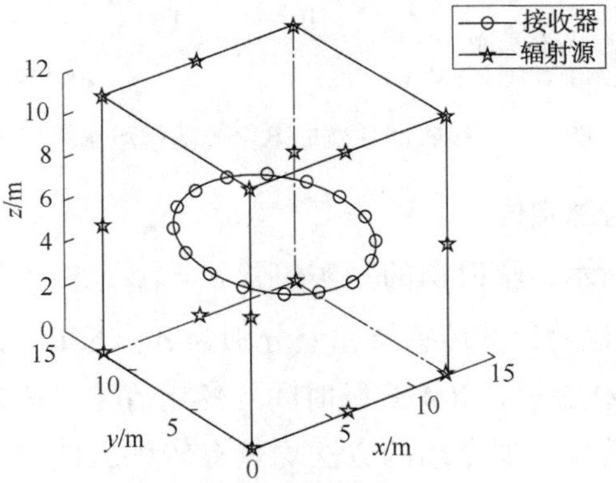

(a)接收器导航场景

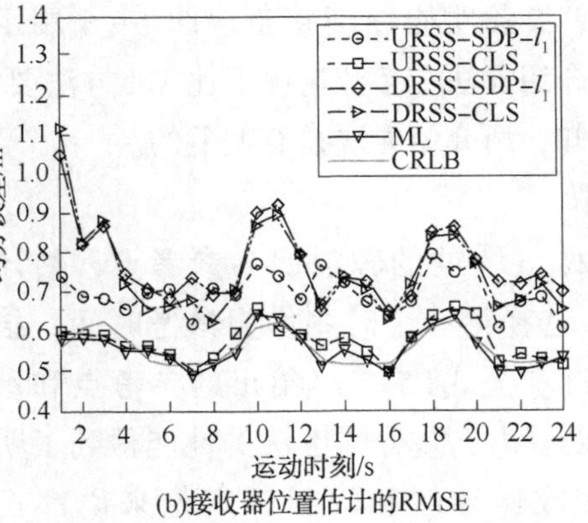

(b)接收器位置估计的RMSE

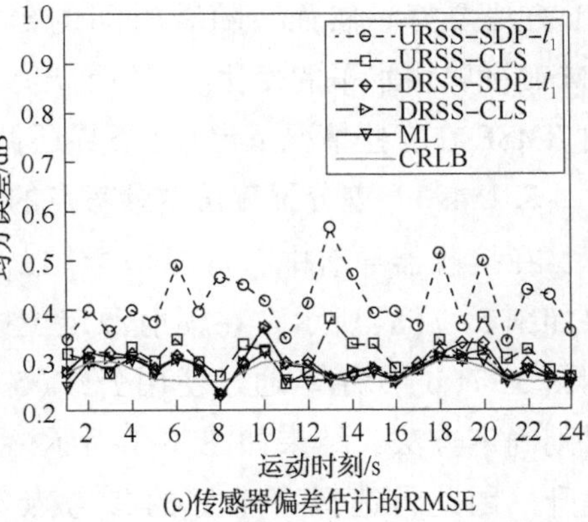

(c)传感器偏差估计的RMSE

图 5-3 接收器导航的 RMSE 随时间变化图

所提方法均为次优的；其次，联合强度法给出的偏差估计不是联合的直接估计结果，而是需要通过进一步的非线性变换才能得到；最后，如果将联合强度法的位置估计也代入模型，进行第二步偏差估计，那么偏差估计的精度也会得到提高。此外，在偏差估计上，带约束的最小二乘法比联合强度法中的 SDP-l_1 性能好，但和差分强度法中的 SDP-l_1 性能接近。

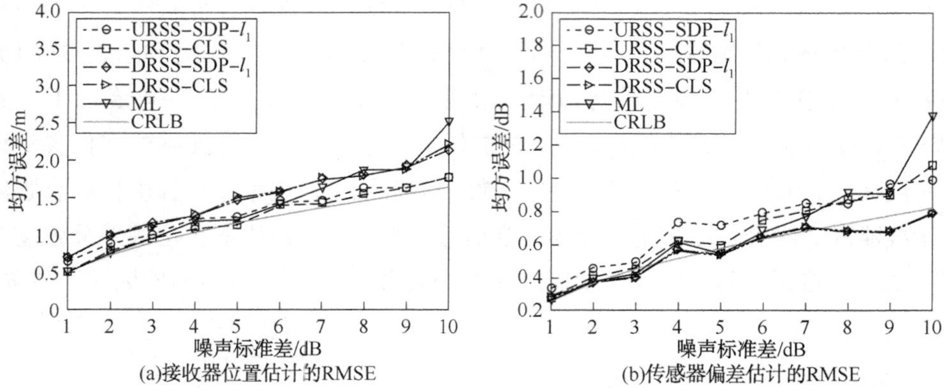

图 5-4 接收器导航的 RMSE 随噪声水平变化图

5.2.4.2 辐射源定位

如图 5-5(a)所示，辐射源的真实位置 $\boldsymbol{x}_s=[5,\ 5,\ 5]^{\mathrm{T}}$，三个接收器在辐射源附近做三维圆周运动，其传感器偏差分别为 $\Delta_1=5\mathrm{dB}$，$\Delta_2=7\mathrm{dB}$，$\Delta_3=3\mathrm{dB}$。图 5-5(b)至图 5-5(e)展示了 RMSE 随时间的变化情况，其中噪声的标准差 σ 设为 2dB。从图中可以看出，所介绍的方法均具有较好的性能。在位置估计上，联合强度法在所有时刻都比差分强度法表现得好。此外，最开始时，联合强度法比 ML 方法要好。然而，随着时间的延长，二者性能逐渐接近。图 5-6 展示了 RMSE 随噪声水平的变化。可以看出，所介绍方法在多数情况下比 ML 方法要好。由 RMSE 在有些情况下比 CR 下界还低可知，所介绍方法是有偏差的。

5.2.4.3 差分强度法中参考点的选取

在接收器导航中，选择坐标$[12,\ 12,\ 6]^{\mathrm{T}}$处的辐射源为参考点，估计结果如图 5-7(a)所示。在辐射源定位中，选择第一个时刻作为参考时间，结果如图 5-7(b)所示。通过使用公式(5-76)和公式(5-77)给出的参考点和参考时刻确定方法，结果如图 5-7 所示。可以看出，差分强度法的性能得到了明显提升。因此，选择一个好的参考点对接收器导航和辐射源定位来说都是必要的。

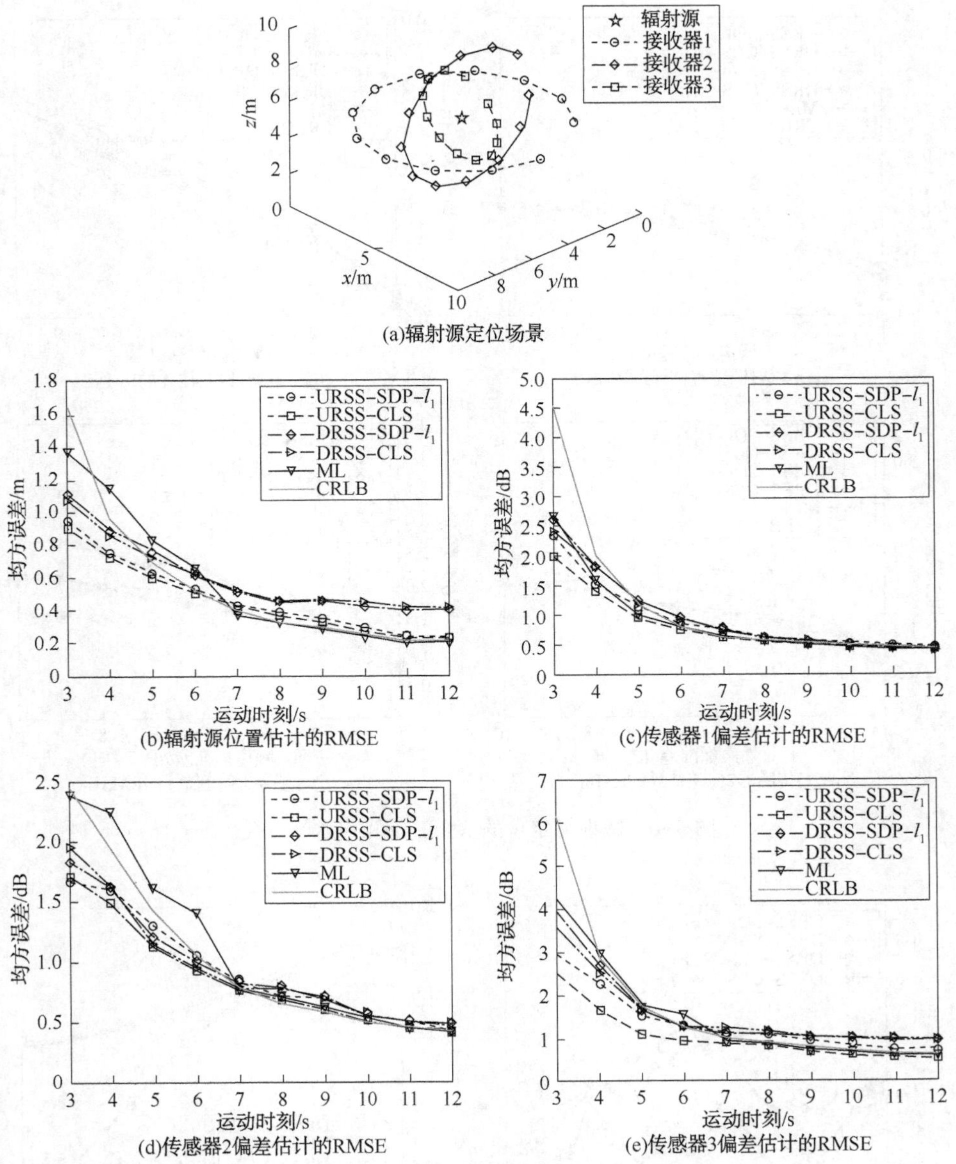

图 5-5　辐射源定位的 RMSE 随时间变化图

5.2.4.4　SDP-l_2 法和带约束的最小二乘法的比较

图 5-8 比较了带约束的最小二乘法和 SDP-l_2 方法的性能。显然，除了在辐射源定位中有微小差别，这两种方法的估计性能基本一致。该实验结果验证了二者的等价性。

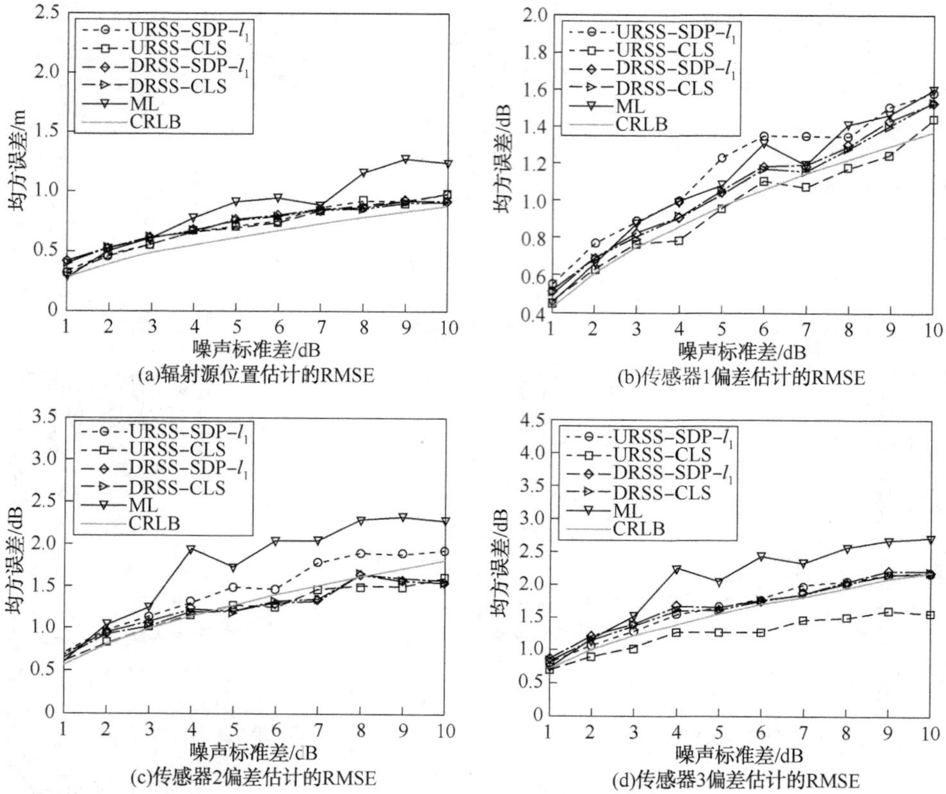

图 5-6　辐射源定位的 RMSE 随噪声水平变化

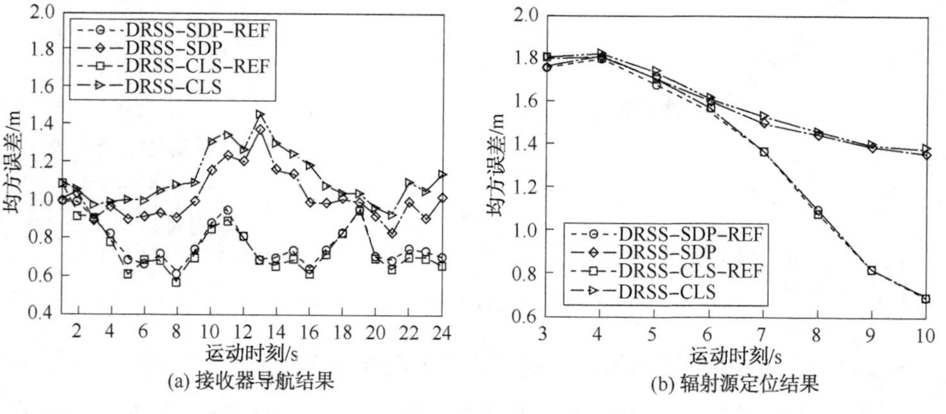

图 5-7　参考点对差分强度法性能的提升

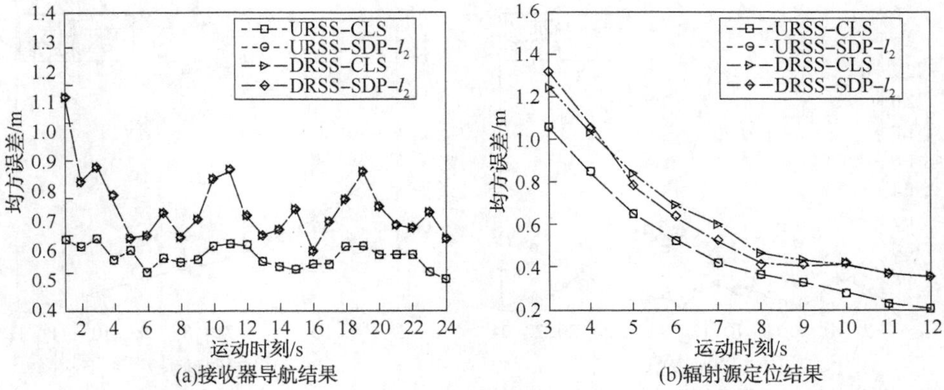

(a)接收器导航结果

(b)辐射源定位结果

图 5-8 SDP-l_2 法和 CLS 法的比较

5.2.4.5 传感器配准的必要性

图 5-9 对比了量测有偏差和无偏差两种情况下的 CR 下界椭圆。其中，对于有偏差的情况，仅将 Fisher 信息矩阵中与位置有关的部分提取出来。此外，为了显示得更直观，将三维问题退化至二维问题(将三维中的 z 轴固定)。对于接收器导航，展示接收器在不同位置时估计的 CR 下界椭圆。对于辐射源定位，展示辐射源处于不同位置时估计的 CR 下界椭圆。其中，实线和虚线分别对应有偏差和无偏差的情况。很明显，不论是对接收器导航还是辐射源定位，前者的误差总是大于后者的。也就是说，如果传感器偏差被忽略，那么估计结果将会过于乐观。以 URSS-SDP 法为例，如图 5-10 所示，实线表示考虑偏差的估计结果。很明显，考虑传感器偏差对于提升位置估计的精度很有帮助。

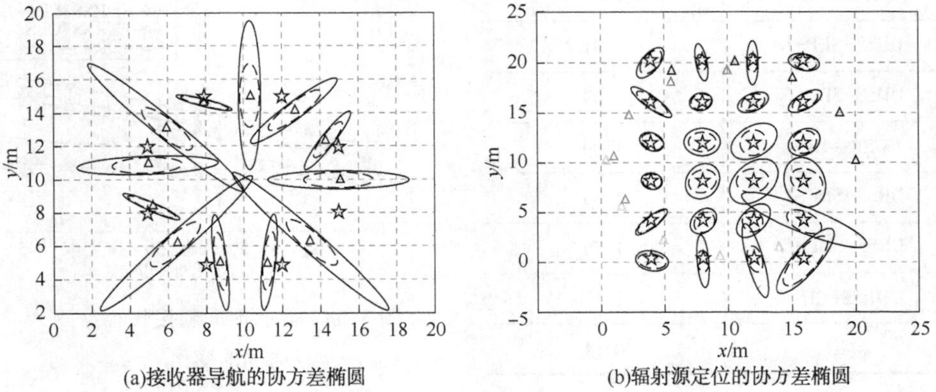

(a)接收器导航的协方差椭圆

(b)辐射源定位的协方差椭圆

图 5-9 传感器有偏差和无偏差情况下的 CR 下界椭圆

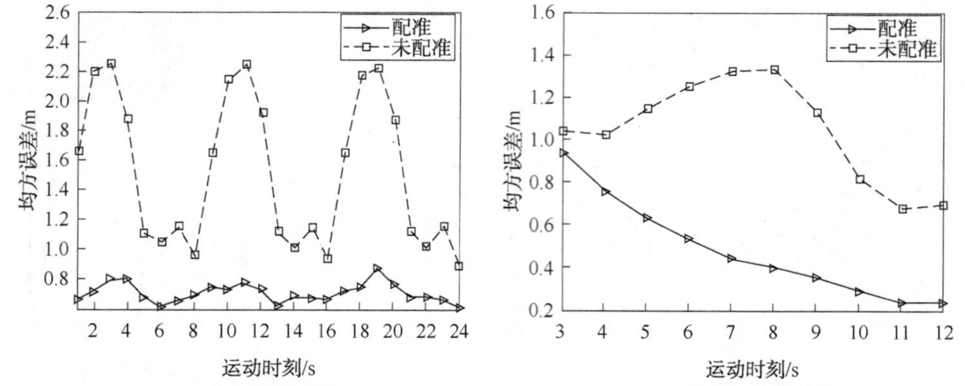

(a)接收器导航结果　　(b)辐射源定位结果

图 5-10　传感器配准对于位置估计精度的提升

5.2.4.6　计算效率

本小节以辐射源定位为例，比较各个方法的计算时间，用以比较计算效率。表 5-1 给出采样 7 次时不同方法在 300 次蒙特卡罗试验下的平均相对结果(相对于 URSS-CLS 法)。可以看出，URSS-CLS 法的计算效率最高。虽然 ML 估计的计算耗时最少，但其结果是使用理想的真值初始化得到的，而真值往往是未知的，且它的解也未必是最优的。图 5-11 展示了各方法的计算时间随问题维数(接收器的运动时间)的变化曲线。很显然，带约束的最小二乘法的效率比半正定规划法的效率更高。

表 5-1　各方法的相对计算用时

方　　法	相对计算用时/s
URSS-SDP-l_1	1.31
URSS-SDP-l_2	1.07
URSS-CLS	1.00
DRSS-SDP-l_1	1.33
DRSS-SDP-l_2	1.50
DRSS-CLS	1.11
ML	0.14

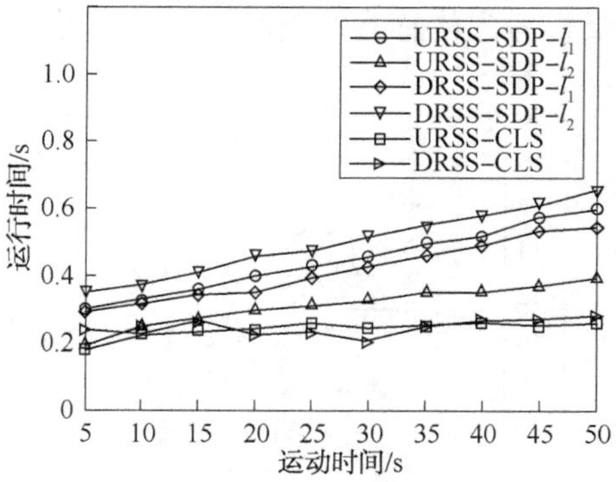

图 5-11　运行时间随接收器运动时间的变化

对于 SDP 方法，计算代价主要依赖于计算所涉及的矩阵维数，它与问题维数相关。在辐射源定位中，问题维数随着时间的延长而增大，而在接收器导航中，维数随着辐射源数量的增多而增大。对于带约束的最小二乘法，计算代价主要依赖于矩阵乘法。虽然带约束的最小二乘法与半正定规划方法的计算代价有相同的影响因素，但是它们随这些因素的变化速度不一样。

5.3 基于凸组合的有偏 RSS 定位方法

5.3.1 辐射源定位的凸组合方法

在第 3 章中，介绍了一种理想模型下基于凸组合的 RSS 定位方法，同样该方法思想也可以应用于有偏量测的 RSS 定位，包括接收器导航和辐射源定位。下面以辐射源定位为例详细介绍该方法，接收器导航的方法可以类似推导。

在辐射源定位中，未知的待估参数向量 $\boldsymbol{\theta}=[\boldsymbol{x}^{\mathrm{T}}, \Delta_1, \cdots, \Delta_N]^{\mathrm{T}}$。使用的量测模型与前文中的一致。同样，若可以得到一个凸包使得 $\boldsymbol{\theta}$ 落入其中，则 $\boldsymbol{\theta}$ 可使用凸包顶点的凸组合来表示，即：

$$\boldsymbol{\theta}=\sum_{i=1}^{m} w_i \boldsymbol{v}_i \tag{5-78}$$

式中，$\boldsymbol{v}_i$ 为凸包的顶点，即虚拟点，$i=1, \cdots, m$；w_i 为凸组合系数，满足 $\sum_{i=1}^{m} w_i=1$，$w_i \geqslant 0$。

首先，可以写出 $\boldsymbol{\theta}$ 的极大似然估计为：

$$\hat{\boldsymbol{\theta}}=\arg\min_{\boldsymbol{\theta}} \sum_{j=1}^{N} \sum_{s=1}^{k} \| \mathrm{P}_{s,j}-\mathrm{f}(\boldsymbol{\theta}, \boldsymbol{y}_{s,j}) \|^2 \tag{5-79}$$

式中，$f(\boldsymbol{\theta}, \boldsymbol{y}_{s,j})=P_0+\boldsymbol{\theta}_{j+3}-10\beta\lg d_i[\boldsymbol{\theta}(1:3), y_{s,j}]/d_0$。将公式(5-78)和公式(5-79)结合，上述极大似然估计问题等价于：

$$\hat{\boldsymbol{w}}=\arg\min_{\boldsymbol{w}} \sum_{j=1}^{N} \sum_{s=1}^{k} \| P_{s,j}-f\left(\sum_{i=1}^{m} w_i \boldsymbol{v}_i, \boldsymbol{y}_{s,j}\right) \|^2 \tag{5-80}$$

式中，$\boldsymbol{w}=[w_1, w_2, \cdots, w_m]$。类似地，存在以下数学定理：

定理 2：假设有一个点集 $\boldsymbol{V}(\rho) \triangleq \{\boldsymbol{v}_1(\rho), \boldsymbol{v}_2(\rho), \cdots, \boldsymbol{v}_m(\rho)\}$ 组成一个凸包，其中当 $\rho \to 0$ 时，$\boldsymbol{v}_i(\rho) \to \boldsymbol{x}$，$i=1, 2, \cdots, m$。令 $r(\rho)$ 为 $\boldsymbol{V}(\rho)$ 的边界球 $B[\boldsymbol{V}(\rho)]$ 的半径，同时 z_∞ 为凸包外的一个点。那么，对于任意有限整数 $m \geqslant 2$ 和所有可能的 θ，以下极限成立：

$$\lim_{\rho \to 0} \frac{\sum_{i=1}^{m} w_i f[\boldsymbol{v}_i(\rho), z_\infty] - f\left[\sum_{i=1}^{m} w_i \boldsymbol{v}_i(\rho), z_\infty\right]}{r(\rho)}=0 \tag{5-81}$$

式中，$f(\cdot)$ 为公式（5－1）所示的有偏差的 RSS 量测函数，$\sum_{i=1}^{m} w_i = 1$，$w_i \in [0, 1]$。

该定理可用数学归纳法进行证明，方法与第3章中的定理1类似。这里不再赘述，仅说明有偏差模型下的不同之处：

$$f[\boldsymbol{v}_1(\rho), z_\infty] = P_0 + \Delta_{v_1}(\rho) - 10\beta \lg \tilde{d}_1 \tag{5-82}$$

$$f[\boldsymbol{v}_2(\rho), z_\infty] = P_0 + \Delta_{v_2}(\rho) - 10\beta \lg \tilde{d}_2 \tag{5-83}$$

$$f[\boldsymbol{v}(\rho), z_\infty] = P_0 + \Delta_{v}(\rho) - 10\beta \lg \tilde{d}_3 \tag{5-84}$$

式中，$\tilde{d}_1 = \sqrt{h_y^2 + h_z^2 + (h_x + \rho R_1)^2}$；$\tilde{d}_2 = \sqrt{h_y^2 + h_z^2 + (h_x - \rho R_2)^2}$；$\tilde{d}_3 = \sqrt{h_y^2 + h_z^2 + [h_x - \rho R_2 + \lambda\rho(R_1 + R_2)]^2}$；$\boldsymbol{v}(\rho) = \lambda \boldsymbol{v}_1(\rho) + (1-\lambda)\boldsymbol{v}_2(\rho)$；$\Delta_v(\rho) = \lambda \Delta_{v_1}(\rho) + (1-\lambda)\Delta_{v_2}(\rho)$。

根据公式(5－81)，当使用的凸包充分小时，有以下近似结果：

$$\sum_{i=1}^{m} w_i f[\boldsymbol{v}_i(\rho), z_\infty] \approx f\left[\sum_{i=1}^{m} w_i \boldsymbol{v}_i(\rho), z_\infty\right] \tag{5-85}$$

因此，得到这样的凸包后，公式(5－80)可以近似为：

$$\hat{\boldsymbol{w}} = \arg\min_{\boldsymbol{w}} \sum_{j=1}^{N} \sum_{s=1}^{k} \left\| P_{s,j} - \sum_{i=1}^{m} w_i f(\boldsymbol{v}_i, \boldsymbol{y}_{s,j}) \right\|^2 \tag{5-86}$$

由上述介绍可以看出，该定位方法的关键也在于虚拟点，下面重点介绍虚拟点(凸包)的构造方法。构造的凸包应该尽可能小，且使得目标点尽可能处于凸包之内。首先，由量测模型构造以下环状区域使得目标以一定概率落入：

$$\boldsymbol{r}_{s,j} = \left\{ \boldsymbol{x} \mid 10^{\frac{\epsilon_{k,j} - \alpha_{k,j}\sigma}{5\beta}} \leqslant \| \boldsymbol{x} - \boldsymbol{y}_{k,j} \|^2 \leqslant 10^{\frac{\epsilon_{k,j} + \alpha_{k,j}\sigma}{5\beta}} \right\} \tag{5-87}$$

式中，$\epsilon_{k,j} = P_0 - P_{k,j} + \Delta_j$；$\alpha_{k,j}$决定该区域的大小，即目标落入的概率。显然，$\alpha_{k,j}$越大，目标落入上述区域的概率就越大。因而，目标最可能处在所有 $r_{s,j}$ 相交的区域内，其中，$s=1$，…，k，$j=1$，…，N，即$\cap_{s=1,j=1}^{s=k,j=N} \boldsymbol{r}_{s,j}$。

对公式(5－87)关于 $\alpha_{k,j}$使用一阶泰勒展开，可以将环状区域近似为：

$$r_{k,j}^0 \gamma_j (1 - c\alpha_{k,j}) \leqslant \| \boldsymbol{x} - \boldsymbol{y}_{k,j} \|^2 \leqslant r_{k,j}^0 \gamma_j (1 + c\alpha_{k,j}) \tag{5-88}$$

式中，$r_{k,j}^0 = 10^{(P_0 - P_{k,j})/(5\beta)}$；$\gamma_j = 10^{\Delta_j/(5\beta)}$；$c = \ln 10\sigma/(5\beta)$。上式也等价于：

$$r_{k,j}^0 (\gamma_j - c\tilde{\alpha}_{k,j}) \leqslant \| \boldsymbol{x} - \boldsymbol{y}_{k,j} \|^2 \leqslant r_{k,j}^0 (\gamma_j + c\tilde{\alpha}_{k,j}) \tag{5-89}$$

式中，$\tilde{\alpha}_{k,j} = \gamma_j \alpha_{k,j}$。由前文所述可知，所有 $r_{s,j}$ 相交产生的凸包越小越好，为此，建立以下二次约束二次规划问题：

$$\arg\min_{x,\ z,\ \gamma_j,\ \alpha_{i,\ j}} \sum_{j=1}^{N}\sum_{i=1}^{k} \tilde{\alpha}_{i,\ j}$$
$$\text{s.t. } z - 2\boldsymbol{y}_{i,\ j}^{\mathrm{T}}\boldsymbol{x} + \boldsymbol{y}_{i,\ j}^{\mathrm{T}}\boldsymbol{y}_{i,\ j} \geqslant r_{i,\ j}^{0}\gamma_j - cr_{i,\ j}^{0}\tilde{\alpha}_{i,\ j} \tag{5-90}$$
$$z - 2\boldsymbol{y}_{i,\ j}^{\mathrm{T}}\boldsymbol{x} + \boldsymbol{y}_{i,\ j}^{\mathrm{T}}\boldsymbol{y}_{i,\ j} \leqslant r_{i,\ j}^{0}\gamma_j + cr_{i,\ j}^{0}\tilde{\alpha}_{i,\ j}$$
$$z \geqslant (\boldsymbol{x})^{\mathrm{T}}\boldsymbol{x}$$

由于$\tilde{\alpha}_{k,j}$决定了每一个环状区域的宽度，从而上述优化问题的目标函数可以保证相交区域尽可能小。而约束条件保证所有环状区域交集的存在。此外，约束条件 $z=(\boldsymbol{x})^{\mathrm{T}}\boldsymbol{x}$ 松弛为 $z\geqslant(\boldsymbol{x})^{\mathrm{T}}\boldsymbol{x}$，成为凸约束条件。

将公式(5-90)的解记为 $\boldsymbol{\theta}^o$，可知 $\boldsymbol{\theta}^o$ 为一个点，并非凸包，但是可以看作所有子区域相交产生的一个特殊集合。因此，为了得到一个凸包，可以在 $\boldsymbol{\theta}^o$ 的基础上扩张，产生一高维立方体，即 $\mathbb{V}=[\theta_1^o+\delta_1,\ \theta_1^o-\delta_1,\ \cdots,\ \theta_{3+N}^o+\delta_{3+N},\ \theta_{3+N}^o-\delta_{3+N}]$，其中 δ_j 表征了凸包的大小。该构造方法的合理性在于 $\boldsymbol{\theta}$ 理论上以很大概率处于所有环状区域交集 $\boldsymbol{\theta}^o$ 的附近。从而，$\mathbb{V}$ 的顶点作为虚拟点。显然，产生的虚拟点个数为 2^{3+N}。

在得到虚拟点的基础上，实现定位还需有凸组合系数。此时，可将公式(5-86)转为以下等价的带约束最小二乘问题：

$$\hat{\boldsymbol{w}} = \arg\min_{\boldsymbol{w}} \sum_{j=1}^{N}\sum_{s=1}^{k} \| P_{s,\ j} - (\boldsymbol{\Phi w})_{s\times j} \|^2 \tag{5-91}$$
$$\text{s.t. } \|\boldsymbol{w}\|_1 = 1,\ \boldsymbol{w} \geqslant \boldsymbol{0}$$

式中，$\boldsymbol{\Phi}_{s\times j,i}=f(\boldsymbol{v}_i,\ \boldsymbol{x}_{s,j})$；$\boldsymbol{w}=[w_1,\ \cdots,\ w_{2^{3+N}}]^{\mathrm{T}}$。上述问题为凸优化问题，因此，凸组合系数容易求得。

在所得虚拟点和凸组合系数的基础上，未知参数向量 $\boldsymbol{\theta}$ 可由凸组合进行估计，即目标位置的估计为：

$$\hat{\boldsymbol{x}}=\boldsymbol{V}(1:3,\ :)\hat{\boldsymbol{w}} \tag{5-92}$$

传感器的偏差估计为：

$$\hat{\Delta}_j=\boldsymbol{V}(3+j,\ :)\hat{\boldsymbol{w}} \tag{5-93}$$

式中，$\boldsymbol{V}=[\boldsymbol{v}_1,\ \boldsymbol{v}_2,\ \cdots,\ \boldsymbol{v}_{2^{3+N}}]$。

基于凸组合的有偏 RSS 定位方法计算步骤可以归纳如下(图 5-12)。

步骤 1：使用有偏 RSS 量测 $\boldsymbol{P}=\{P_{s,j}\}_{s=1,j=1}^{s=k,j=N}$和锚节点位置$\{\boldsymbol{a}_{s,j}\}_{s=1,j=1}^{s=k,j=N}$，建立一个二次约束二次规划问题，在该问题解的基础上进行扩张得到凸包和虚拟点 $\boldsymbol{V}$。

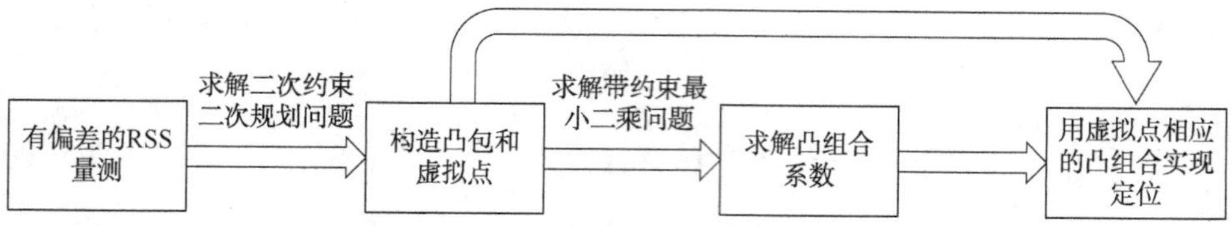

图 5-12　基于凸组合的有偏 RSS 定位方法步骤

步骤 2：在所得虚拟点 $\boldsymbol{V}$ 的基础上求解关于组合系数的凸问题，得到组合系数 $\hat{\boldsymbol{w}}$。

步骤 3：利用虚拟点 $\boldsymbol{V}$ 和组合系数 $\hat{\boldsymbol{w}}$，将目标定位的结果表示为虚拟点的凸组合，即 $\hat{\boldsymbol{x}}=\boldsymbol{V}\hat{\boldsymbol{w}}$。

5.3.2　仿真实验

本小节对基于凸组合的有偏 RSS 定位方法性能进行仿真实验，以辐射源定位和接收器导航两个定位问题为例分别进行说明。将该方法与前文介绍的半正定规划方法进行比较，包括 URSS-SDP-l_1（简记为 URSS-SDP）和 DRSS-SDP-l_2（简记为 DRSS-SDP）。将 RSS 量测模型参数设置为 $\beta=3$ 和 $P_0=-40$dB。未加特殊说明，将凸组合方法中的凸包大小 δ_n 设置为 0.5。所有的实验结果均为 300 次蒙特卡罗试验的平均值。

5.3.2.1　辐射源定位

考虑与图 5-5(a)一样的定位场景，即使用移动的三个接收器对一个静止的辐射源进行定位，其真实未知位置 $\boldsymbol{x}=[5,\ 5,\ 5]^{\mathrm{T}}$，三个接收器的传感器偏差真值分别为 $\Delta_1=5$dB，$\Delta_2=7$dB，$\Delta_3=3$dB。图 5-13 和图 5-14 展示了各定位方法的均方误差随时间的变化情况，其中量测噪声的标准差 σ 固定为 2dB。可以看出，所有方法定位的均方误差随着时间的延长而减小，这是因为可利用的 RSS 量测越来越多。在估计辐射源位置中，凸组合方法的性能优于其他方法，特别是明显优于 DRSS-SDP 方法。在估计传感器偏差时，以传感器 3 为例，凸组合方法也在很多情况下表现出更好的性能。

图 5-15 和图 5-16 展示了各定位方法的均方误差随噪声标准差的变化情况，其中接收器的运动时间固定为第 7 时刻。可以看出，随着噪声水平的升高，所有方法的均方误差也随之增大。然而，不论是在位置估计还是在偏差估计中，凸组合方法明显均具有最好的精度，而且在有些情况下，它的均方误差甚至比 CR 下界更低（例如图 5-16 中，当噪声标准差为 5~9dB 时）。由 CR 下界是无偏估计的误差下界可知，凸组合方法是有偏差的。

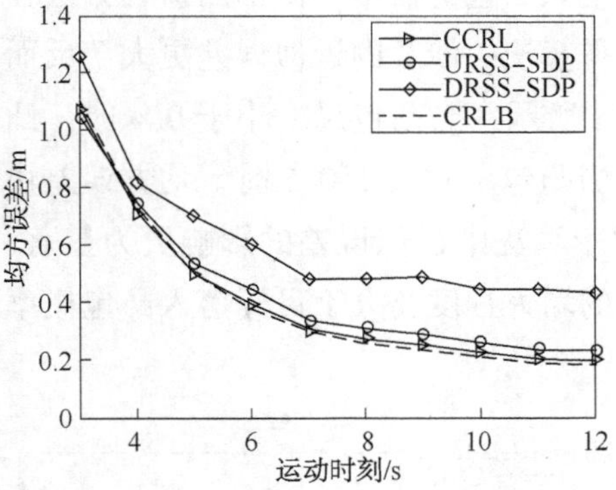

图 5-13　位置估计 RMSE 随时间变化情况

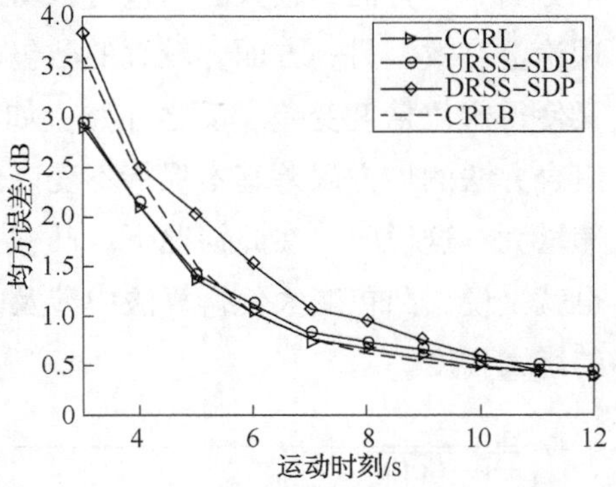

图 5-14　传感器偏差估计 RMSE 随时间变化情况

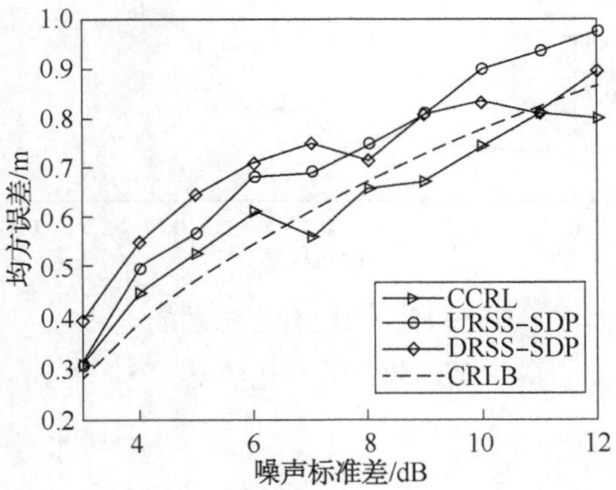

图 5-15　位置估计 RMSE 随噪声水平的变化情况

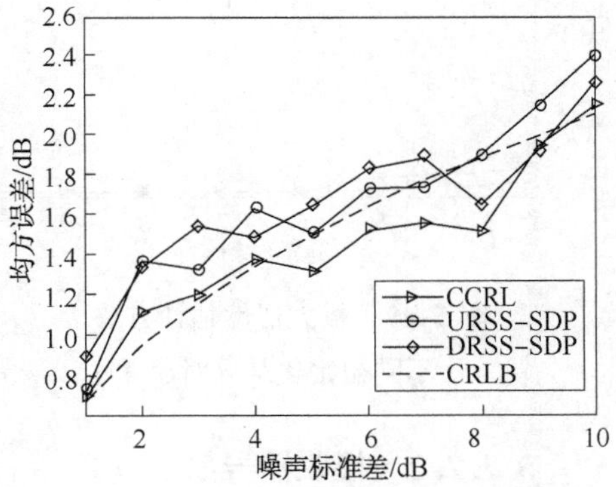

图 5-16　传感器偏差估计 RMSE 随噪声水平的变化情况

如前文所述，极大似然估计方法为非凸的，其解严重依赖于初始化。图 5-17 展示了极大似然估计方法在不同初始化下的定位结果，其中 ML-RAND 方法和 ML-CCRL 方法分别表示采用了随机值和凸组合方法的结果作为初始值。可以看出，极大似然估计方法在随机初始化情况下，定位性能很不理想。然而，采用凸组合方法的结果作为初始值后，定位性能明显得到提升。这说明合适的初始化对于极大似然估计方法是极为重要的。此外，在某些情况下，例如时刻 3 到时刻 6，凸组合方法也表现出比 ML-CCRL 更好的估计性能。这表明，在某些情况下，如果已经通过凸组合方法得到了较满意的定位结果，则不必再使用该结果对极大似然估计进行初始化以期待达到更好的性能。

对于凸组合方法，凸包大小对于定位结果有重要的影响，且影响可以分为两个方面。一方面，较大的凸包可以增加目标落入凸包的概率，使得凸组合方法在理论上有效。另一方面，较大的凸包也会使得算法中涉及的近似误差更大，反而又使得定位精度变差。反之亦然。如图 5-18 所示，当凸包尺寸小于 0.4 时，凸组合方法的均方误差基本保持不变。然而，当凸包尺寸大于 0.5 时，均方误差快速增大。这说明，在此情况下，凸包尺寸对于算法中近似误差的影响更为显著，也就是说，凸包变大使得算法中涉及的误差的增大程度要大于目标落入凸包概率的增大程度。

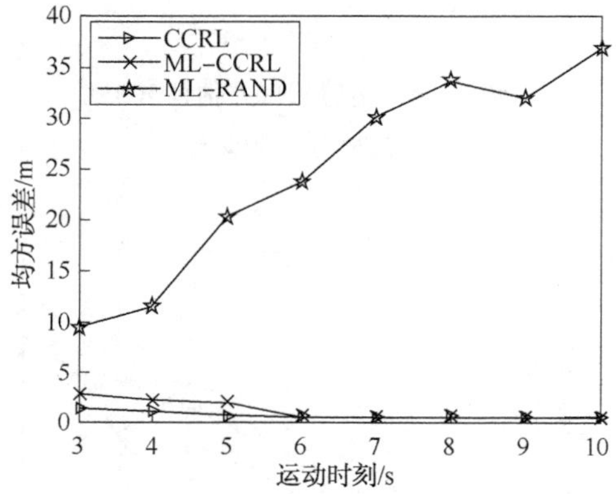

图 5-17　极大似然估计方法不同初始化结果对比

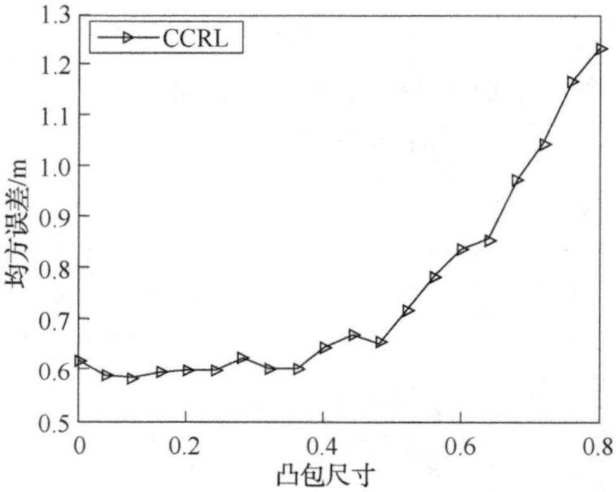

图 5-18　凸组合方法性能随凸包尺寸变化情况

5.3.2.2　接收器导航

对于接收器导航，考虑图 5-3(a)中的场景，其中 16 个辐射源分布在一个立方体的边界上并具有固定已知的位置。一个接收器在立方体内做圆周运动，在每个时刻采集来自不同辐射源的实时数据进行定位。图 5-19 和图 5-20 分别展示了接收器位置估计和传感器偏差估计的均方误差随时间变化的情况，其中将噪声标准差和传感器真实的偏差分别设置为$\sqrt{2}$dB 和 3dB。如图 5-19 和图 5-20 所示，在所有情况下，凸组合方法的性能均优于 URSS-SDP 和 DRSS-SDP 方法，且在有些情况下与 CR 下界比较接近。图 5-21 和图 5-22 展示了接收器导航中均方误差随噪声标准差的变化情况，其中接收器运动时刻固定为 7，σ 的变化范围为 1~10dB。与图 5-15、图 5-16 中的结果类似，所有方法的均方误差随着噪声水平的增大而增大。在估计接收器位置上，凸组合方法表现出最好的估计精度，而在估计传感器偏差上，凸组合方法与 DRSS-SDP 以及 CR 下界接近，URSS-SDP 方法的性能则不如其他方法。

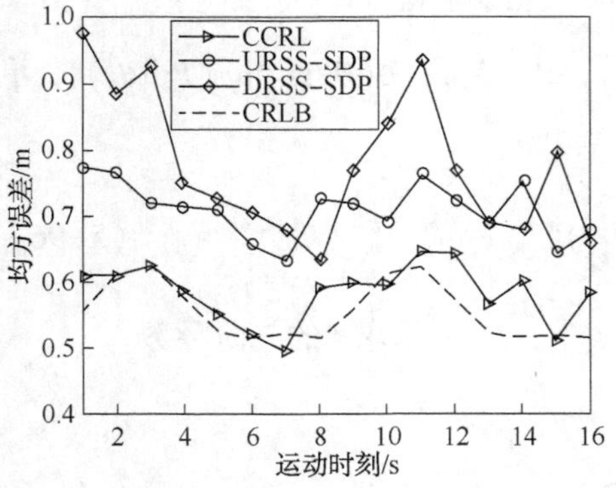

图 5-19　位置估计 RMSE
随运动时间变化情况

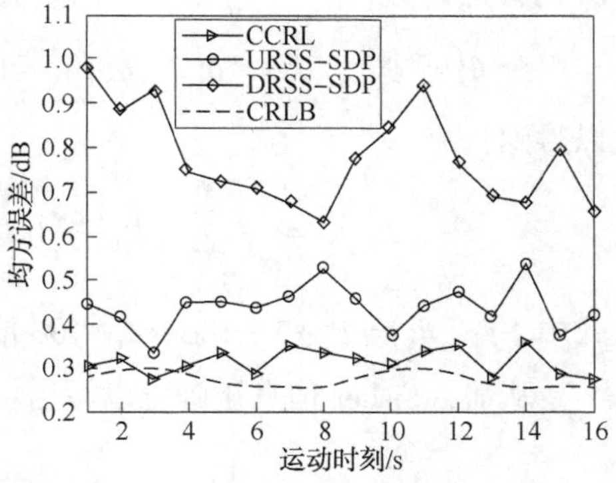

图 5-20　传感器偏差估计 RMSE
随运动时间变化情况

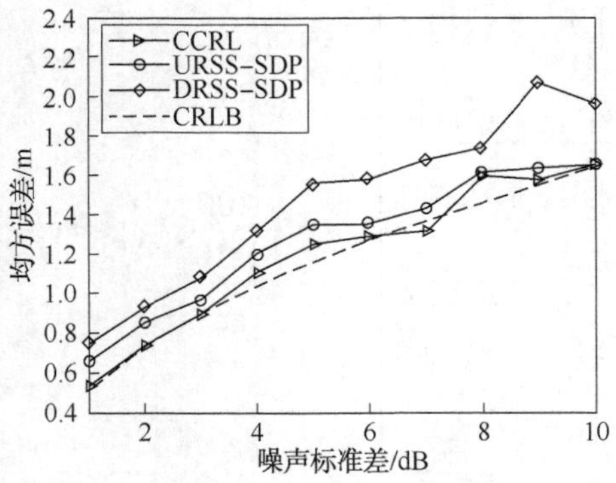

图 5-21　位置估计 RMSE
随噪声水平变化情况

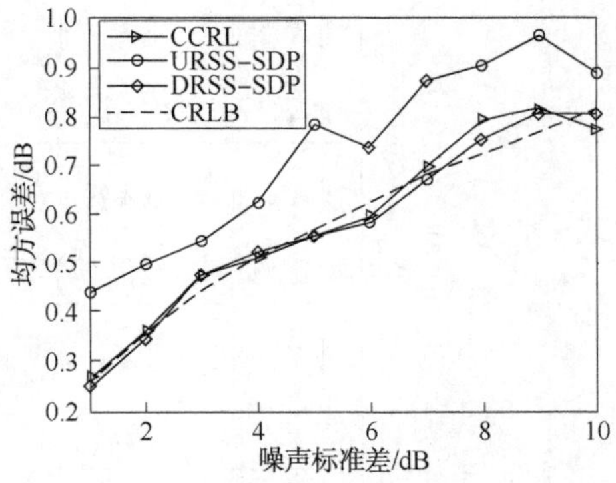

图 5-22　传感器偏差估计 RMSE
随噪声水平变化情况

5.4　CR 下界

这里给出有偏差 RSS 定位的 CR 下界。首先考虑接收器导航问题。对于任意的无偏差估计，它的 CR 下界由下式给出：

$$E[(\hat{\boldsymbol{\theta}}_k^j-\boldsymbol{\theta}_k^j)(\hat{\boldsymbol{\theta}}_k^j-\boldsymbol{\theta}_k^j)^{\mathrm{T}}]\geqslant(\boldsymbol{Q}_k^j)^{-1} \tag{5-94}$$

式中，$\boldsymbol{\theta}_k^j$ 为接收器 j 在时刻 k 的待估量；$\boldsymbol{Q}_k^j$ 为 Fisher 信息矩阵，定义如下：

$$[\boldsymbol{Q}_k^j]_{m,n}=-E\left\{\frac{\partial^2\ln p(\boldsymbol{P}_k^j\mid\boldsymbol{\theta}_k^j)}{\partial[\boldsymbol{\theta}_k^j]_m\partial[\boldsymbol{\theta}_k^j]_n}\right\}\Bigg|_{\boldsymbol{\theta}_k^j=\boldsymbol{\theta}_k^{j0}} \tag{5-95}$$

式中，$\boldsymbol{\theta}_k^{j0}$ 为真值；$\boldsymbol{P}_k^j$ 为接收器 j 在时刻 k 的量测；$P(\boldsymbol{P}_k^j\mid\boldsymbol{\theta}_k^j)$ 为给定量测 $\boldsymbol{P}_k^j$ 时

$\boldsymbol{\theta}_k^j$ 的似然函数；$\partial[\cdot]_m$ 表示对向量关于第 m 个元素求偏导。

令 $\boldsymbol{\theta}_k^j=[\theta_{k,1}^j, \theta_{k,2}^j, \theta_{k,3}^j, \theta_{k,4}^j]^{\mathrm{T}}=[x_k^j, y_k^j, z_k^j, \Delta_j]$，$L(\boldsymbol{\theta}_k^j)=\ln p(\boldsymbol{P}_k^j|\boldsymbol{\theta}_k^j)$，可以得到：

$$L_{\theta_{k,m}^j\theta_{k,n}^j}=\frac{1}{\sigma^2}\sum_{i=1}^{N_s}[P_k^{i,j}-f_k^{i,j}(\boldsymbol{\theta}_k^j)](f_k^{i,j})''_{\theta_{k,m}^j\theta_{k,n}^j}-(f_k^{i,j})''_{\theta_{k,m}^j}(f_k^{i,j})''_{\theta_{k,n}^j} \tag{5-96}$$

式中，$f_k^{i,j}(\boldsymbol{\theta}_k^j)=P_0^i+\Delta_j-10\beta\lg d_0+10\beta\lg\|\boldsymbol{x}^i-\boldsymbol{y}_k^j\|$；$f''$ 表示求 f 的二阶导数。

从而，Fisher 信息矩阵可以写为：

$$\boldsymbol{Q}_k^j(\boldsymbol{\theta}_k^j)=\sum_{i=1}^{N_s}\boldsymbol{Q}_k^{i,j} \tag{5-97}$$

式中，$\boldsymbol{Q}_k^{i,j}=\frac{1}{\sigma^2}\begin{bmatrix}\frac{t^2(\tilde{u}_k^{i,j})^2}{\|\tilde{\boldsymbol{\chi}}_k^{i,j}\|^4} & \frac{t^2\tilde{u}_k^{i,j}\tilde{v}_k^{i,j}}{\|\tilde{\boldsymbol{\chi}}_k^{i,j}\|^4} & \frac{t^2\tilde{u}_k^{i,j}\tilde{w}_k^{i,j}}{\|\tilde{\boldsymbol{\chi}}_k^{i,j}\|^4} & \frac{t\tilde{u}_k^{i,j}}{\|\tilde{\boldsymbol{\chi}}_k^{i,j}\|^2} \\ \frac{t^2\tilde{u}_k^{i,j}\tilde{v}_k}{\|\tilde{\boldsymbol{\chi}}_k^{i,j}\|^4} & \frac{t^2(\tilde{v}_k^{i,j})^2}{\|\tilde{\boldsymbol{\chi}}_k^{i,j}\|^4} & \frac{t^2\tilde{v}_k^{i,j}\tilde{w}_k^{i,j}}{\|\tilde{\boldsymbol{\chi}}_k^{i,j}\|^4} & \frac{t\tilde{v}_k^{i,j}}{\|\tilde{\boldsymbol{\chi}}_k^{i,j}\|^2} \\ \frac{t^2\tilde{u}_k^{i,j}\tilde{w}_k^{i,j}}{\|\tilde{\boldsymbol{\chi}}_k^{i,j}\|^4} & \frac{t^2\tilde{v}_k^{i,j}\tilde{w}_k^{i,j}}{\|\tilde{\boldsymbol{\chi}}_k^{i,j}\|^4} & \frac{t^2(\tilde{w}_k^{i,j})^2}{\|\tilde{\boldsymbol{\chi}}_k^{i,j}\|^4} & \frac{t\tilde{w}_k^{i,j}}{\|\tilde{\boldsymbol{\chi}}_k^{i,j}\|^2} \\ \frac{t\tilde{u}_k^{i,j}}{\|\tilde{\boldsymbol{\chi}}_k^{i,j}\|^2} & \frac{t\tilde{v}_{k,i}}{\|\tilde{\boldsymbol{\chi}}_{k,i}\|^2} & \frac{t\tilde{w}_k^{i,j}}{\|\tilde{\boldsymbol{\chi}}_k^{i,j}\|^2} & 1\end{bmatrix}$，$t=-\frac{10\beta}{\ln 10}$，$\tilde{\boldsymbol{\chi}}_k^{i,j}=\boldsymbol{y}_k^j-\boldsymbol{x}^i$，$\tilde{u}_k^{i,j}=x_k^j-x^i$，$\tilde{v}_k^{i,j}=y_k^j-y^i$，$\tilde{w}_k^{i,j}=z_k^j-z^i$。

因而，对于接收器导航问题，位置无偏估计的 CR 下界为：

$$E(\hat{x}_k^j-x_k^j)^2+E(\hat{y}_k^j-y_k^j)^2+E(\hat{z}_k^j-z_k^j)^2\geqslant[(\boldsymbol{Q}_k^j)^{-1}]_{1,1}+[(\boldsymbol{Q}_k^j)^{-1}]_{2,2}+[(\boldsymbol{Q}_k^j)^{-1}]_{3,3} \tag{5-98}$$

传感器偏差无偏估计的 CR 下界为：

$$E(\hat{\Delta}_{\mathrm{j}}-\Delta_{\mathrm{j}})^2\geqslant[(\boldsymbol{Q}_k^j)^{-1}]_{4,4} \tag{5-99}$$

接着考虑辐射源定位问题的 CR 下界。同接收器导航类似，Fisher 信息矩阵可以写为：

$$\boldsymbol{J}(\boldsymbol{\theta})=\sum_{s=1}^{k}\boldsymbol{J}_s \tag{5-100}$$

式中，$J_s=\frac{1}{\sigma^2}\begin{bmatrix} R^s & S^s \\ T^s & V^s \end{bmatrix}$，$R^s=\sum_{j=1}^{N_r} t^2 \begin{bmatrix} \frac{(\tilde{x}_s^j)^2}{\|\tilde{\boldsymbol{x}}_s^j\|^4} & \frac{\tilde{x}_s^j\tilde{y}_s^j}{\|\tilde{\boldsymbol{x}}_s^j\|^4} & \frac{\tilde{x}_s^j\tilde{z}_s^j}{\|\tilde{\boldsymbol{x}}_s^j\|^4} \\ \frac{\tilde{x}_s^j\tilde{y}_s^j}{\|\tilde{\boldsymbol{x}}_s^j\|^4} & \frac{(\tilde{y}_s^j)^2}{\|\tilde{\boldsymbol{x}}_s^j\|^4} & \frac{\tilde{y}_s^j\tilde{z}_s^j}{\|\tilde{\boldsymbol{x}}_s^j\|^4} \\ \frac{\tilde{x}_s^j\tilde{z}_s^j}{\|\tilde{\boldsymbol{x}}_s^j\|^4} & \frac{\tilde{y}_s^j\tilde{z}_s^j}{\|\tilde{\boldsymbol{x}}_s^j\|^4} & \frac{(\tilde{z}_s^j)^2}{\|\tilde{\boldsymbol{x}}_s^j\|^4} \end{bmatrix}$，$t=-10\beta/\ln 10$，

$$S^s=t\begin{bmatrix} \frac{\tilde{x}_s^1}{\|\tilde{\boldsymbol{x}}_s^1\|^2} & \cdots & \frac{\tilde{x}_s^{N_r}}{\|\tilde{\boldsymbol{x}}_s^{N_r}\|^2} \\ \frac{\tilde{y}_s^1}{\|\tilde{\boldsymbol{x}}_s^1\|^2} & \cdots & \frac{\tilde{y}_s^{N_r}}{\|\tilde{\boldsymbol{x}}_s^{N_r}\|^2} \\ \frac{\tilde{z}_s^1}{\|\tilde{\boldsymbol{x}}_s^1\|^2} & \cdots & \frac{\tilde{z}_s^{N_r}}{\|\tilde{\boldsymbol{x}}_s^{N_r}\|^2} \end{bmatrix}_{3\times N_r},\quad T^s=t\begin{bmatrix} \frac{\tilde{x}_s^1}{\|\tilde{\boldsymbol{x}}_s^1\|^2} & \frac{\tilde{y}_s^1}{\|\tilde{\boldsymbol{x}}_s^1\|^2} & \frac{\tilde{z}_s^1}{\|\tilde{\boldsymbol{x}}_s^1\|^2} \\ \vdots & \vdots & \vdots \\ \frac{\tilde{x}_s^{N_r}}{\|\tilde{\boldsymbol{x}}_s^{N_r}\|^2} & \frac{\tilde{y}_s^{N_r}}{\|\tilde{\boldsymbol{x}}_s^{N_r}\|^2} & \frac{\tilde{z}_s^{N_r}}{\|\tilde{\boldsymbol{x}}_s^{N_r}\|^2} \end{bmatrix}_{N_r\times 3},\quad V^s=I_{N_r\times N_r},$$

$\tilde{x}_s^j=x-x_s^j$，$\tilde{y}_s^j=y-y_s^j$，$\tilde{z}_s^j=z-z_s^j$。

从而，对于辐射源定位，位置无偏估计的 CR 下界为：

$$E(\hat{x}-x)^2+E(\hat{y}-y)^2+E(\hat{z}-z)^2\geqslant[J^{-1}]_{1,1}+[J^{-1}]_{2,2}+[J^{-1}]_{3,3} \tag{5-101}$$

传感器偏差无偏估计的 CR 下界为：

$$E(\hat{\Delta}_j-\Delta_j)^2\geqslant[J^{-1}]_{3+j,3+j} \tag{5-102}$$

参 考 文 献

[1] Karniely H, Siegelmann H T. Sensor registration using neural networks[J]. IEEE Transactions on Aerospace and Electronic Systems, 2000, 36(1): 85-101.

[2] Wang Q, Duan Z, Li X R. Three-dimensional location estimation using biased RSS measurements[J]. IEEE Transactions on Aerospace and Electronic Systems, 2020, 56(6): 4673-4688.

[3] Wang Q, Duan Z, Li X R. Emission source localization and sensor registration using RSS measurements[C]//Proceedings of the 2017 20th International Conference on Information Fusion (Fusion). Piscataway, NJ: IEEE, 2017: 1-8.

[4] Mazuelas S, Bahillo A, Lorenzo R M, et al. Robust indoor positioning provided by real-time RSSI values in unmodified WLAN networks[J]. IEEE Journal of Selected Topics in Signal Processing, 2009, 3(5): 821-831.

[5] Biswas P, Liang T C, Toh K C, et al. Semidefinite programming approaches for sensor network localization with noisy distance measurements[J]. IEEE Transactions on Automation Science and Engineering, 2006, 3(4): 360-371.

[6] Kello N N, Challa S. Joint sensor registration and track-to-track fusion for distributed trackers [J]. IEEE Transactions on Aerospace and Electronic Systems, 2004, 40(3): 808-823.

[7] Huang D L, Henry L, Eloi B. A pseudo-measurement approach to simultaneous registration and track fusion[J]. IEEE Transactions on Aerospace and Electronic Systems, 2012, 48(3): 2315-2331.

[8] Li Z H, Chen S Y, Henry L, et al. Joint data association, registration, and fusion using EM-KF[J]. IEEE Transactions on Aerospace and Electronic Systems, 2010, 46(2): 496-507.

[9] Taghavi E, Tharmarasa R, Kirubarajan T, et al. A practical bias estimation algorithm for multisensor-multitarget tracking[J]. IEEE Transactions on Aerospace and Electronic Systems, 2016, 52(1): 2-19.

[10] Li X R, Zhao Z. Evaluation of estimation algorithms part I: incomprehensive measures of performance[J]. IEEE Transactions on Aerospace and Electronic Systems, 2006, 42(4): 1340-1358.

[11] Vaghefi R M, Gholami M R, Buechrer R M, et al. Cooperative received signal strength-based sensor localization with unknown transmit powers[J]. IEEE Transactions on Signal Processing, 2013, 61(6): 1389-1403.

[12] Lui K W K, Chan F K W, So H C. Semidefinite programming approach for range-difference based source localization [J]. IEEE Transactions on Signal Processing, 2009, 57(4): 1630-1633.

6 联合量测的RSS定位

在无线定位中，除了RSS量测，常用的无线信号量测还包括AOA、TOA等。这些量测用于定位也具有自己的一些特点和优点。例如，AOA量测获取得比较容易，能提供有关目标的角度信息，所涉及的系统结构比较简单。在无线定位中，将RSS量测和其他类型量测结合起来使用，可以兼具多种不同类型量测的定位优点，实现信息互补，实现更好的定位性能。在现有的研究工作中，RSS量测通常和AOA、TOA量测结合使用，形成联合的RSS-AOA定位和联合的RSS-TOA定位方法。本章以联合的RSS-AOA定位为例，介绍几种典型的联合定位方法。

6.1 半正定规划方法

考虑由 n 个锚节点组成的无线传感器网络，各锚节点位置 $\boldsymbol{a}_j=[x_j,\ y_j]^{\mathrm{T}}$，$j\in\mathbb{K}=\{1,\ 2,\ \cdots,\ n\}$，待估的目标点位置 $\boldsymbol{x}=[x,\ y]^{\mathrm{T}}$。假设可以同时获取每个锚节点与目标点之间的AOA量测和RSS量测。从而，联合定位的量测模型可以写为：

$$
\begin{aligned}
z_j^a &= \tan^{-1}\left(\frac{y-y_j}{x-x_j}\right)+v_j, \\
z_j^r &= P_0-10\beta\lg\frac{d_j(\boldsymbol{x},\ \boldsymbol{a}_j)}{d_0}+n_j
\end{aligned}
\tag{6-1}
$$

式中，z_j^a 为第 j 个锚节点的AOA量测，rad；z_j^r 为第 j 个锚节点的RSS量测，dB。

其余变量的定义与前文中的一致。此外，假设 v_j 和 n_j 都是独立同分布的零均值高斯噪声，v_j 和 n_j 相互独立，方差分别为 σ_a^2 和 σ_r^2。联合的RSS-AOA定位使用量测 $\mathbf{Z}=\{z_j^a,\ z_j^r\}_{j=1}^n$ 来估计 $\boldsymbol{x}$。

给定联合量测 $\mathbf{Z}=\{z_j^a,\ z_j^r\}_{j=1}^n$，根据量测模型(6-1)可以写出 $\boldsymbol{x}$ 的似然函数：

$$p(\boldsymbol{Z}\mid\boldsymbol{x})=\prod_{j=1}^{n}\frac{1}{\sqrt{2\pi}\sigma_r}\mathrm{e}^{\frac{-\left(z_j^r-P_0+10\beta\lg\frac{d_j}{d_0}\right)^2}{2\sigma_r^2}}\times \prod_{j=1}^{n}\frac{1}{\sqrt{2\pi}\sigma_a}\mathrm{e}^{\frac{-\left[z_j^a-\tan^{-1}\left(\frac{y_s-y_j}{x_s-x_j}\right)\right]^2}{2\sigma_a^2}} \tag{6-2}$$

进而可以得到 $\boldsymbol{x}$ 的极大似然估计为：

$$\hat{\boldsymbol{x}}=\arg\min_{\boldsymbol{x}}\sum_{j=1}^{n}\left\{\frac{1}{\sigma_r^2}\left[z_j^r-P_0+10\beta\lg\frac{d_j(\boldsymbol{x},\ \boldsymbol{a}_j)}{d_0}\right]^2+\frac{1}{\sigma_a^2}\left[z_j^a-\tan^{-1}\left(\frac{y-y_j}{x-x_j}\right)\right]^2\right\} \tag{6-3}$$

显然，极大似然估计描述的优化问题是非凸的，因而难以得到全局最优解。优化公式(6-3)的代价函数包括两部分，分别对应于 RSS 量测和 AOA 量测。

首先介绍 RSS 部分的优化。

将 RSS 量测方程变形得到：

$$\lg[(d_j/d_0)^2\,10^{(z_j^r-P_0)/(5\beta)}]=n_j/(5\beta) \tag{6-4}$$

令 $d_0=1$，有：

$$10^{(z_j^r-P_0)/(5\beta)}d_j^2=10^{n_j/(5\beta)} \tag{6-5}$$

对公式(6-5)关于 n_j 作一阶泰勒展开，得到：

$$10^{(z_j^r-P_0)/(5\beta)}d_j^2=1+\ln 10 n_j/(5\beta) \tag{6-6}$$

从而，联合定位中的 RSS 代价函数可以近似为：

$$w_2\sum_{j=1}^{n}(\lambda_j d_j^2-1)^2 \tag{6-7}$$

式中，$\lambda_j=10^{(z_j^r-P_0)/(5\beta)}$；$d_j=\|\boldsymbol{x}-\boldsymbol{a}_j\|_2$；$w_2=25\beta^2/[(\ln 10)^2\sigma_r^2]$。

极小化公式(6-7)等价于以下优化问题：

$$\begin{gathered}\arg\min_{\boldsymbol{x},\ s_j}\sum_{j=1}^{n}s_j\\ \text{s.t.}\ (\lambda_j d_j^2-1)^2\leqslant s_j\end{gathered} \tag{6-8}$$

下面介绍 AOA 代价函数部分的优化。

当 AOA 噪声 $v_j=\Delta\theta_j$ 且较小时，可以使用近似式 $\Delta\theta_j\approx\sin\Delta\theta_j$。所以，公式(6-3)中的 AOA 部分可以近似为：

$$\hat{\boldsymbol{x}}=\arg\min_{\boldsymbol{x}}\sum_{j=1}^{n}(\sin\Delta\theta_j)^2 \tag{6-9}$$

式中，$\sin\Delta\theta_j = h_j/d_j$，$d_j = \sqrt{(x-x_j)^2+(y-y_j)^2}$，$h_j = |k_jx-y+y_j-k_jx_j|/\sqrt{1+k_j^2}$，$k_j = \tan\tilde{\theta}_j = \tan z_j^a$ 是量测线的斜率(图 6-1)。

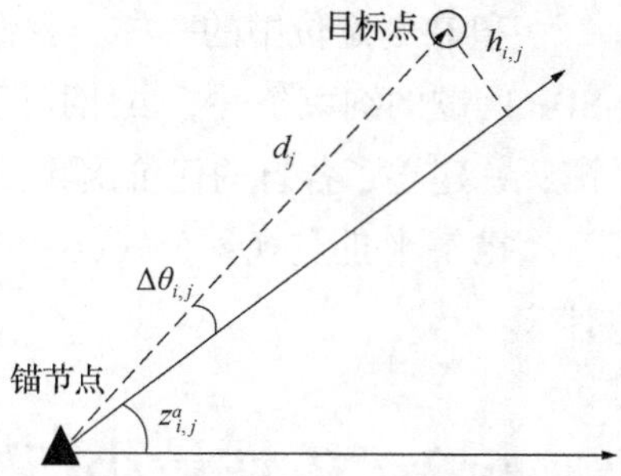

图 6-1　锚节点采集 AOA 量测的几何示意图

从而，公式(6-9)等价于：

$$\begin{aligned}&\arg\min_{x,\ t_j}\sum_{j=1}^{n}t_j\\&\text{s. t.}\ (\sin\Delta\theta_j)^2\leqslant t_j\end{aligned}\tag{6-10}$$

即：

$$\begin{aligned}&\arg\min_{x,\ t_j}\sum_{j=1}^{n}t_j\\&\text{s. t.}\ \frac{(k_jx-y+y_j-k_jx_j)^2}{(1+k_j^2)[(x-x_j)^2+(y-y_j)^2]}\leqslant t_j\end{aligned}\tag{6-11}$$

结合公式(6-8)和公式(6-11)，联合 RSS-AOA 定位的优化公式(6-3)就可以转化为：

$$\begin{aligned}&\arg\min_{x,\ y,\ q_j,\ t_j,\ s_j}\sum_{j=1}^{n}(w_1t_j+w_2s_j)\\&\text{s. t.}\ (\sin\Delta\theta_j)^2\leqslant t_j\\&(\lambda_jd_j^2-1)^2\leqslant s_j\end{aligned}\tag{6-12}$$

式中，$w_1=1/\sigma_a^2$，w_2 如前文所示，二者分别为 AOA 量测和 RSS 量测代价函数的加权系数。

公式(6-12)可以进一步转化为以下半正定规划问题：

$$\begin{aligned}&\arg\min_{x,\ y,\ q_j,\ t_j,\ s_j}\sum_{j=1}^{n}(w_1t_j+w_2s_j)\\&\text{s. t.}\begin{bmatrix}s_j&\lambda_jq_j-1\\\lambda_jq_j-1&1\end{bmatrix}\geqslant\mathbf{0}_2\\&\begin{bmatrix}t_j&\dfrac{k_jx-y+y_j-k_jx_j}{\sqrt{1+k_j^2}}\\\dfrac{k_jx-y+y_j-k_jx_j}{\sqrt{1+k_j^2}}&q_j\end{bmatrix}\geqslant\mathbf{0}_2\\&\begin{bmatrix}z&\boldsymbol{x}^{\mathrm{T}}\\\boldsymbol{x}&\boldsymbol{I}_2\end{bmatrix}\geqslant\mathbf{0}_3\\&q_j=z-2(\boldsymbol{a}_j)^{\mathrm{T}}\boldsymbol{x}+(\boldsymbol{a}_j)^{\mathrm{T}}\boldsymbol{a}_j\end{aligned}\tag{6-13}$$

和 RSS 定位中的一样，我们使用辅助变量 $z=\boldsymbol{x}^{\mathrm{T}}\boldsymbol{x}$，并松弛为 $z\geqslant\boldsymbol{x}^{\mathrm{T}}\boldsymbol{x}$，以满足 SDP 问题的约束条件。虽然我们在介绍联合定位时分开阐述了 AOA 量测和 RSS 量测，并建立了各自的代价函数，但是二者通过相同的距离约束变量 q_j 紧密相连。

求解半正定规划公式(6-13)，就可以得到联合 RSS-AOA 定位的目标位置估计 $\hat{\boldsymbol{x}}$。

6.2 线性最小二乘方法

首先，对联合量测模型[公式(6-1)]中的 RSS 量测方程进行变形，得到：

$$z_i=\gamma\alpha\ln d_i+\omega_i \tag{6-14}$$

式中，$\gamma=10/\ln 10$；$z_i=P_0-z_i^r$。由公式(6-14)可以得出以下带噪声的距离等式：

$$\hat{d}_i=d_i\mathrm{e}^{\frac{\omega_i}{\gamma\alpha}} \tag{6-15}$$

对于 AOA 量测有：

$$\hat{\theta}_i\approx\arctan\left[\frac{(y-y_i)}{(x-x_i)}\right]+m_i \tag{6-16}$$

式中，m_i 表示第 i 个锚节点对应的角度估计的噪声，建模为零均值高斯变量，即 $m_i\sim N(0,\ \sigma_m^2)$。对于公式(6-16)有以下矩阵形式：

$$\boldsymbol{A}_a\boldsymbol{u}_a=\hat{\boldsymbol{b}}_a \tag{6-17}$$

式中，$\boldsymbol{A}_a=\begin{bmatrix}\tan\hat{\theta}_1 & -1\\ \tan\hat{\theta}_2 & -1\\ \vdots & \vdots\\ \tan\hat{\theta}_N & -1\end{bmatrix}$；$\boldsymbol{u}_a=\begin{bmatrix}x\\ y\end{bmatrix}$；$\hat{\boldsymbol{b}}_a=\begin{bmatrix}x_1\tan\hat{\theta}_1-y_1\\ x_2\tan\hat{\theta}_2-y_2\\ \vdots\\ x_N\tan\hat{\theta}_N-y_N\end{bmatrix}$。

将公式(6-15)和公式(6-17)的结果组合，可以得到新的等式：

$$\boldsymbol{A}\boldsymbol{u}=\hat{\boldsymbol{b}} \tag{6-18}$$

式中，$\boldsymbol{A}=\begin{bmatrix}1 & 0\\ \vdots & \vdots\\ 1_N & 0\\ 0 & 1_1\\ \vdots & \vdots\\ 0 & 1_N\end{bmatrix}$；$\boldsymbol{u}=\begin{bmatrix}x\\ y\end{bmatrix}$；$\hat{\boldsymbol{b}}=\begin{bmatrix}\hat{\boldsymbol{b}}_x\\ \hat{\boldsymbol{b}}_y\end{bmatrix}$，$\hat{\boldsymbol{b}}_x=\begin{bmatrix}x_1+\hat{d}_1\cos\hat{\theta}_1\delta_1\\ \vdots\\ x_N+\hat{d}_N\cos\hat{\theta}_N\delta_N\end{bmatrix}$，$\hat{\boldsymbol{b}}_y=$

$\begin{bmatrix} x_1+\hat{d}_1\sin\hat{\theta}_1\delta_1 \\ \vdots \\ x_N+\hat{d}_N\sin\hat{\theta}_N\delta_N \end{bmatrix}$，$\delta_i$ 为偏差减小常数，且有 $\delta_i=\mathrm{e}^{\sigma_m^2/2-\sigma_\omega^2/[2(\gamma\alpha)^2]}$。

从而，联合 RSS-AOA 定位的结果可以表示为：

$$\hat{\boldsymbol{u}}=(\boldsymbol{A}^{\mathrm{T}}\boldsymbol{A})^{-1}\boldsymbol{A}^{\mathrm{T}}\hat{\boldsymbol{b}} \tag{6-19}$$

6.3 基于凸组合的联合定位方法

6.3.1 基本方法

同样考虑使用 n 个锚节点对 1 个目标点进行定位，使用的联合量测模型如公式(6-1)所示。

定义一个向量函数：

$$\boldsymbol{g}(\boldsymbol{x},\ \boldsymbol{a}_j)=[\theta(\boldsymbol{x},\ \boldsymbol{a}_j),\ p(\boldsymbol{x},\ \boldsymbol{a}_j)]^{\mathrm{T}} \tag{6-20}$$

式中，$\theta(\boldsymbol{x},\ \boldsymbol{a}_j)=\arctan[(y_t-y_j)/(x_t-x_j)]$ 为理想情况下各锚节点采集的 AOA 量测(无噪声)，而 $p(\boldsymbol{x},\ \boldsymbol{a}_j)=P_0-10\beta\lg d_j(\boldsymbol{x},\ \boldsymbol{a}_j)/d_0$ 为理想的 RSS 量测。从而，联合的 RSS-AOA 量测模型可以写为：

$$z_j=\boldsymbol{g}(\boldsymbol{x},\ \boldsymbol{a}_j)+\boldsymbol{n}_j \tag{6-21}$$

式中，$z_j=[z_j^a,\ z_j^r]^{\mathrm{T}}$。由于 AOA 噪声 v_j 和 RSS 噪声 n_j 均为独立同分布的高斯噪声，且二者相互独立，从而，$\boldsymbol{n}_j$ 也为独立同分布的高斯随机变量。因此，使用联合 RSS-AOA 量测对目标位置的极大似然估计可以写为：

$$\hat{\boldsymbol{x}}=\arg\min_{\boldsymbol{x}}\sum_{j=1}^{n}\|z_j-\boldsymbol{g}(\boldsymbol{x},\ \boldsymbol{a}_j)\|^2 \tag{6-22}$$

显然，上述问题也为一个非凸的优化问题。

下面介绍基于凸组合的联合 RSS-AOA 定位方法，其总体思想与第 3 章中理想模型下的凸组合定位方法思想类似，但在构造虚拟点的方法上有所不同，下面进行详细介绍。

同样假设目标点处于一个已知的凸包内，则目标点的位置可由凸包顶点，即虚拟点 v_i 的凸组合表示。进一步，定位公式(6-22)可以写为：

$$\hat{\boldsymbol{x}}=\arg\min_{\boldsymbol{x}}\sum_{j=1}^{n}\left\|z_j-\boldsymbol{g}\left(\sum_{k=1}^{m}w_k\boldsymbol{v}_k,\ \boldsymbol{a}_j\right)\right\|^2 \tag{6-23}$$

式中，$\boldsymbol{g}(\cdot)$ 为向量函数。关于向量函数 $\boldsymbol{g}(\cdot)$，与之前的 RSS 定位一样，存在

以下关于凸包的数学定理。

定理3：假设存在一个点集 $\boldsymbol{V}(\rho) \triangleq \{\boldsymbol{v}_1(\rho), \boldsymbol{v}_2(\rho), \cdots, \boldsymbol{v}_m(\rho)\}$ 构成一个凸包，且当 $\rho \to 0$ 时，$\boldsymbol{v}_k(\rho) \to \boldsymbol{x}$，$\boldsymbol{k}=1, 2, \cdots, m$。令 $r(\rho)$ 为 $\boldsymbol{V}(\rho)$ 的边界球 $\boldsymbol{B}[\boldsymbol{V}(\rho)]$ 的半径，z_∞ 为凸包外的一个点。则对于任意的整数 $m \geqslant 2$，以及所有可能的点 $\boldsymbol{x}$，以下结果成立：

$$\lim_{\rho \to 0} \frac{\sum_{k=1}^{m} w_k \boldsymbol{g}[\boldsymbol{v}_k(\rho), z_\infty] - \boldsymbol{g}\left[\sum_{k=1}^{m} w_k \boldsymbol{v}_k(\rho), z_\infty\right]}{r(\rho)} = \vec{\boldsymbol{0}} \tag{6-24}$$

式中，$\sum_{k=1}^{m} w_k = 1$；$w_k \in [0, 1]$；$\vec{\boldsymbol{0}} = [0, 0]^{\mathrm{T}}$；$\boldsymbol{g}(\cdot)$ 为前面定义的向量函数。

下面给出上述定理的证明，其证明方法也与第3章定理1、第5章定理2类似。

首先，对于AOA定位，根据文献[9]，已有以下结论：

$$\lim_{\rho \to 0} \frac{\sum_{k=1}^{m} w_k \theta[\boldsymbol{v}_k(\rho), z_\infty] - \theta\left[\sum_{k=1}^{m} w_k \boldsymbol{v}_k(\rho), z_\infty\right]}{r(\rho)} = 0 \tag{6-25}$$

式中，$\theta(\cdot)$ 为AOA量测函数。

其次，在第3章中的凸组合RSS定位方法中，有以下结论：

$$\lim_{\rho \to 0} \frac{\sum_{k=1}^{m} w_k p[\boldsymbol{v}_k(\rho), z_\infty] - p\left[\sum_{k=1}^{m} w_k \boldsymbol{v}_k(\rho), z_\infty\right]}{r(\rho)} = 0 \tag{6-26}$$

式中，$p(\cdot)$ 为RSS量测函数。将公式(6-25)和公式(6-26)结合，得到以下公式成立：

$$\lim_{\rho \to 0} \frac{\sum_{k=1}^{m} w_k \boldsymbol{g}[\boldsymbol{v}_k(\rho), z_\infty] - \boldsymbol{g}\left[\sum_{k=1}^{m} w_k \boldsymbol{v}_k(\rho), z_\infty\right]}{r(\rho)} = \vec{\boldsymbol{0}} \tag{6-27}$$

式中，$\boldsymbol{g}(\cdot) = [\theta(\cdot), p(\cdot)]^{\mathrm{T}}$，且对于 $\theta(\cdot)$ 和 $p(\cdot)$，w_k 均一致。因此，定理3得证。

根据定理3，可知当凸包充分小时，有以下近似结果：

$$\boldsymbol{g}\left(\sum_{k=1}^{m} w_k \boldsymbol{v}_k, \boldsymbol{a}_j\right) \approx \sum_{k=1}^{m} w_k \boldsymbol{g}(\boldsymbol{v}_k, \boldsymbol{a}_j) \tag{6-28}$$

从而，公式(6-23)可以进一步近似为：

$$\hat{\boldsymbol{x}} = \arg\min_{w_k} \sum_{j=1}^{n} \left\| z_j - w_k \boldsymbol{g}\left(\sum_{k=1}^{m} \boldsymbol{v}_k, \boldsymbol{a}_j\right) \right\|^2 \tag{6-29}$$

可以看出，在给定 $\boldsymbol{v}_k$ 的条件下，公式(6-29)为凸问题，容易求解，且等价于以下优化问题：

$$\hat{\boldsymbol{x}}=\arg\min_{w_k}\sum_{j=1}^{n}\left[\mathrm{z}_{\mathrm{j}}^{\mathrm{a}}-\sum_{\mathrm{k}=1}^{\mathrm{m}}\mathrm{w}_{\mathrm{k}}\theta(\boldsymbol{v}_k,\ \boldsymbol{a}_j)\right]^2+\sum_{j=1}^{n}\left[\mathrm{z}_{\mathrm{j}}^{\mathrm{r}}-\sum_{k=1}^{m}\mathrm{w}_{\mathrm{k}}\mathrm{p}(\boldsymbol{v}_k,\ \boldsymbol{a}_j)\right]^2 \tag{6-30}$$

在上述问题解的基础上，可得目标位置的估计为：

$$\hat{\boldsymbol{x}}=\boldsymbol{V}_h\hat{\boldsymbol{w}} \tag{6-31}$$

式中，$\boldsymbol{V}_h$ 为由虚拟点组成的矩阵。显然，虚拟点成为凸组合联合定位方法的关键。下面给出两种使用 RSS 量测和 AOA 量测构造虚拟点的方法。

6.3.2 虚拟点构造

方法 1：首先单独考虑 AOA 量测构造凸包和虚拟点。对于每一个 AOA 量测，根据量测方程可以构造一个扇形区域，使得目标以概率 $P(\alpha)$ 落入其中：

$$z_j^a-\alpha\sigma_a\leqslant\theta(\boldsymbol{x},\ \boldsymbol{a}_j)\leqslant z_j^a+\alpha\sigma_a \tag{6-32}$$

且概率 $P(\alpha)$ 为：

$$P(\alpha)=\int_{-\alpha\sigma_a}^{\alpha\sigma_a}\frac{1}{\sqrt{2\pi}\sigma_a}\mathrm{e}^{-\frac{t^2}{2\sigma_a^2}}\mathrm{d}t \tag{6-33}$$

记上述扇形区域的两条边界线分别为 l_j^a 和 l_j^b(图 6-2)，即目标以概率 $P(\alpha)$ 落在 l_j^a 和 l_j^b 之间。显然，目标以最大概率落在所有由公式(6-33)所确定的子区域的交集里。又由前文所述，凸包应该尽可能地小，从而建立以下优化问题：

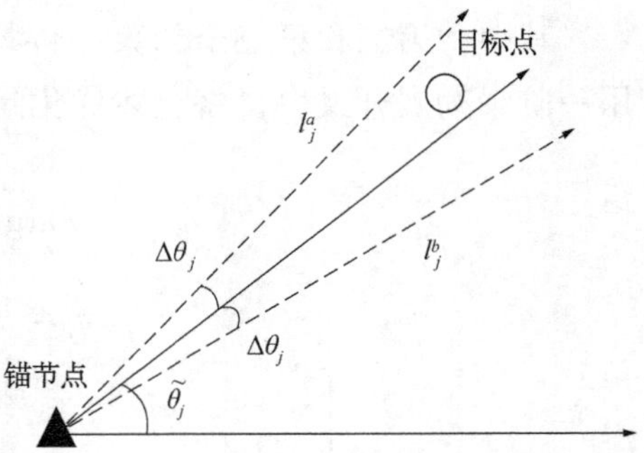

图 6-2 由 AOA 量测产生的扇形边界线

$$\begin{aligned}&\arg\min_{\boldsymbol{x},\alpha_j,\Delta\theta_j}\ \Delta\theta_1+\Delta\theta_2+\cdots+\Delta\theta_N\\ &\text{s. t. }\tilde{\theta}_j-\alpha_j\sigma_a\leqslant\arctan\left(\frac{y-y_j}{x-x_j}\right)\leqslant\tilde{\theta}_j+\alpha_j\sigma_a\\ &\Delta\theta_j=\alpha_j\sigma_a\end{aligned} \tag{6-34}$$

其中，目标函数的建立使得相交区域尽可能小，而约束条件保证目标处在每个子区域内。考虑上述非凸问题，其解对应一个相交点，可以看作所有子区域相交的特殊情况。将该解记为 $\boldsymbol{x}=[x,\ y]^{\mathrm{T}}$，同时，该解处于 l_j^a 或 l_j^b 上，且近似等于以下优化问题的解：

$$\begin{gathered}\arg\min_{x,\alpha_j,\Delta\theta_j}\ \sin\Delta\theta_1+\sin\Delta\theta_2+\cdots+\sin\Delta\theta_N\\ \text{s. t. } \sin\Delta\theta_j=\frac{|k_jx-y+y_j-k_jx_j|}{\sqrt{1+k_j^2}\sqrt{(x-x_j)^2+(y-y_j)^2}}\end{gathered} \tag{6-35}$$

式中，$k_j=\tan z_j^a$。当 $\Delta\theta_j$ 充分小时，有 $\Delta\theta_j\approx\sin\Delta\theta_j$，因而目标函数的建立是合理的，且在约束条件中，有 $\sin\Delta\theta_j=h_j/d_j$(图 6-1)。从而，公式(6-35)可以松弛为以下半正定规划问题：

$$\begin{gathered}\arg\min_{\boldsymbol{x},\ z,\ q_j,\ t_j}\sum_{j=1}^{n}t_j\\ \text{s. t.}\qquad q_j = z-2(\boldsymbol{a}_j)^{\mathrm{T}}\boldsymbol{x}+(\boldsymbol{a}_j)^{\mathrm{T}}\boldsymbol{a}_j\\ \begin{bmatrix} t_j^2 & \dfrac{k_jx-y+y_j-k_jx_j}{\sqrt{1+k_j^2}}\\ \dfrac{k_jx-y+y_j-k_jx_j}{\sqrt{1+k_j^2}} & q_j\end{bmatrix}\geqslant \boldsymbol{0}_2\\ \begin{bmatrix} z & \boldsymbol{x}^{\mathrm{T}}\\ \boldsymbol{x} & \boldsymbol{I}_2\end{bmatrix}\geqslant \boldsymbol{0}_3\end{gathered} \tag{6-36}$$

其中，第二和第三个约束条件均由松弛得到。令 $T_j=t_j^2$，并对目标函数使用一阶泰勒展开式，可将上述优化问题转为：

$$\begin{gathered}\arg\min_{\boldsymbol{x},\ z,\ q_j,\ t_j}\sum_{j=1}^{n}T_j\\ \text{s. t.}\qquad q_j = z-2(\boldsymbol{a}_j)^{\mathrm{T}}\boldsymbol{x}+(\boldsymbol{a}_j)^{\mathrm{T}}\boldsymbol{a}_j\\ \begin{bmatrix} T_j & \dfrac{k_jx-y+y_j-k_jx_j}{\sqrt{1+k_j^2}}\\ \dfrac{k_jx-y+y_j-k_jx_j}{\sqrt{1+k_j^2}} & q_j\end{bmatrix}\geqslant \boldsymbol{0}_2\\ \begin{bmatrix} z & \boldsymbol{x}^{\mathrm{T}}\\ \boldsymbol{x} & \boldsymbol{I}_2\end{bmatrix}\geqslant \boldsymbol{0}_3\end{gathered} \tag{6-37}$$

将上述半正定规划问题的解记为 $\boldsymbol{x}_p^a=[x_p^a,\ y_p^a]^{\mathrm{T}}$，则 $\boldsymbol{x}_p^a$ 为所有子区域唯一的相交点。显然，目标点应该处于该点的附近区域内。由于需要得到一个凸包区域，可以在该点的基础上进行扩张，构造一个以 $\boldsymbol{x}_p^a$ 为中心的矩形。从而，将该矩形作为凸包，且顶点为：

$$\begin{aligned} \boldsymbol{v}_1 &= [x_p^a-\Delta,\ y_p^a+\Delta]^{\mathrm{T}} \\ \boldsymbol{v}_2 &= [x_p^a+\Delta,\ y_p^a+\Delta]^{\mathrm{T}} \\ \boldsymbol{v}_3 &= [x_p^a+\Delta,\ y_p^a-\Delta]^{\mathrm{T}} \\ \boldsymbol{v}_4 &= [x_p^a-\Delta,\ y_p^a-\Delta]^{\mathrm{T}} \end{aligned} \tag{6-38}$$

式中，Δ 表征了凸包的大小。这里为了简化，采用方形区域。因此，仅用 AOA 量测构造的虚拟点为 $\boldsymbol{v}_1$、$\boldsymbol{v}_2$、$\boldsymbol{v}_3$ 和 $\boldsymbol{v}_4$。

下面考虑仅使用 RSS 量测构造凸包和虚拟点。在第 3 章中介绍了使用优化理论构造虚拟点的方法，即求解以下二次约束二次规划问题：

$$\begin{aligned} &\arg\min_{\boldsymbol{x},z,\alpha_j}\ \alpha_1+\alpha_2+\cdots+\alpha_n \\ &\text{s. t. } z-2(\boldsymbol{a}_j)^{\mathrm{T}}\boldsymbol{x}+(\boldsymbol{a}_j)^{\mathrm{T}}\boldsymbol{a}_j \geqslant r_j^0-r_j^0\kappa\alpha_j \\ &\quad\ z-2(\boldsymbol{a}_j)^{\mathrm{T}}\boldsymbol{x}+(\boldsymbol{a}_j)^{\mathrm{T}}\boldsymbol{a}_j \leqslant r_j^0+r_j^0\kappa\alpha_j \\ &\quad\ z\geqslant \boldsymbol{x}^{\mathrm{T}}\boldsymbol{x} \end{aligned} \tag{6-39}$$

记上述问题的解为 $\boldsymbol{x}_p^r=[x_p^r,\ y_p^r]^{\mathrm{T}}$。与使用 AOA 量测构造方法一样，目标也应该处于 $\boldsymbol{x}_p^r$ 的附近区域，故构造相应的矩形区域作为凸包，顶点为：

$$\begin{aligned} \boldsymbol{v}_1^r &= [x_p^r-\Delta,\ y_p^r+\Delta]^{\mathrm{T}} \\ \boldsymbol{v}_2^r &= [x_p^r+\Delta,\ y_p^r+\Delta]^{\mathrm{T}} \\ \boldsymbol{v}_3^r &= [x_p^r+\Delta,\ y_p^r-\Delta]^{\mathrm{T}} \\ \boldsymbol{v}_4^r &= [x_p^r-\Delta,\ y_p^r-\Delta]^{\mathrm{T}} \end{aligned} \tag{6-40}$$

综合 AOA 量测和 RSS 量测构造凸包和虚拟点的方法，一种简单直接的方法（方法 1）是将 $\boldsymbol{x}_p^r$ 和 $\boldsymbol{x}_p^a$ 作为一个矩形凸包的两个顶点（图 6-3），即最终构造的虚拟点为：

$$\begin{aligned} \boldsymbol{v}_1 &= [\min\{x_p^a,\ x_p^r\},\ \max\{y_p^a,\ y_p^r\}]^{\mathrm{T}} \\ \boldsymbol{v}_2 &= [\max\{x_p^a,\ x_p^r\},\ \max\{y_p^a,\ y_p^r\}]^{\mathrm{T}} \\ \boldsymbol{v}_3 &= [\max\{x_p^a,\ x_p^r\},\ \min\{y_p^a,\ y_p^r\}]^{\mathrm{T}} \\ \boldsymbol{v}_4 &= [\min\{x_p^a,\ x_p^r\},\ \min\{y_p^a,\ y_p^r\}]^{\mathrm{T}} \end{aligned} \tag{6-41}$$

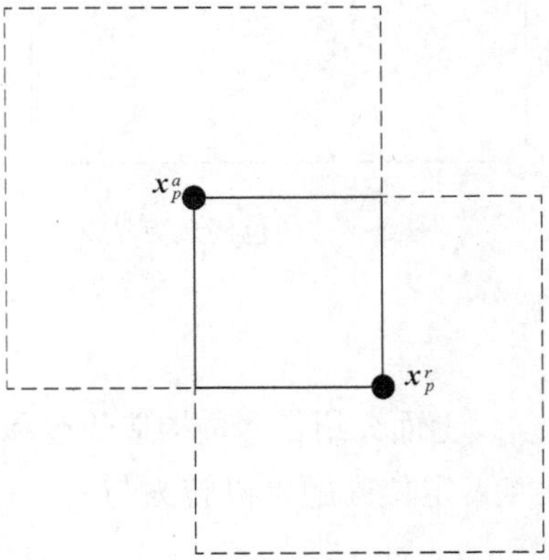

图 6-3　凸包构造方法 1

综上所述，方法 1 分别使用 AOA 量测和 RSS 量测单独构造两个相交点，在这两点的基础上，构造了唯一的凸包和相应的虚拟点。

方法 2：该方法将 AOA 量测和 RSS 量测联合使用得到一个相交点。将公式(6-37)和公式(6-39)联合起来，得到一个半正定规划问题：

$$
\begin{aligned}
&\underset{x,\ z,\ \alpha_j,\ q_j,\ T_j}{\arg\min}\ \lambda_1 \sum_{j=1}^{n} \alpha_j + \lambda_2 \sum_{j=1}^{n} T_j \\
&\text{s.t. } z - 2(\boldsymbol{a}_j)^{\mathrm{T}}\boldsymbol{x} + (\boldsymbol{a}_j)^{\mathrm{T}}\boldsymbol{a}_j \geqslant r_j^0 - r_j^0 \kappa \alpha_j \\
&z - 2(\boldsymbol{a}_j)^{\mathrm{T}}\boldsymbol{x} + (\boldsymbol{a}_j)^{\mathrm{T}}\boldsymbol{a}_j \leqslant r_j^0 + r_j^0 \kappa \alpha_j \\
&q_j = z - 2(\boldsymbol{a}_j)^{\mathrm{T}}\boldsymbol{x} + (\boldsymbol{a}_j)^{\mathrm{T}}\boldsymbol{a}_j \\
&\begin{bmatrix} T_j & \dfrac{k_j x_t - y_t + y_j - k_j x_j}{\sqrt{1+k_j^2}} \\ \dfrac{k_j x_t - y_t + y_j - k_j x_j}{\sqrt{1+k_j^2}} & q_j \end{bmatrix} \geqslant \boldsymbol{0}_2 \\
&\begin{bmatrix} z & \boldsymbol{x}^{\mathrm{T}} \\ \boldsymbol{x} & \boldsymbol{I}_2 \end{bmatrix} \geqslant \boldsymbol{0}_3
\end{aligned}
\tag{6-42}
$$

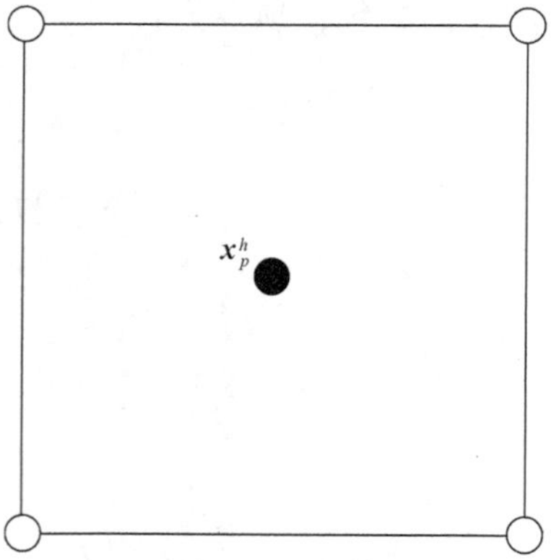

图 6-4　凸包构造方法 2

式中，r_j^0 和 κ 与前面的定义一致；$\lambda_1 = 1/\sigma_r^2$ 和 $\lambda_2 = 1/\sigma_a^2$ 为两个加权系数。可以看出，该优化问题的目标函数依然使得各子区域的交集尽可能小，且约束条件保证目标落在所有联合量测对应的子区域内。通过求解公式(6-42)，可以得到一个相交点，记为 $\boldsymbol{x}_p^h$。从而，方法 2 构造的凸包如图 6-4 所示，虚拟点为：

$$
\begin{aligned}
\boldsymbol{v}_1 &= [x_p^h - \Delta,\ y_p^h + \Delta]^{\mathrm{T}} \\
\boldsymbol{v}_2 &= [x_p^h + \Delta,\ y_p^h + \Delta]^{\mathrm{T}} \\
\boldsymbol{v}_3 &= [x_p^h + \Delta,\ y_p^h - \Delta]^{\mathrm{T}} \\
\boldsymbol{v}_4 &= [x_p^h - \Delta,\ y_p^h - \Delta]^{\mathrm{T}}
\end{aligned}
\tag{6-43}
$$

上面介绍了两种构造凸包和虚拟点的方法。在得到虚拟点之后，联合的 RSS-AOA 定位问题可以转为与公式(6-30)等价的以下问题：

$$
\begin{aligned}
\boldsymbol{w}^* &= \underset{\boldsymbol{w}}{\arg\min} \| \boldsymbol{P} - \boldsymbol{\Phi}\boldsymbol{w} \|^2 \\
\text{s.t. } & \| \boldsymbol{w} \|_1 = 1,\ \boldsymbol{w} \geqslant 0
\end{aligned}
\tag{6-44}
$$

式中，$\boldsymbol{P}=[\boldsymbol{Z}^r;\ \boldsymbol{Z}^a]^{\mathrm{T}}$ 为联合量测；$\boldsymbol{\Phi}=[\boldsymbol{\Phi}_r;\ \boldsymbol{\Phi}_a]^{\mathrm{T}}$，且 $\boldsymbol{\Phi}_r$ 和 $\boldsymbol{\Phi}_a$ 具有如下表达式：

$$\boldsymbol{\Phi}_r=\begin{bmatrix} p(\boldsymbol{v}_1,\ \boldsymbol{a}_1) & p(\boldsymbol{v}_2,\ \boldsymbol{a}_1) & p(\boldsymbol{v}_3,\ \boldsymbol{a}_1) & p(\boldsymbol{v}_4,\ \boldsymbol{a}_1) \\ p(\boldsymbol{v}_1,\ \boldsymbol{a}_2) & p(\boldsymbol{v}_2,\ \boldsymbol{a}_2) & p(\boldsymbol{v}_3,\ \boldsymbol{a}_2) & p(\boldsymbol{v}_4,\ \boldsymbol{a}_2) \\ \vdots & \vdots & \ddots & \vdots \\ p(\boldsymbol{v}_1,\ \boldsymbol{a}_n) & p(\boldsymbol{v}_2,\ \boldsymbol{a}_n) & \cdots & p(\boldsymbol{v}_4,\ \boldsymbol{a}_n) \end{bmatrix} \tag{6-45}$$

$$\boldsymbol{\Phi}_a=\begin{bmatrix} \theta(\boldsymbol{v}_1,\ \boldsymbol{a}_1) & \theta(\boldsymbol{v}_2,\ \boldsymbol{a}_1) & \theta(\boldsymbol{v}_3,\ \boldsymbol{a}_1) & \theta(\boldsymbol{v}_4,\ \boldsymbol{a}_1) \\ \theta(\boldsymbol{v}_1,\ \boldsymbol{a}_2) & \theta(\boldsymbol{v}_2,\ \boldsymbol{a}_2) & \theta(\boldsymbol{v}_3,\ \boldsymbol{a}_2) & \theta(\boldsymbol{v}_4,\ \boldsymbol{a}_2) \\ \vdots & \vdots & \ddots & \vdots \\ \theta(\boldsymbol{v}_1,\ \boldsymbol{a}_n) & \theta(\boldsymbol{v}_2,\ \boldsymbol{a}_n) & \cdots & \theta(\boldsymbol{v}_4,\ \boldsymbol{a}_n) \end{bmatrix} \tag{6-46}$$

6.3.3 数值实验

下面对联合 RSS-AOA 定位的凸组合方法进行性能验证，将方法 1 和方法 2 构造凸包对应的方法分别记为 CCRAL-1 和 CCRAL-2，将其性能与文献[1]中的线性最小二乘方法以及文献[3]中的半正定规划方法进行比较。采用均方误差作为性能评价指标。此外，CR 下界作为性能基准进行比较。RSS 模型中，参考功率和路径损失因子分别设置为 $P_0=-40\text{dB}$ 和 $\beta=3$。所有结果均为 300 次蒙特卡罗实验的平均值。

考虑图 6-5 所示的定位场景，其中每个锚节点在每个时刻同时采集 RSS 量测和 AOA 量测。图 6-6 展示了均方误差随量测噪声标准差的变化情况，其中 RSS 噪声的方差变化范围为 0.5~5dB，而 AOA 噪声的方差变化范围为 $0.5\times10^{-2}\sim5\times10^{-2}$rad。对于 CCRAL-2 方法，设置其凸包大小 $\Delta=0.4$。可以看出，随着噪声水平增大，各方法的均方误差均增大。CCRAL-1 方法和 CCRAL-2 方法的性能相近，且明显好于线性最小二乘方法。半正定规划方法在噪声水平较小的情况下与凸组合方法性能相近。然而，当噪声增大，CCRAL-1 和 CCRAL-2 要明显好于半正定规划方法。

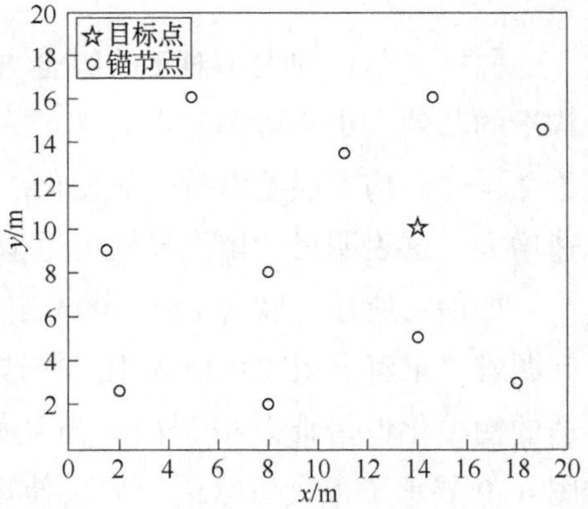

图 6-5　随机定位场景

图 6-7 展示了锚节点数量对均方误差的影响，其中锚节点数量变化范围为

9~18，且每个节点随机分布于场景中。可以看出，随着锚节点数量增多，由于可使用的量测数据增多，各方法的定位精度越来越高。所介绍的凸组合方法在大多数情况下依然表现出比其他方法更高的定位精度，特别是明显好于线性最小二乘方法。此外，当锚节点数量多于 12 时，CCRAL-2 方法的精度要高于 CCRAL-1 方法，且当数量为 17 或 18 时，它的均方误差低于 CR 下界。

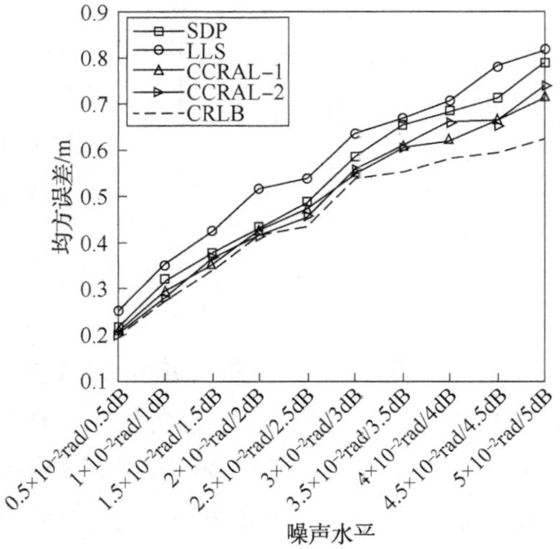

图 6-6　各方法 RMSE 随噪声水平变化情况

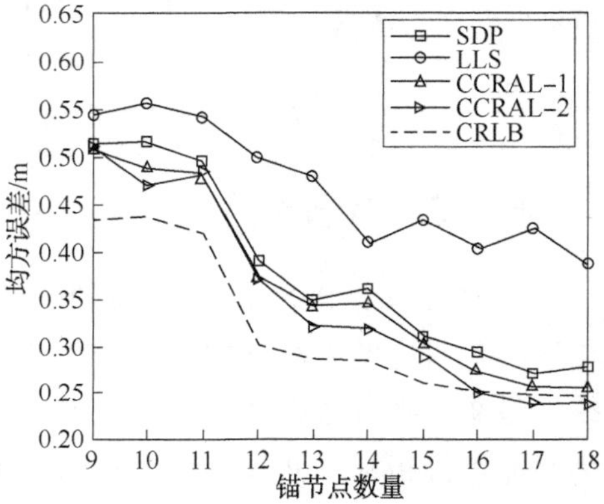

图 6-7　各方法 RMSE 随锚节点数量变化情况

同样，凸包的大小对于凸组合方法的性能具有一定的影响。CCRAL-1 方法构造的凸包大小不可调，而 CCRAL-2 方法可调。如图 6-8 所示，当凸包尺寸小于 2.4 时，均方误差没有明显变化。然而，当凸包尺寸大于 2.8 时，均方误差迅速增大。这表明尺寸增大导致的近似误差影响更大，使得定位算法精度降低。

如前文所述，联合 RSS-AOA 定位的极大似然估计方法非凸，所建立的估计问题难以求解。虽然可以采用一些迭代算法求解，但是需要合适的初始化，而合适的初始化也是难以得到的。当初始化选择不当时，最终的定位性能会很差。图 6-9 展示了极大似然估计方法使用凸组合方法结果作为初始化的均方误差情况，其中 ML-CCRAL-1 和 ML-CCRAL-2 分别表示使用 CCRAL-1 和 CCRAL-2 的结果作为初始值。可以看出，采用这种初始化后，极大似然估计的结果在所有不同噪声水平下均优于原本的凸组合方法。ML-CCRAL-1 和 ML-CCRAL-2 的曲线图则几乎重合，即表现出相近的精度。这表明如果需要更高的定位精度，可以使用凸组合方法来初始化极大似然估计方法。

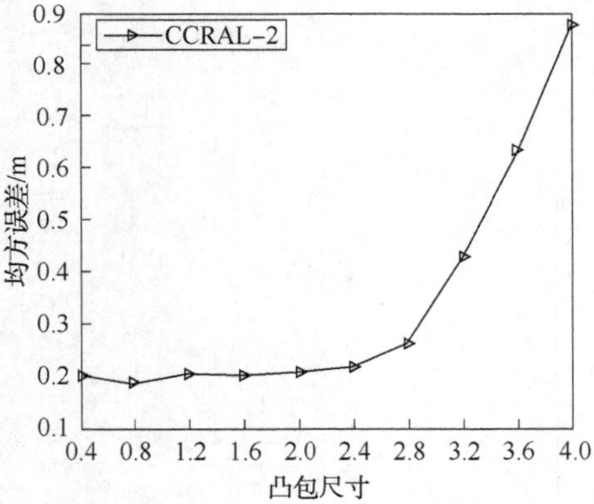

图 6-8　凸组合方法 RMSE
随凸包尺寸变化情况

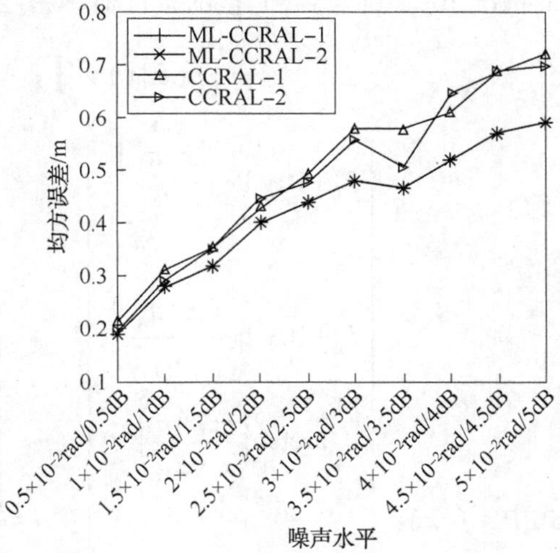

图 6-9　凸组合方法
用于 ML 的初始化

6.4　二阶锥规划方法

下面针对三维空间目标定位，介绍一种基于二阶锥规划的联合 RSS-AOA 定位方法。由于是三维问题，与前面使用的量测模型有所不同。对于 AOA 量测，记第 i 个锚节点相对于目标点的方位角和仰角分别为：

$$\phi_i=\arctan\left(\frac{x_2-a_{i2}}{x_1-a_{i1}}\right)+m_i \tag{6-47}$$

$$\alpha_i=\arctan\left(\frac{x_3-a_{i3}}{\|\boldsymbol{x}-\boldsymbol{a}_i\|}\right)+v_i \tag{6-48}$$

式中，m_i 和 v_i 分别表示方位角和仰角的量测噪声，均建模为零均值的高斯随机变量，即 $m_i\sim N(0,\ \sigma_m^2)$，$v_i\sim N(0,\ \sigma_v^2)$。此外，采用了如下的 RSS 损失模型：

$$L_i=L_0+10\gamma\ \lg\frac{\|\boldsymbol{x}-\boldsymbol{a}_i\|}{d_0}+n_i \tag{6-49}$$

式中，L_0 为一个参考距离 d_0（$\|\boldsymbol{x}-\boldsymbol{a}_i\|\geqslant d_0$）处的路径损失值；$\gamma$ 为路径损失因子；n_i 为零均值的高斯噪声，方差为 σ_n^2，即 $n_i\sim N(0,\ \sigma_n^2)$。

在上述 AOA 量测和 RSS 量测模型的基础上，在给定量测向量 $\boldsymbol{\theta}=[L_i,\ \phi_i,\ \alpha_i]^{\mathrm{T}}$

的情况下，待估参数向量的条件概率密度为：

$$p(\boldsymbol{\theta}|\boldsymbol{x})=\prod_{i=1}^{3N}\frac{1}{\sqrt{2\pi}\sigma_i}\mathrm{e}^{-\frac{[\theta_i-f_i(\boldsymbol{x})]^2}{2\sigma_i^2}} \tag{6-50}$$

式中，$\boldsymbol{f}(\boldsymbol{x})=\begin{bmatrix} L_0+10\gamma\lg\frac{\|\boldsymbol{x}-\boldsymbol{a}_1\|}{d_0} \\ \vdots \\ L_0+10\gamma\lg\frac{\|\boldsymbol{x}-\boldsymbol{a}_N\|}{d_0} \\ \arctan\left(\frac{x_2-a_{12}}{x_1-a_{11}}\right) \\ \vdots \\ \arctan\left(\frac{x_2-a_{N2}}{x_1-a_{N1}}\right) \\ \arctan\left(\frac{x_3-a_{13}}{\|\boldsymbol{x}-\boldsymbol{a}_1\|}\right) \\ \vdots \\ \arctan\left(\frac{x_3-a_{N3}}{\|\boldsymbol{x}-\boldsymbol{a}_N\|}\right) \end{bmatrix}$；$\boldsymbol{\sigma}=\begin{bmatrix} \sigma_n \\ \vdots \\ \sigma_n \\ \sigma_m \\ \vdots \\ \sigma_m \\ \sigma_v \\ \vdots \\ \sigma_v \end{bmatrix}$。

对上述似然函数取对数，可以得到目标位置的极大似然估计为：

$$\hat{\boldsymbol{x}}=\arg\min_{\boldsymbol{x}}\sum_{i=1}^{3N}\frac{1}{\sigma_i^2}[\theta_i-f_i(\boldsymbol{x})]^2 \tag{6-51}$$

式中，θ_i 为各量测分量。显然，上述最小化优化问题也非凸，不存在闭式解。下面，采用一种松弛方法得到一种二阶锥规划方法。

对于充分小的 RSS 噪声，对量测方程(6-49)，有以下近似结果：

$$\lambda_i\|\boldsymbol{x}-\boldsymbol{a}_i\|\approx d_0 \tag{6-52}$$

式中，$\lambda_i=10^{(L_0-L_i)/(10\gamma)}$。同样，对于 AOA 量测方程(6-47)和(6-48)，有以下近似结果：

$$\boldsymbol{c}_i^{\mathrm{T}}(\boldsymbol{x}-\boldsymbol{a}_i)\approx 0 \tag{6-53}$$

$$\boldsymbol{k}_i^{\mathrm{T}}(\boldsymbol{x}-\boldsymbol{a}_i)\approx\|\boldsymbol{x}-\boldsymbol{a}_i\|\cos(\alpha_i) \tag{6-54}$$

式中，$\boldsymbol{c}_i=[-\tan(\phi_i),\ 1,\ 0]^{\mathrm{T}}$；$\boldsymbol{k}_i=[0,\ 0,\ 1]^{\mathrm{T}}$。根据公式(6-52)，公式(5-53)和公式(6-54)以及最小二乘估计准则，目标位置的估计为极小化以下目标函数：

$$\hat{\boldsymbol{x}} = \arg\min_{\boldsymbol{x}} \sum_{i=1}^{N} (\lambda_i \| \boldsymbol{x} - \boldsymbol{a}_i \| - d_0)^2 + \sum_{i=1}^{N} [\boldsymbol{c}_i^{\mathrm{T}}(\boldsymbol{x} - \boldsymbol{a}_i)]^2 + \sum_{i=1}^{N} [\boldsymbol{k}_i^{\mathrm{T}}(\boldsymbol{x} - \boldsymbol{a}_i) - \| \boldsymbol{x} - \boldsymbol{a}_i \| \cos(\alpha_i)]^2 \tag{6-55}$$

上述问题显然非凸，因此不存在闭式解。为了将其转为凸问题，首先引入辅助变量 $r_i = \| \boldsymbol{x}-\boldsymbol{a}_i \|$，$z=[z_i]$，$\boldsymbol{g}=[g_i]$，$\boldsymbol{h}=[h_i]$，并且满足 $z_i=\boldsymbol{\lambda}_i \| \boldsymbol{x}-\boldsymbol{a}_i \| -d_0$，$g_i=\boldsymbol{c}_i^{\mathrm{T}}(\boldsymbol{x}-\boldsymbol{a}_i)$，$h_i=k_i^{\mathrm{T}}(\boldsymbol{x}-\boldsymbol{a}_i)-\| \boldsymbol{x}-\boldsymbol{a}_i \| \cos(\alpha_i)$，$i=1$，…，$N$。从而，得到以下问题：

$$\begin{aligned} &\arg\min_{\boldsymbol{x},r,z,\boldsymbol{g},\boldsymbol{h}} \| z \|^2+\| \boldsymbol{g} \|^2+\| \boldsymbol{h} \|^2 \\ &\text{s. t.} \quad r_i=\| \boldsymbol{x}-\boldsymbol{a}_i \| \\ &z_i=\boldsymbol{\lambda}_i \| \boldsymbol{x}-\boldsymbol{a}_i \| -d_0 \\ &g_i=c_i^{\mathrm{T}}(\boldsymbol{x}-\boldsymbol{a}_i) \\ &h_i=\boldsymbol{k}_i^{\mathrm{T}}(\boldsymbol{x}-\boldsymbol{a}_i)-\| \boldsymbol{x}-\boldsymbol{a}_i \| \cos(\alpha_i) \end{aligned} \tag{6-56}$$

进一步，使用二阶锥条件松弛，可以转为以下问题：

$$\begin{aligned} &\arg\min_{\boldsymbol{x},r,z,\boldsymbol{g},\boldsymbol{h}} \ t_1+t_2+t_3 \\ &\text{s. t.} \quad r_i\leqslant \| \boldsymbol{x}-\boldsymbol{a}_i \| \\ &z_i=\boldsymbol{\lambda}_i \| \boldsymbol{x}-\boldsymbol{a}_i \| -d_0 \\ &g_i=\boldsymbol{c}_{\mathrm{i}}^{T}(\boldsymbol{x}-\boldsymbol{a}_i) \\ &h_i=\boldsymbol{k}_i^{\mathrm{T}}(\boldsymbol{x}-\boldsymbol{a}_i)-\| \boldsymbol{x}-\boldsymbol{a}_i \| \cos(\alpha_i) \\ &\left\| \begin{bmatrix} 2z \\ t_1-1 \end{bmatrix} \right\| \leqslant t_1+1, \quad \left\| \begin{bmatrix} 2\boldsymbol{g} \\ t_2-1 \end{bmatrix} \right\| \leqslant t_2+1, \quad \left\| \begin{bmatrix} 2\boldsymbol{h} \\ t_3-1 \end{bmatrix} \right\| \leqslant t_3+1 \end{aligned} \tag{6-57}$$

由于上述问题是一个二阶锥规划问题，可以使用 CVX 工具包有效求解，从而实现对目标点的定位。

6.5 基于广义信赖域子问题的方法

首先，对公式(6-52)两边平方，得到：

$$\lambda_i^2 \ \| \boldsymbol{x}-\boldsymbol{a}_i \|^2 \approx d_0^2 \tag{6-58}$$

然后，将公式(6-54)中的 $\| \boldsymbol{x}-\boldsymbol{a}_i \|$ 用 $\hat{d}_i$ 替代。根据公式(6-52)，公式(6-53)和公式(6-54)，可以将最小二乘问题(6-55)写为：

$$\hat{\boldsymbol{x}} = \arg\min_{\boldsymbol{x}} \sum_{i=1}^{N} (\lambda_i^2 \|\boldsymbol{x} - \boldsymbol{a}_i\|^2 - d_0^2)^2 + \sum_{i=1}^{N} [\boldsymbol{c}_i^{\mathrm{T}}(\boldsymbol{x} - \boldsymbol{a}_i)]^2 + \sum_{i=1}^{N} [\boldsymbol{k}_i^{\mathrm{T}}(\boldsymbol{x} - \boldsymbol{a}_i) - \hat{d}_i\cos(\alpha_i)]^2 \tag{6-59}$$

同样，为了得到凸问题，可以将上述问题转为二次规划问题。使用变量替换 $\boldsymbol{y}=[\boldsymbol{x}^{\mathrm{T}}, \|\boldsymbol{x}\|^2]^{\mathrm{T}}$，公式(6-59)可以转为：

$$\begin{aligned} &\arg\min_{\boldsymbol{y}} \|\boldsymbol{Ay}-\boldsymbol{b}\|^2 \\ &\text{s. t. } \boldsymbol{y}^{\mathrm{T}}\boldsymbol{Dy}+2\boldsymbol{l}^{\mathrm{T}}\boldsymbol{y}=0 \end{aligned} \tag{6-60}$$

式中，$\boldsymbol{A}=\begin{bmatrix} -2\lambda_1^2\boldsymbol{a}_1^{\mathrm{T}} & \lambda_1^2 \\ \vdots & \vdots \\ -2\lambda_N^2\boldsymbol{a}_N^{\mathrm{T}} & \lambda_N^2 \\ \boldsymbol{c}_1^{\mathrm{T}} & 0 \\ \vdots & \vdots \\ \boldsymbol{c}_N^{\mathrm{T}} & 0 \\ \boldsymbol{k}_1^{\mathrm{T}} & 0 \\ \vdots & \vdots \\ \boldsymbol{k}_N^{\mathrm{T}} & 0 \end{bmatrix}$；$\boldsymbol{b}=\begin{bmatrix} d_0^2-\lambda_1^2\|\boldsymbol{a}_1\|^2 \\ \vdots \\ d_0^2-\lambda_N^2\|\boldsymbol{a}_N\|^2 \\ \boldsymbol{c}_1^{\mathrm{T}}\boldsymbol{a}_1 \\ \vdots \\ \boldsymbol{c}_N^{\mathrm{T}}\boldsymbol{a}_N \\ \boldsymbol{k}_1^{\mathrm{T}}\boldsymbol{a}_1+\hat{d}_1\cos(\alpha_1) \\ \vdots \\ \boldsymbol{k}_N^{\mathrm{T}}\boldsymbol{a}_N+\hat{d}_N\cos(\alpha_N) \end{bmatrix}$；$\boldsymbol{D}=\begin{bmatrix} \boldsymbol{I}_M & \boldsymbol{0}_{M\times 1} \\ \boldsymbol{0}_{1\times M} & \boldsymbol{0}_{M\times M} \end{bmatrix}$；$\boldsymbol{l}=\begin{bmatrix} \boldsymbol{0}_{q\times 1} \\ -1/2 \end{bmatrix}$；$\boldsymbol{I}_M$ 和 $\boldsymbol{0}_{M\times M}$分别表示 M 维的单位矩阵和零矩阵。公式(6-60)的目标函数和约束条件均为二次的，这类问题被称为广义信赖域子问题，可以使用二分法进行有效求解，从而得到目标的位置估计。

6.6 CR 下界

下面以二维定位为例，给出 RSS-AOA 联合定位的 CR 下界。任意无偏估计 $\hat{\boldsymbol{x}}$ 的 CR 下界由下式给出：

$$E[(\hat{\boldsymbol{x}}-\boldsymbol{x})(\hat{\boldsymbol{x}}-\boldsymbol{x})^{\mathrm{T}}] \geqslant (\boldsymbol{J})^{-1} \tag{6-61}$$

式中，$\boldsymbol{J}$ 为 Fisher 信息矩阵。

根据似然函数[公式(6-2)]，可得：

$$[\boldsymbol{J}^c]_{u,v} = -E\left[\frac{\partial^2 L^c(\boldsymbol{x})}{\partial u \partial v}\right]\Bigg|_{\boldsymbol{x}=\boldsymbol{x}_0} \tag{6-62}$$

式中，u，$v=x$ 或 u，$v=y$，$c=a$ 或 $c=r$；$L^c(\boldsymbol{x})$为对数似然函数。因此，

$$\boldsymbol{J}=\boldsymbol{J}^a+\boldsymbol{J}^r \tag{6-63}$$

其中，$[\boldsymbol{J}^a]_{x,x}=-E\left[\frac{\partial^2 L^a(\boldsymbol{x})}{\partial x^2}\right]\Big|_{x=x_0}$，$[\boldsymbol{J}^a]_{y,y}=-E\left[\frac{\partial^2 L^a(\boldsymbol{x})}{\partial y^2}\right]\Big|_{x=x_0}$，$[\boldsymbol{J}^a]_{x,y}=-E\left[\frac{\partial^2 L^a(\boldsymbol{x})}{\partial x\partial y}\right]\Big|_{x=x_0}$，$[\boldsymbol{J}^r]_{x,x}=-E\left[\frac{\partial^2 L^r(\boldsymbol{x})}{\partial x^2}\right]\Big|_{x=x_0}$，$[\boldsymbol{J}^r]_{y,y}=-E\left[\frac{\partial^2 L^r(\boldsymbol{x})}{\partial y^2}\right]\Big|_{x=x_0}$，$[\boldsymbol{J}^r]_{x,y}=-E\left[\frac{\partial^2 L^r(\boldsymbol{x})}{\partial x\partial y}\right]\Big|_{x=x_0}$，且 $L^a(\boldsymbol{x})=\sum_{j=1}^{n}\frac{1}{\sigma_a^2}\left[z_j^a-\tan^{-1}\left(\frac{y-y_j}{x-x_j}\right)\right]^2+\lambda_1$，$L^r(\boldsymbol{x})=\sum_{j=1}^{n}\frac{1}{\sigma_r^2}\left[z_j^r-P_0+10\beta\lg\frac{d_j(\boldsymbol{x},\ \boldsymbol{a}_j)}{d_0}\right]^2+\lambda_2$，$\lambda_1=n\ln\frac{1}{\sqrt{2\pi}\sigma_a}$，$\lambda_2=n\ln\frac{1}{\sqrt{2\pi}\sigma_r}$，$\boldsymbol{x}_0$ 是 $\boldsymbol{x}$ 的真值。所以，有：

$$\boldsymbol{J}^a(\boldsymbol{x})=\sum_{j=1}^{n}\boldsymbol{J}_j^a \tag{6-64}$$

且 $\boldsymbol{J}_j^a=\begin{bmatrix}J_{j,1}^a & J_{j,2}^a\\ J_{j,3}^a & J_{j,4}^a\end{bmatrix}$，其中，$J_{j,1}^a=\frac{1}{\sigma_a^2}\frac{(y-y_j)^2-2\eta_j(x-x_j)}{\gamma_j\ (x-x_j)^4}$，$\eta_j=z_j^a-\tan^{-1}\left(\frac{y-y_j}{x-x_j}\right)$，$\gamma_j=\left[1+\left(\frac{y-y_j}{x-x_j}\right)^2\right]^2$，$J_{j,2}^a=J_{j,3}^a=\frac{1}{\sigma_a^2}\frac{-(y-y_j)-\eta_j[(x-x_j)+(x-x_j)^{-1}(y-y_j)^2+2\ (y-y_j)^2]}{\gamma_j\ (x-x_j)^4}$，$J_{j,4}^a=\frac{1}{\sigma_a^2}\frac{1+2\eta_j\ (x-x_j)^{-1}(y-y_j)}{\gamma_j\ (x-x_j)^2}$。而：

$$\boldsymbol{J}^r(\boldsymbol{x})=\sum_{j=1}^{n}\boldsymbol{J}_j^r \tag{6-65}$$

其中，$\boldsymbol{J}_j^r=\frac{1}{\sigma_r^2}\begin{bmatrix}\frac{t^2\ (\tilde{u}_j)^2}{\|\tilde{\boldsymbol{\chi}}_j\|^4} & \frac{t^2\tilde{u}_j\tilde{v}_j}{\|\tilde{\boldsymbol{\chi}}_j\|^4}\\ \frac{t^2\tilde{u}_j\tilde{v}_j}{\|\tilde{\boldsymbol{\chi}}_j\|^4} & \frac{t^2\ (\tilde{v}_j)^2}{\|\tilde{\boldsymbol{\chi}}_j\|^4}\end{bmatrix}$，$t=-\frac{10\beta}{\ln 10}$，$\tilde{\boldsymbol{\chi}}_j=\boldsymbol{x}-\boldsymbol{x}_j$，$\tilde{u}_j=x-x_j$，$\tilde{v}_j=y-y_j$。

从而，得到联合 RSS-AOA 定位无偏估计的 CR 下界为：

$$E(\hat{x}-x)^2+E(\hat{y}-y)^2\geqslant[(J)^{-1}]_{1,1}+[(J)^{-1}]_{2,2} \tag{6-66}$$

参 考 文 献

[1] Salman N, Khan M W, Kemp A H. Enhanced hybrid positioning in wireless networks Ⅱ: AoA-RSS[C]//Proceedings of the 2014 International Conference on Telecommunications and Multime-

dia. Piscataway, NJ: IEEE, 2014: 92-97.

[2] Tomic S, Beko M, Dinis R. 3-D target localization in wireless sensor networks using RSS and AOA measurements[J]. IEEE Transactions on Vehicular Technology, 2016, 6(4): 3197-3210.

[3] Wang Q, Duan Z, Li X R. Source Localization with AOA-only and hybrid RSS/AOA measurements via semidefinite programming[C]//Proceedings of the 2020 IEEE 23rd International Conference on Information Fusion (FUSION). Piscataway, NJ: IEEE, 2020: 1-8.

[4] Zuo P, Peng T, Wu H, et al. Directional source localization based on RSS-AOA combined measurements[J]. China Communications, 2020, 17(11): 181-193.

[5] Ding W, Chang S, Li J. A novel weighted localization method in wireless sensor networks based on hybrid RSS/AOA measurements[J]. IEEE Access, 2021, 9: 150677-150685.

[6] Tomic S, Beko M, Dinis R. Distributed RSS-AOA based localization with unknown transmit powers[J]. IEEE Wireless Communications Letters, 2016, 5(4): 392-395.

[7] Chang S, Li Y, Yang X, et al. A novel localization method based on RSS-AOA combined measurements by using polarized identity[J]. IEEE Sensors Journal, 2019, 19(4): 1463-1470.

[8] Li K, Jiao Y, Song Y, et al. Passive localization of multiple sources using joint RSS and AOA measurements in spectrum sharing system[J]. China Communications, 2021, 18(12): 65-80.

[9] Wang C, Qi F, Shi G, et al. Convex combination based target localization with noisy angle of arrival measurements[J]. IEEE Wireless Communications Letters, 2014, 3(1): 14-17.

[10] Tomic S, Beko M, Dinis R, et al. A closed-form solution for RSS/AOA target localization by spherical coordinates conversion[J]. IEEE Wireless Communications Letters, 2016, 5(6): 680-683.

[11] Tomic S, Beko M, Tuba M. A linear estimator for network localization using integrated RSS and AOA measurements[J]. IEEE Signal Processing Letters, 2019, 26(3): 405-409.

7 模型参数未知的RSS定位

信号强度量测模型是定位方法的基础。在 RSS 量测模型中，有两个重要参数，即信号发射功率和路径损失因子。在前面的章节中，我们假设这两个参数是精确已知的。发射功率依赖于辐射源本身，路径因子取决于信号的传播介质。在实际中，一些因素会导致这两个参数发生变化成为未知量。例如，环境中的湿度发生变化使得路径损失因子发生改变。此时，前面章节中的定位方法将不再适用。就此问题，本章将发射功率和路径损失因子作为未知模型参数，介绍模型参数未知情况下的 RSS 定位方法。

7.1 发射功率未知的 RSS 定位

辐射源发射功率是 RSS 量测模型的一个重要参数。在 RSS 定位中，传感器接收到的信号强度等于辐射源功率减去路径损失量。在辐射源定位中，有时会出现辐射源功率未知或发生改变的情况。此时，量测模型中的未知参数包含了目标位置和辐射源发射功率两类，发射功率已知的定位方法将不再适用。对于这个 RSS 定位问题，通常的做法是将发射功率与目标点位置一起作为未知参数进行估计，或者设法将未知发射功率的影响消除。本节就发射功率未知的 RSS 定位方法展开介绍。下面首先介绍发射功率未知的 RSS 量测模型和定位的极大似然估计，然后重点介绍几种定位方法。

7.1.1 量测模型与问题建立

令 $\boldsymbol{x}=[x,\ y]^{\mathrm{T}}$ 为待估的目标点位置；$\boldsymbol{a}_i=[x_i,\ y_i]^{\mathrm{T}}$，$i=1,\ \cdots,\ M$，为位置已知的锚节点位置。在对数阴影路径损失模型下，第 i 个锚节点关于目标点的 RSS 量测为：

$$P_i=P_0-10\beta\lg\frac{d_i(\boldsymbol{x},\ \boldsymbol{a}_i)}{d_0}+n_i \tag{7-1}$$

式中，各变量的定义与第 3 章中的一致，即 P_0 为距离发射端参考距离 d_0 处的信

号功率，其依赖于发射功率，β 为路径损失因子，假设已知，n_i 为对数正态阴影影响因子，建模为零均值的高斯随机变量，方差为 σ^2。由于辐射源发射功率未知，因而这里 P_0 也未知。$d_i(\boldsymbol{x}, \boldsymbol{a}_i)=\|\boldsymbol{x}-\boldsymbol{a}_i\|_2$ 为锚节点与目标点之间的距离，不失一般性，我们假设 $d_0=1$，令 $\boldsymbol{\theta}=[\boldsymbol{x}^{\mathrm{T}}, P_0]^{\mathrm{T}}$。

下面，我们考察在模型[公式(7-1)]下，RSS 定位的极大似然估计问题：

$$\hat{\boldsymbol{\theta}}=\arg\min_{\boldsymbol{\theta}}\sum_{i\in A}(P_i-P_0+10\beta\lg d_i)^2 \tag{7-2}$$

将公式(7-2)进行变形，得到：

$$\hat{\boldsymbol{\theta}}=\arg\min_{\boldsymbol{\theta}}\sum_{i\in A}\lg^2\frac{h_i\lambda_i}{\alpha} \tag{7-3}$$

其中，$h_i=d_i^2$，$\lambda_i=10^{P_i/(5\beta)}$。上述问题由于非凸性，不存在闭式解，但可以采用一些数值方法得到近似解，例如高斯牛顿法。然而，这些数值方法需要合适的初始化来保证最终算法收敛到全局最优解，而合适的初始化在实际中很难得到。下面介绍一种半正定规划方法，以解决上述求解困难的问题。

7.1.2 半正定规划方法

极大似然估计问题的代价函数具有很强的非线性和非凸性。因此，得到它的全局最优解是很困难的。我们采用一种半正定规划松弛方法，将极大似然估计问题转为一个凸优化问题。相比极大似然估计方法，半正定规划方法的优点在于它能有效地进行求解，并且可以保证收敛于全局最优值。本节我们介绍两类半正定规划方法。

首先，根据量测模型[公式(7-1)]，对方程两边进行变形，同时除以 5β，可以得到以下等式：

$$\lg d_i^2\lambda_i=P_0/(5\beta)+n_i/(5\beta) \tag{7-4}$$

对上述等式两边，以 10 为底数取指数，得到：

$$\log d_i^2\lambda_i=\alpha\,10^{n_i/(5\beta)} \tag{7-5}$$

在量测噪声充分小的情况下，对公式(7-5)右边使用一阶泰勒展开并进行近似，得到：

$$d_i^2\lambda_i=\alpha[1+\ln 10/(5\beta)]n_i \tag{7-6}$$

即：

$$h_i\lambda_i=\alpha+\tilde{n}_i \tag{7-7}$$

其中，$\tilde{n}_i$ 为新的噪声项，也为零均值的高斯随机变量，方差可以表示为 $(\ln 10)^2\alpha^2\sigma^2/(25\beta^2)$。此时，公式(7-7)相应的极大似然估计可以写为：

$$\hat{\boldsymbol{x}}=\arg\min_{\boldsymbol{x},\alpha}\sum_{i\in A}(h_i\lambda_i-\alpha)^2 \tag{7-8}$$

可以看出，极大似然估计方法旨在极小化残差项的 l_2 范数。对于充分小的残差，我们可以使用 l_1 范数将上述优化问题近似为：

$$\hat{\boldsymbol{x}}=\arg\min_{\boldsymbol{x},\alpha}|h_i\lambda_i-\alpha| \tag{7-9}$$

实际上，这里将原始的极大似然估计代价函数转化为上述代价函数。然而，上述代价函数依然为非线性非凸，为得到凸优化问题，需要引入一个辅助变量 y，则有：

$$h_i=d_i^2=\|\boldsymbol{x}-\boldsymbol{a}_i\|_2^2=y-2\boldsymbol{a}_i^{\mathrm{T}}\boldsymbol{x}+\boldsymbol{a}_i^{\mathrm{T}}\boldsymbol{a}_i \tag{7-10}$$

式中，$y=\boldsymbol{x}^{\mathrm{T}}\boldsymbol{x}$。在此基础上，优化公式(7-9)可以转为以下半正定规划问题：

$$\begin{aligned}&\arg\min_{\boldsymbol{x},\alpha,t_i,h_i,y}\sum_{i\in A}t_i\\ &\text{s. t.}\ -t_i\leqslant h_i\lambda_i-\alpha\leqslant t_i\\ &h_i=y-2\boldsymbol{a}_i^{\mathrm{T}}\boldsymbol{x}+\boldsymbol{a}_i^{\mathrm{T}}\boldsymbol{a}_i\\ &y\geqslant\boldsymbol{x}^{\mathrm{T}}\boldsymbol{x}\end{aligned} \tag{7-11}$$

在上述半正定规划问题的转化中，将第三个约束条件松弛为不等式约束，确保为凸约束条件，其等价于以下线性矩阵不等式形式：

$$\begin{bmatrix}y & \boldsymbol{x}^{\mathrm{T}}\\ \boldsymbol{x} & \boldsymbol{I}_2\end{bmatrix}\geqslant\boldsymbol{0}_3 \tag{7-12}$$

得到关于目标定位的半正定规划问题之后，可以采用内点法等算法有效地求解该问题，且可以保证最终解收敛到全局最优值，从而实现定位。

下面介绍第二类半正定规划方法。首先，在锚节点之中选择一个作为参考节点，记标号为 r。将其余锚节点与参考点的量测作差，得到以下新的量测模型：

$$P_{r,i}=P_r-P_i=10\beta\lg d_i/d_r+m_i,\ i\in A,\ i\neq r \tag{7-13}$$

式中，P_r 是参考节点的 RSS 量测，d_r 是相应锚节点到目标点的距离，$m_i=n_r-n_i$，为零均值的高斯随机变量，方差为 $2\sigma^2$。由于新的量测模型中，噪声均包含了参考节点的 RSS 噪声，使得新的量测变得相关。因而，采用极大似然估计准则比较困难。这里，采用非线性最小二乘准则建立目标估计问题。显然，关于公式(7-13)的非线性最小二乘问题为：

$$\hat{\boldsymbol{x}}=\arg\min_{\boldsymbol{x}}\sum_{i\in A,\ i\neq r}(P_{r,i}-10\beta\lg d_i/d_r)^2 \tag{7-14}$$

同样，将上述问题中的 l_2 范数近似为 l_1 范数，得到以下优化问题：

$$\hat{\boldsymbol{x}}=\arg\min_{\boldsymbol{x}}\sum_{i\in A,\ i\neq r}|d_i^2 v_i-d_r^2| \tag{7-15}$$

式中，$v_i=10^{P_{r,i}/(5\beta)}$。从而上述问题可以进一步松弛为以下半正定规划问题：

$$\begin{aligned}&\arg\min_{\boldsymbol{x},t_i,h_i,h_r,y}\sum_{i\in A,\ i\neq r}t_i\\&\text{s. t. } -t_i\leqslant h_i v_i-h_r\leqslant t_i\\&h_i=y-2\boldsymbol{a}_i^{\mathrm{T}}\boldsymbol{x}+\boldsymbol{a}_i^{\mathrm{T}}\boldsymbol{a}_i\\&h_r=y-2\boldsymbol{a}_r^{\mathrm{T}}\boldsymbol{x}+\boldsymbol{a}_r^{\mathrm{T}}\boldsymbol{a}_r\\&y\geqslant\boldsymbol{x}^{\mathrm{T}}\boldsymbol{x}\end{aligned} \tag{7-16}$$

求解上述半正定规划问题，同样可以实现发射功率未知的 RSS 定位。可以看出，本方法首先建立了新的模型，并消除未知发射功率的影响，然后采用与前面方法类似的手段建立了关于目标定位的半正定规划问题。值得一提的是，由于对数正态阴影对于 RSS 量测的影响是乘性的，因此，一般长距离对应的量测误差比短距离的量测误差要大。鉴于此，在本方法中应当选择距离目标点最近的锚节点作为参考节点，即 RSS 信噪比最高的锚节点。

7.1.3 线性最小二乘方法

考虑量测方程(7-1)，在无噪声情况下，可以将其写成：

$$d_i^2=\zeta_i\alpha \tag{7-17}$$

式中，$\zeta_i=10^{-P_i/(5\beta)}$。令 $\boldsymbol{\theta}_1=[\boldsymbol{x}^{\mathrm{T}},\ \boldsymbol{x}^{\mathrm{T}}\boldsymbol{x},\ \alpha]^{\mathrm{T}}$ 为待估的参数向量，并令 $k_i=\boldsymbol{a}_i^{\mathrm{T}}\boldsymbol{a}_i$。将所有 i 所对应的上述等式累加写成矩阵形式，得到：

$$\boldsymbol{A}\boldsymbol{\theta}_1=\boldsymbol{b} \tag{7-18}$$

式中，$\boldsymbol{A}=\begin{bmatrix}2\boldsymbol{a}_1^{\mathrm{T}} & -1 & \zeta_1\\ \vdots & \vdots & \vdots\\ 2\boldsymbol{a}_M^{\mathrm{T}} & -1 & \zeta_M\end{bmatrix}$；$\boldsymbol{b}=\begin{bmatrix}k_1\\ \vdots\\ k_M\end{bmatrix}$。容易求得上述等式的最小二乘解为：

$$\hat{\boldsymbol{\theta}}=(\boldsymbol{A}^{\mathrm{T}}\boldsymbol{A})^{-1}\boldsymbol{A}^{\mathrm{T}}\boldsymbol{b} \tag{7-19}$$

取上述估计量的前两维即得到目标的位置估计。

下面介绍第二种最小二乘估计方法。考虑量测模型[公式(7-13)]，同样选择一个锚节点作为参考节点，然后计算各个锚节点对应的 RSS 量测。在无噪声情况下，公式(7-13)可以写成：

$$d_i^2 v_i = d_r^2,\ i \in A,\ i \neq r \tag{7-20}$$

令 $\boldsymbol{\theta}_2 = [\boldsymbol{x}^{\mathrm{T}},\ \boldsymbol{x}^{\mathrm{T}}\boldsymbol{x}]^{\mathrm{T}}$ 为待估的参数向量，则有：

$$\boldsymbol{P}\boldsymbol{\theta}_2 = \boldsymbol{q} \tag{7-21}$$

式中，$\boldsymbol{P} = \begin{bmatrix} \vdots & \vdots \\ (2v_i\boldsymbol{a}_i - 2\boldsymbol{a}_r)^{\mathrm{T}} & (1-v_i) \\ \vdots & \vdots \end{bmatrix}$；$\boldsymbol{q} = \begin{bmatrix} \vdots \\ v_i k_i - k_r \\ \vdots \end{bmatrix}$。从而，公式(7-21)对应的最小二乘解可以写为：

$$\hat{\boldsymbol{\theta}} = (\boldsymbol{P}^{\mathrm{T}}\boldsymbol{P})^{-1}\boldsymbol{P}^{\mathrm{T}}\boldsymbol{b} \tag{7-22}$$

提取 $\hat{\boldsymbol{\theta}}$ 前两维即为目标的位置估计。同样可以按照之前的方法选择参考节点。

7.1.4 最小平方相对误差估计方法

前面介绍的定位方法均采用了极大似然估计或最小二乘估计的准则。本小节介绍在最小平方相对误差准则下的估计方法。不失一般性，这里仅给出二维场景下的定位方法，三维场景下的方法可以由此类推。

首先，考虑 RSS 量测模型[公式(7-1)]，将其写为乘积形式的模型，即方程两边同除以 10β，然后取 10 次乘方，得到以下等式：

$$10^{(P_0-P_i)/(10\beta)} = \|\boldsymbol{x}-\boldsymbol{a}_i\| 10^{-n_i/(10\beta)},\ i=1,\ \cdots,\ N \tag{7-23}$$

令 $\bar{d}_i = 10^{P_i/(10\beta)}$，$d_i = \|\boldsymbol{x}-\boldsymbol{a}_i\|$，$r = 10^{P_0/(10\beta)}$，以及 $\xi_i = 10^{-n_i/(10\beta)}$，公式(7-23)可以进一步写为：

$$r/\bar{d}_i = d_i\xi_i,\ i=1,\ \cdots,\ N \tag{7-24}$$

式中，ξ_i 为复合噪声项，且当 n_i 为独立分布的噪声时，对于不同的 i，ξ_i 也相互独立。根据公式(7-24)，可以采用最小平方相对误差准则建立发射功率未知的 RSS 定位问题：

$$\begin{aligned}[\hat{\boldsymbol{x}}^{\mathrm{T}},\ \hat{r}]^{\mathrm{T}} &= \arg\min_{\boldsymbol{x},r} \sum_{i=1}^{N} \left(\left| \frac{\frac{r}{\bar{d}_i} - d_i}{d_i} \right| + \left| \frac{\frac{r}{\bar{d}_i} - d_i}{\frac{r}{\bar{d}_i}} \right| \right)^2 \\ &= \arg\min_{\boldsymbol{x},r} \sum_{i=1}^{N} \left(\left| \frac{r - d_i\bar{d}_i}{\bar{d}d_i} \right| + \left| \frac{r - d_i\bar{d}_i}{r} \right| \right)^2 \end{aligned} \tag{7-25}$$

对于上述优化问题的代价函数取平方，得到以下等价问题：

$$[\hat{\boldsymbol{x}}^{\mathrm{T}},\ \hat{r}]^{\mathrm{T}}=\arg\min_{\boldsymbol{x},r}\sum_{i=1}^{N}\left(\left|\frac{\bar{d}_i^2 d_i^2}{r^2}\right|+\left|\frac{r^2}{\bar{d}_i^2 d_i^2}\right|\right) \tag{7-26}$$

不难看出，在上述的优化问题中，优化变量同时出现在代价函数的分子和分母中，导致该问题依然是非线性非凸的。为了将其松弛为一个半正定规划问题，首先引进一个新的变量 g 替代变量 r，即 $g=1/r$。从而，优化公式(7-26)转换为：

$$[\hat{\boldsymbol{x}}^{\mathrm{T}},\ \hat{g}]^{\mathrm{T}}=\arg\min_{\boldsymbol{x},r}\sum_{i=1}^{N}\left(g^2\,\bar{d}_i^2 d_i^2+\frac{1}{g^2\,\bar{d}_i^2 d_i^2}\right) \tag{7-27}$$

式中，g 为 P_0 的复合变量。同时，定义另一个复合变量 $\boldsymbol{y}=g\boldsymbol{x}$，从而有：

$$gd_i=g\,\|\boldsymbol{x}-\boldsymbol{a}_i\|=\|\boldsymbol{y}-g\boldsymbol{a}_i\| \tag{7-28}$$

将公式(7-28)代入公式(7-27)，得到：

$$[\hat{\boldsymbol{x}}^{\mathrm{T}},\ \hat{g}]^{\mathrm{T}}=\arg\min_{\boldsymbol{y},g}\sum_{i=1}^{N}\left(\|\boldsymbol{y}-g\boldsymbol{a}_i\|^2\,\bar{d}_i^2+\frac{1}{\|\boldsymbol{y}-g\boldsymbol{a}_i\|^2\,\bar{d}_i^2}\right) \tag{7-29}$$

进一步，将上述优化问题等价写成：

$$\begin{aligned}&\arg\min_{\boldsymbol{y},g,\tau_i,\mu_i}\sum_{i=1}^{N}(\tau_i+\mu_i)\\ &\text{s. t.}\ \|\boldsymbol{y}-g\boldsymbol{a}_i\|^2\,\bar{d}_i^2\leqslant\tau_i,\ i=1,\ \cdots,\ N\\ &\frac{1}{\|\boldsymbol{y}-g\boldsymbol{a}_i\|^2\,\bar{d}_i^2}\leqslant\mu_i,\ i=1,\ \cdots,\ N\end{aligned} \tag{7-30}$$

此时，引入一个辅助变量 $\boldsymbol{z}=[\boldsymbol{y}^{\mathrm{T}},\ g]^{\mathrm{T}}$，并令 $\boldsymbol{Z}=\boldsymbol{z}\boldsymbol{z}^{\mathrm{T}}$，可以将上式中的 $\|\boldsymbol{y}-g\boldsymbol{a}_i\|^2$表示为含 $\boldsymbol{Z}$ 的形式，即：

$$\|\boldsymbol{y}-g\boldsymbol{a}_i\|^2=\mathrm{tr}(\boldsymbol{C}_i\boldsymbol{Z}) \tag{7-31}$$

式中，$\boldsymbol{C}_i=\begin{bmatrix}\boldsymbol{I}_2 & -\boldsymbol{a}_i\\ -\boldsymbol{a}_i^{\mathrm{T}} & \|\boldsymbol{a}_i\|^2\end{bmatrix}_{3\times3}$，$i=1,\ \cdots,\ N$。根据公式(7-30)，可将优化公式(7-30)中的两个约束条件分别改写为：

$$\mathrm{tr}(\boldsymbol{C}_i\boldsymbol{Z})\,\bar{d}_i^2\leqslant\tau_i,\ i=1,\ \cdots,\ N \tag{7-32}$$

$$\begin{bmatrix}\mathrm{tr}(\boldsymbol{C}_i\boldsymbol{Z}) & 1/d_i\\ 1/d_i & \mu_i\end{bmatrix}\geqslant\boldsymbol{0},\ i=1,\ \cdots,\ N \tag{7-33}$$

从而，优化公式(7-30)可以等价地写成以下问题：

$$\begin{gathered}\underset{Z,\ \tau_i,\ \mu_i}{\arg\min} \sum_{i=1}^{N} (\tau_i + \mu_i) \\ \text{s. t. } \operatorname{tr}(\boldsymbol{C}_i\boldsymbol{Z})\ \bar{d}_i^2 \leqslant \tau_i,\ i = 1,\ \cdots,\ N \\ \begin{bmatrix} \operatorname{tr}(\boldsymbol{C}_i\boldsymbol{Z}) & 1/d_i \\ 1/d_i & \mu_i \end{bmatrix} \geqslant \boldsymbol{0},\ i = 1,\ \cdots,\ N \\ \boldsymbol{Z} \geqslant \boldsymbol{0} \\ \operatorname{rank}(\boldsymbol{Z}) = 1 \end{gathered} \tag{7-34}$$

其中，第三个和第四个约束条件源于以下等价性：

$$\boldsymbol{Z} = \boldsymbol{z}\boldsymbol{z}^{\mathrm{T}} \Leftrightarrow \boldsymbol{Z} \geqslant 0,\ \operatorname{rank}(\boldsymbol{Z}) = 1 \tag{7-35}$$

将关于 $\boldsymbol{Z}$ 的秩的约束条件进行松弛，得到最终关于发射功率未知的 RSS 定位的半正定规划问题：

$$\begin{gathered}\underset{Z,\ \tau_i,\ \mu_i}{\arg\min} \sum_{i=1}^{N} (\tau_i + \mu_i) \\ \text{s. t. } \operatorname{tr}(\boldsymbol{C}_i\boldsymbol{Z})\ \bar{d}_i^2 \leqslant \tau_i,\ i = 1,\ \cdots,\ N \\ \begin{bmatrix} \operatorname{tr}(\boldsymbol{C}_i\boldsymbol{Z}) & 1/d_i \\ 1/d_i & \mu_i \end{bmatrix} \geqslant \boldsymbol{0},\ i = 1,\ \cdots,\ N \\ \boldsymbol{Z} \geqslant \boldsymbol{0} \end{gathered} \tag{7-36}$$

求解上述半正定规划问题，可以得到相应的优化变量值。记$\{\boldsymbol{Z}^*,\ \boldsymbol{\tau}^*,\ \boldsymbol{u}^*\}$为相应的解，则根据 $\boldsymbol{Z}$ 的定义，可以得到目标的位置估计为：

$$\hat{\boldsymbol{x}} = \boldsymbol{Z}^*(1:2,\ 3)/\boldsymbol{Z}^*(3,\ 3) \tag{7-37}$$

而发射功率的估计可表示为：

$$\hat{P}_0 = 10\beta \lg\left[1/\sqrt{\boldsymbol{Z}^*(3,\ 3)}\right] \tag{7-38}$$

7.2 路径损失因子未知的 RSS 定位

在 RSS 量测模型中，路径损失因子同发射功率一样，也是一个重要的参数。它的大小取决于信号传播环境，一般在 2~6 取值。在实际应用中，可以通过试验或者先验信息得到，也可以通过节点与节点之间的量测来估计。然而，当先验知识缺乏，或者估计精度不够时，会对目标定位结果造成很大的影响。针对这个问题，本节介绍 RSS 量测模型中路径损失因子未知情况下的定位方法。

7.2.1 两步法

首先介绍一种采用两步估计的方法，将目标位置与路径损失因子作为未知参数同时估计。在自由空间和室内环境中，路径损失因子一般在 2~6 变化，假设其在某个区间内，即 $\beta \in [\beta_1, \beta_2]$。

将量测方程(7-1)改写为：

$$d_i^2 = 10^{(P_0-P_i)/(5\beta)}[1+\ln10/(5\beta)n_i] \tag{7-39}$$

然后，将路径损失因子写为 $\beta=\beta_0[1+(\beta-\beta_0)/\beta_0]$，其中 β_0 为一个可调参数，应该满足 $|(\beta-\beta_0)/\beta_0|$ 尽可能小。令 $\delta=(\beta-\beta_0)/\beta_0$，$\beta_0 \neq 0$。从而，$\beta=\beta_0(1+\delta)$，且有：

$$d_i^2 = 10^{(P_0-P_i)/[5\beta_0(1+\delta)]}[1+\ln10/(5\beta)n_i] \tag{7-40}$$

将公式(7-40)的右侧在 $\delta=0$ 处使用一阶泰勒展开，并假设 $|\delta|$ 很小，可以得到 $1/(1+\delta) \approx 1-\delta$ 以及

$$d_i^2 \approx q_i^{1-\delta}[1+\ln10/(5\beta)n_i] \tag{7-41}$$

其中，$q_i = 10^{(P_0-P_i)/(5\beta_0)}$。上述模型依然为非线性，难以估计未知参数。为了得到关于未知参数的线性模型，进一步做简化假设。将 $q_i^{-\delta}$ 在 $\delta=0$ 处进行一阶泰勒展开，并假设 $|\delta\ln q_i|$ 很小，得到 $q_i^{-\delta} \approx 1-\delta\ln q_i$。从而，可以将 d_i^2 作进一步近似，得到：

$$d_i^2 \approx q_i(1-\delta\ln q_i)[1+\ln10/(5\beta)n_i] \tag{7-42}$$

上述近似结果在 $|\delta\ln q_i$ 较小的情况下会达到很好的近似效果。例如，若 δ 特别小，即 β_0 接近于 β，上述近似就会达到很好的效果。此外，在无噪声情况下，有：

$$\delta\ln q_i = \delta\frac{P_0-P_i}{5\beta}\ln10 = \delta\frac{10\beta}{5\beta_0}\lg(d_i)\ln10 = 2\delta(1+\delta)\lg(d_i)\ln10 \tag{7-43}$$

从而，条件 $|\delta\ln q_i| \ll 1$ 等价于：

$$10^{-1/|2\delta(1+\delta)\ln10|} \ll d_i \ll 10^{1/|2\delta(1+\delta)\ln10|} \tag{7-44}$$

因此，给定一个 δ，即对 β 的假设值，就会得到 d_i 的一个下界和一个上界。为了找到一个最优的 β_0，假设损失因子 β 在某区间段上有特定的概率分布。然后，选择一个 β_0 使得位置估计误差可以极小化。以下介绍两步法估计位置的具体实现方法。

步骤 1：首先对公式(7-42)的模型使用最小二乘准则，同时估计目标位置和 δ。将公式(7-42)表示为一般的信赖域子问题：

$$\begin{aligned}&\arg\min_{\boldsymbol{y}_1}\ \|\boldsymbol{A}_1\boldsymbol{y}_1-\boldsymbol{b}_1\|^2\\&\text{s. t. }\boldsymbol{y}_1^{\mathrm{T}}\boldsymbol{D}_1\boldsymbol{y}_1+2\boldsymbol{f}_1^{\mathrm{T}}\boldsymbol{y}_1=0\end{aligned}\tag{7-45}$$

其中，$\boldsymbol{y}_1=[\ \|\boldsymbol{x}\|^2,\ \boldsymbol{x}^{\mathrm{T}},\ \delta]^{\mathrm{T}}$，$\boldsymbol{A}_1=\begin{bmatrix}1 & -2\boldsymbol{a}_1 & q_1\ln q_1\\ \vdots & \vdots & \vdots\\ 1 & -2\boldsymbol{a}_N & q_N\ln q_N\end{bmatrix}$，$\boldsymbol{b}_1=\begin{bmatrix}q_1-\|\boldsymbol{a}_1\|^2\\ \vdots\\ q_1-\|\boldsymbol{a}_N\|^2\end{bmatrix}$，

$\boldsymbol{f}_1=\begin{bmatrix}-\frac{1}{2}\\ 0\\ 0\\ 0\end{bmatrix}$，$\boldsymbol{D}_1=\mathrm{diag}(0,\ 1,\ 1,\ 0)$。对于上述的信赖域子问题，$\boldsymbol{y}^*$ 为解的充分必要条件，为：

$$\begin{gathered}(\boldsymbol{A}_1^{\mathrm{T}}\boldsymbol{A}_1+\gamma\boldsymbol{D}_1)\boldsymbol{y}^*=\boldsymbol{A}_1^{\mathrm{T}}\boldsymbol{b}_1-\gamma\boldsymbol{f}_1\\(\boldsymbol{y}^*)^{\mathrm{T}}\boldsymbol{D}_1\boldsymbol{y}^*+2\boldsymbol{f}_1^{\mathrm{T}}\boldsymbol{y}^*=0\\\boldsymbol{A}_1^{\mathrm{T}}\boldsymbol{A}_1+\gamma\boldsymbol{D}_1\geqslant\boldsymbol{0}\end{gathered}\tag{7-46}$$

在满足上述条件的基础上，公式(7-45)的解可以写为：

$$\boldsymbol{y}(\lambda)=(\boldsymbol{A}_1^{\mathrm{T}}\boldsymbol{A}_1+\gamma\boldsymbol{D}_1)^{-1}(\boldsymbol{A}_1^{\mathrm{T}}\boldsymbol{b}_1-\gamma\boldsymbol{f}_1)\tag{7-47}$$

为了得到满足上述等式的 γ，将上式代入约束条件 $\boldsymbol{y}^{\mathrm{T}}\boldsymbol{D}_1\boldsymbol{y}+2\boldsymbol{f}_1^{\mathrm{T}}\boldsymbol{y}=0$，即：

$$\phi(\gamma)=\boldsymbol{y}^{\mathrm{T}}(\gamma)\boldsymbol{D}_1\boldsymbol{y}(\gamma)+2\boldsymbol{f}_1^{\mathrm{T}}\boldsymbol{y}(\gamma)=0,\ \gamma\in L\tag{7-48}$$

其中，L 为包含 γ 且满足 $\boldsymbol{A}_1^{\mathrm{T}}\boldsymbol{A}_1+\gamma\boldsymbol{D}_1\geqslant\boldsymbol{0}$ 的区间，并由 $L=(-1/\gamma_1,\ \infty)$ 给出，γ_1 表示 $(\boldsymbol{A}_1^{\mathrm{T}}\boldsymbol{A}_1)^{-1/2}\boldsymbol{D}_1(\boldsymbol{A}_1^{\mathrm{T}}\boldsymbol{A}_1)^{-1/2}$ 的最大特征根。

基于上述计算过程，得到公式(7-45)的一个解，即目标位置和路径损失因子的估计为：

$$\hat{\boldsymbol{x}}=[\boldsymbol{y}^*]_{2:3}\tag{7-49}$$

其中，$\boldsymbol{y}^*$ 为公式(7-45)的最优解。

步骤 2：在这一步中，主要是对上一步所得估计结果进行修正。首先，用上一步中目标位置的估计结果更新路径损失因子。使用矩方法，可以将路径损失因子估计为：

$$\tilde{\beta}\simeq\frac{\sum_{i=1}^{N}(P_0-P_i)}{10\lg\prod_{i=1}^{N}\tilde{d}_i}\tag{7-50}$$

在公式(7-50)中，由于真实距离 $d_i=\|\boldsymbol{x}-\boldsymbol{a}_i\|$ 未知，因而使用 $\tilde{d}_i=\|\tilde{\boldsymbol{x}}-\boldsymbol{a}_i\|$ 近似代替，$\tilde{\boldsymbol{x}}$ 为步骤 1 中所得的目标位置估计。在得到上述关于路径损失因子估计的基础上，将公式(7-42)改写为：

$$d_i^2=10^{(P_0-P_i)/(5\tilde{\beta})}\left[1+\ln 10/(5\tilde{\beta})n_i\right] \tag{7-51}$$

对公式(7-51)应用加权最小二乘准则，将估计问题写成下面一般的信赖域子问题：

$$\begin{gathered}\arg\min_{\boldsymbol{y}_2}\|\boldsymbol{W}(\boldsymbol{A}_2\boldsymbol{y}_2-\boldsymbol{b}_2)\|^2\\ \text{s. t. } \boldsymbol{y}_2^{\mathrm{T}}\boldsymbol{D}_2\boldsymbol{y}_2+2\boldsymbol{f}_2^{\mathrm{T}}\boldsymbol{y}_2=0\end{gathered} \tag{7-52}$$

式中，$\boldsymbol{y}_2=[\|\boldsymbol{x}\|^2,\ \boldsymbol{x}^{\mathrm{T}}]^{\mathrm{T}}$；$\boldsymbol{A}_2=\begin{bmatrix}1 & -2\boldsymbol{a}_1\\ \vdots & \vdots\\ 1 & -2\boldsymbol{a}_N\end{bmatrix}$；$\boldsymbol{f}_2=[-1/2,\ 0,\ 0]^{\mathrm{T}}$；$\boldsymbol{D}_2=\mathrm{diag}(0,\ 1,\ 1)$；$\boldsymbol{W}=\mathrm{diag}[10^{P_1/(5\tilde{\beta})},\ \cdots,\ 10^{P_N/(5\tilde{\beta})}]$；$\boldsymbol{b}_2=[-\|\boldsymbol{a}_1\|^2,\ \cdots,\ -\|\boldsymbol{a}_N\|^2]^{\mathrm{T}}$。同样采用步骤 1 中求解信赖域子问题的方法，求得关于问题(7-52)的解 $\boldsymbol{y}_2^*$，则目标的位置估计可以表示为 $\hat{\boldsymbol{x}}=[\boldsymbol{y}_2^*]_{2:3}$。

7.2.2 迭代法

根据量测方程，可以写出在路径损失因子未知的情况下，目标位置与损失因子联合的极大似然估计问题为：

$$\arg\min_{\boldsymbol{x},\beta}\sum_{i=1}^{N}(1/\sigma^2)\left[(P_i-P_0)+10\beta\lg\|\boldsymbol{x}-\boldsymbol{a}_i\|\right]^2 \tag{7-53}$$

对于上述问题，不难看出，当 $\boldsymbol{x}$ 已知，量测方程(7-1)成为 β 的线性函数。因而，可以交替地估计 $\boldsymbol{x}$ 和 β。假设最大的迭代次数为 K，具体的估计步骤如下：

步骤 1：获取一个关于 β 的初始估计 $\hat{\beta}_0$，代入量测模型使用已有的方法得到 $\boldsymbol{x}$ 的一个估计 $\hat{\boldsymbol{x}}_0$。将 $\{\hat{\boldsymbol{x}}_0,\ \hat{\beta}_0\}$ 代入公式(7-53)计算目标函数的值 f_0。令 $k=0$。

步骤 2：使用 $\hat{\boldsymbol{x}}_{k-1}$ 得到关于 β 的一个线性加权最小二乘估计：

$$\hat{\beta}_k=\arg\min_{\beta}\sum_{i=1}^{N}\frac{(P_i-P_0+b_{k-1,i}\beta)}{\sigma^2}=\frac{\sum_{i=1}^{N}\left[b_{k-1,\,i}(P_i-P_0)/\sigma^2\right]}{\sum_{i=1}^{N}\left[b_{k-1,\,i}^2/\sigma^2\right]} \tag{7-54}$$

式中，$b_{k-1,i}=10\lg(\|\hat{\boldsymbol{x}}_{k-1}-\boldsymbol{a}_i\|)$。若 $\hat{\beta}_k$ 超出预设的区间 $[\beta_{\min},\ \beta_{\max}]$，则停止迭

代。否则，转入步骤3。

步骤3：将更新后的$\hat{\beta}_k$代入量测方程，使用已有方法得到关于$\boldsymbol{x}$的一个更新估计$\hat{\boldsymbol{x}}_k$。将$\{\hat{\boldsymbol{x}}_k, \hat{\beta}_k\}$代入公式(7-53)中计算目标函数的值$f_k$。若$|f_k - f_{k-1}|/f_{k-1} < \varepsilon$（$\varepsilon$为一个给定且比较小的正数，如$10^{-3}$）或$k>K$，则停止迭代。否则，令$k=k+1$，转入步骤2。

值得一提的是，β的初始值$\hat{\beta}_0$可由经验得到，一般大于真值比较合适。在实际中，针对特定的环境，在经验值范围内应尽量取大。

参 考 文 献

[1] Vaghefi R M, Gholami M R, Ström E G. RSS-based sensor localization with unknown transmit power[C]//Proceedings of the 2011 IEEE International Conference on Acoustics, Speech and Signal Processing (ICASSP). Piscataway, NJ: IEEE, 2011: 2480-2483.

[2] Shi J, Wang G, Jin L. Least squared relative error estimator for RSS based localization with unknown transmit power[J]. IEEE Signal Processing Letters, 2020, 27: 1165-1169.

[3] Chu Y, Guo W, You K, et al. RSS-based multiple co-channel sources localization with unknown shadow fading and transmitted power[J]. IEEE Transactions on Vehicular Technology, 2022, 71(12): 13344-13355.

[4] Gholami M R, Vaghefi R M, Ström E G. RSS-based sensor localization in the presence of unknown channel parameters[J]. IEEE Transactions on Signal Processing, 2013, 61(15): 3752-3759.

[5] Wang G, Chen H, Li Y, et al. On received-signal-strength based localization with unknown transmit power and path loss exponent[J]. IEEE Wireless Communications Letters, 2012, 1(5): 536-539.

[6] Xu Y, Zhou J, Zhang P. RSS-based source localization when path-loss model parameters are unknown[J]. IEEE Communications Letters, 2014, 18(6): 1055-1058.

[7] Mei X, Chen Y, Xu X, et al. RSS localization using multistep linearization in the presence of unknown path loss exponent[J]. IEEE Sensors Letters, 2022, 6(8): 1-4.

[8] Najarro L A C, Song I, Tomic S, et al. Fast localization with unknown transmit power and path-loss exponent in WSNs based on RSS measurements[J]. IEEE Communications Letters, 2020, 24(12): 2756-2760.

[9] Zou Y, Liu H. RSS-based target localization with unknown model parameters and sensor position errors[J]. IEEE Transactions on Vehicular Technology, 2021, 70(7): 6969-6982.

[10] Chu Y, Guo W, You K, et al. RSS-based multiple co-channel sources localization with unknown shadow fading and transmitted power[J]. IEEE Transactions on Vehicular Technology, 2022, 71(12): 13344-13355.

8　多目标合作式 RSS 定位

在前面的章节中，我们介绍了单目标或非合作式的 RSS 定位。它们的特点是可使用的 RSS 量测只来源于锚节点与目标点之间。在多目标定位中，传感器节点之间的量测除了锚节点与目标点之间的量测，也可能包括目标点与目标点之间的量测。将这两类量测同时作为数据源来估计目标位置，即形成多目标的合作式定位方式。本章就多目标的合作式 RSS 定位进行详细介绍，包括对量测模型的不同假设。相比于单目标定位或非合作式定位，多目标合作定位使目标点之间的量测增多，使得关于目标位置的信息量增多，因此理论上可以达到更高的定位精度。然而，目标点之间的量测方程是两两目标之间距离的函数，具有更多的未知变量，因而所建立的位置估计问题具有更强的非凸性，求解变得更加复杂。目前文献中的合作式定位方法大多是由单目标定位或非合作式定位方法推广而来的，例如半正定规划方法和二阶锥规划方法。使用极大似然估计和最小二乘估计等非线性方法也可以容易地建立多目标位置的估计问题，但是这些估计问题是非凸的。值得一提的是，半正定规划等优化方法也是建立在极大似然估计、非线性最小二乘估计的基础上。不同的是，它们给出了求解估计问题的凸优化方法。目前，关于合作式 RSS 定位的研究，除了量测模型精确已知的情况外，其他相关研究还包括辐射源发射功率未知、路径损失因子未知、非视距环境等几种情况。

8.1　理想模型下的合作式 RSS 定位

理想量测模型是合作式 RSS 定位中最基本的一种情况。在该模型中，仅目标位置是未知参数，且 RSS 量测模型包含了两部分。第一部分与前面章节中使用的模型一致，即锚节点与目标点之间的 RSS 量测模型。而第二部分是位置未知的目标点之间的 RSS 量测模型，但由于信号传播的方式相同，这部分的量测函数与第一部分在形式上是一致的。此外，合作式 RSS 定位方法大多借鉴了非合作式定位中的方法，下面具体介绍几种。

8.1.1 半正定规划方法

考虑如下的多目标 RSS 量测模型：

$$\begin{aligned} P_{i,j}^{A} &= P_{0}^{j} - 10\beta\lg\frac{d_{i,j}(\boldsymbol{x}_i, \boldsymbol{a}_j)}{d_0} + n_{i,j}, \quad (i, j) \in A \\ P_{i,j}^{B} &= P_{0}^{j} - 10\beta\lg\frac{d_{i,j}(\boldsymbol{x}_i, \boldsymbol{x}_j)}{d_0} + n_{i,j}, \quad (i, j) \in B \end{aligned} \tag{8-1}$$

式中，$P_{i,j}^{A}$为锚节点与目标点之间量测，dB；$P_{i,j}^{B}$为目标点与目标点之间量测，dB；P_0^j 为目标点 j 对应的参考功率，dB。

其余变量的定义与前面章节中的一致，即 $\boldsymbol{a}_j$ 为已知的锚节点位置，$j=1$，2，…，N，$\boldsymbol{x}_j$ 为未知的目标点位置，$j=1$，2，…，M，β 为已知的路径损失因子，$n_{i,j}$为零均值的高斯噪声。此外，A 为锚节点与目标点之间量测 $P_{i,j}^{A}$的标号集合，B 为目标点与目标点之间量测 $P_{i,j}^{B}$的标号集合。不失一般性，假设 P_0^j 对于所有的 j 都相同且已知。

合作式 RSS 定位，即利用所有的 $P_{i,j}^{A}$和 $P_{i,j}^{B}$以及 $\boldsymbol{a}_j$，对目标点位置 $\boldsymbol{x}_i$ 进行估计。由于假设 RSS 噪声 $n_{i,j}$为零均值的高斯噪声，可以采用极大似然准则估计目标点的位置。令 $\boldsymbol{\theta}=[\boldsymbol{x}_1^{\mathrm{T}}, \boldsymbol{x}_2^{\mathrm{T}}, \cdots, \boldsymbol{x}_M^{\mathrm{T}}]^{\mathrm{T}}$ 为待估目标位置参数向量，建立如下估计问题：

$$\begin{aligned} \hat{\boldsymbol{\theta}} = \arg\min_{\boldsymbol{\theta}} \sum_{(i,j)\in A} \left[P_{i,j}^{A} - P_0^j + 10\beta\lg\frac{d_{i,j}(\boldsymbol{x}_i, \boldsymbol{a}_j)}{d_0} \right]^2 + \\ \sum_{(i,j)\in B} \left[P_{i,j}^{B} - P_0^j + 10\beta\lg\frac{d_{i,j}(\boldsymbol{x}_i, \boldsymbol{x}_j)}{d_0} \right]^2 \end{aligned} \tag{8-2}$$

显然，上述优化问题为一个非凸问题，非凸性体现在两个方面。其中，目标函数第一部分与非合作式定位中的目标函数一致，同为非凸函数，而第二部分中包含了两个未知量的距离函数，相比第一部分具有更强的非凸性。下面介绍一种将此非凸问题转为半正定规划问题的方法。

首先，将第一部分的目标函数记为$\mathcal{L}_1$，对其使用一阶泰勒展开，近似得到：

$$\mathcal{L}_1 \approx \sum_{(i,j)\in A} [5\beta/(\ln 10\gamma_i)]^2 \left[d_{i,j}^2(\boldsymbol{x}_i, \boldsymbol{y}_j) 10^{\frac{P_{i,j}^{A}-P_0^j}{5\beta}} - 1 \right]^2 \tag{8-3}$$

这是由于

$$P_{i,j}^{A} - P_0^j + 10\beta\lg\frac{d_{i,j}}{d_0} = 5\beta\lg d_{i,j}^2 10^{\frac{P_{i,j}^{A}-P_0^j}{5\beta}} \approx \frac{5\beta}{\ln 10\gamma_i}\left(d_{i,j}^2 10^{\frac{P_{i,j}^{A}-P_0^j}{5\beta}} - 1 \right) \tag{8-4}$$

同理，可以将$\mathcal{L}_2$近似为：

$$\mathcal{L}_2 \approx \sum_{(i,\ j)\in B}[5\beta/(\ln 10\gamma_i)]^2\left[d_{i,j}^2(\boldsymbol{x}_i,\ \boldsymbol{x}_j)10^{\frac{P_{i,j}^B-P_0^j}{5\beta}}-1\right] \tag{8-5}$$

在此基础上，公式(8-2)所示的极大似然估计问题可以近似为以下新问题：

$$\begin{gathered}\hat{\boldsymbol{\theta}}=\underset{\boldsymbol{\theta},\ t_{i,\ j}^a,\ t_{i,\ j}^b}{\arg\min}\ \sum_{(i,\ j)\in A}t_{i,\ j}^a+\sum_{(i,\ j)\in B}t_{i,\ j}^b\\ \text{s. t.}\ (\boldsymbol{\kappa}_{i,\ j}^A v_{i,\ j}^A-1)^2\leqslant t_{i,\ j}^a\\ (\boldsymbol{\kappa}_{i,\ j}^B v_{i,\ j}^B-1)^2\leqslant t_{i,\ j}^b\end{gathered} \tag{8-6}$$

式中，$\boldsymbol{\kappa}_{i,j}^A=d_{i,j}^2(\boldsymbol{x}_i,\ \boldsymbol{y}_j)$；$v_{i,j}^A=10^{\frac{P_{i,j}^A-P_0^j}{5\beta}}$；$\boldsymbol{\kappa}_{i,j}^B=d_{i,j}^2(\boldsymbol{x}_i,\ \boldsymbol{x}_j)$；$v_{i,j}^B=10^{\frac{P_{i,j}^B-P_0^j}{5\beta}}$。

可以采用适当的松弛手段，将上述非凸问题转为以下半正定规划问题：

$$\begin{gathered}\hat{\boldsymbol{\theta}}=\underset{\substack{t_{i,\ j}^a,\ t_{i,\ j}^b,\ \boldsymbol{\kappa}_{i,\ j}^A,\ \boldsymbol{\kappa}_{i,\ j}^B,\\ x_i,\ \gamma_i,\ \boldsymbol{X},\ \boldsymbol{Z}}}{\arg\min}\ \sum_{i=1}^{M}\sum_{j=1}^{N}t_{i,\ j}^a+\sum_{i=1}^{M}\sum_{j=1,\ j\neq i}^{M}t_{i,\ j}^b\\ \text{s. t.}\qquad (\boldsymbol{\kappa}_{i,\ j}^A v_{i,\ j}^A-\gamma_i)^2\leqslant t_{i,\ j}^a\\ (\boldsymbol{\kappa}_{i,\ j}^B v_{i,\ j}^B-\gamma_i)^2\leqslant t_{i,\ j}^b\\ \boldsymbol{x}_i=\boldsymbol{X}(:,\ i)\\ \boldsymbol{\kappa}_{i,\ j}^A=\boldsymbol{Z}(i,\ i)-2(\boldsymbol{x}_i)^{\mathrm{T}}\boldsymbol{a}_j+(\boldsymbol{a}_j)^{\mathrm{T}}\boldsymbol{a}_j\\ \boldsymbol{\kappa}_{i,\ j}^B=\begin{bmatrix}\boldsymbol{0}_3\\ \boldsymbol{e}_i-\boldsymbol{e}_j\end{bmatrix}^{\mathrm{T}}\begin{bmatrix}\boldsymbol{I}_3 & \boldsymbol{X}\\ \boldsymbol{X}^{\mathrm{T}} & \boldsymbol{Z}\end{bmatrix}\begin{bmatrix}\boldsymbol{0}_3\\ \boldsymbol{e}_i-\boldsymbol{e}_j\end{bmatrix}\\ \begin{bmatrix}\boldsymbol{I}_3 & \boldsymbol{X}\\ \boldsymbol{X}^{\mathrm{T}} & \boldsymbol{Z}\end{bmatrix}\geqslant\boldsymbol{0}_{N+3}\end{gathered} \tag{8-7}$$

值得一提的是，在上述公式中，目标点之间的距离$\boldsymbol{\kappa}_{i,j}^B$有以下具体的形式：

$$\boldsymbol{\kappa}_{i,j}^B=\|\boldsymbol{x}_i-\boldsymbol{x}_j\|_2^2=\boldsymbol{a}_{i,j}^{\mathrm{T}}\boldsymbol{A}\boldsymbol{a}_{i,j} \tag{8-8}$$

式中，$\boldsymbol{A}=\begin{bmatrix}1 & 0 & 0 & x_1 & \cdots & x_M\\ 0 & 1 & 0 & y_1 & \cdots & y_M\\ 0 & 0 & 1 & z_1 & \cdots & z_M\\ x_1 & y_1 & z_1 & \boldsymbol{x}_1^{\mathrm{T}}\boldsymbol{x}_1 & \cdots & \boldsymbol{x}_1^{\mathrm{T}}\boldsymbol{x}_M\\ \vdots & \vdots & \vdots & \vdots & \ddots & \vdots\\ x_M & y_M & z_M & \boldsymbol{x}_M^{\mathrm{T}}\boldsymbol{x}_1 & \cdots & \boldsymbol{x}_M^{\mathrm{T}}\boldsymbol{x}_M\end{bmatrix}$；$\boldsymbol{x}_i=[x_i,\ y_i,\ z_i]^{\mathrm{T}}$ 为目标 i 的真实位置。

求解上述半正定规划问题，即可得到目标的位置估计 $\hat{\boldsymbol{x}}_i$。

8.1.2 二阶锥规划方法

同样，考虑合作式 RSS 路径损失模型。对方程两边同除以 10β，取 10 次幂，得到：

$$
\begin{aligned}
&10^{(L_0-L_{i,j}^A)/(10\beta)}\ \|\boldsymbol{a}_i-\boldsymbol{x}_j\|=d_0 10^{-n_{ij}/(10\beta)},\ (i,\ j)\in A\\
&10^{(L_0-L_{i,j}^B)/(10\beta)}\ \|\boldsymbol{x}_i-\boldsymbol{x}_k\|=d_0 10^{-n_{ik}/(10\beta)},\ (i,\ j)\in B
\end{aligned}
\tag{8-9}
$$

当 n_{ij} 和 n_{ik} 充分小时（$|n_{ij}|\ll 10\beta/\ln 10$ 且 $|n_{ik}|\ll 10\beta/\ln 10$），将公式(8-9)两个等式的右边使用一阶泰勒展开，并将高阶项忽略，近似得到：

$$
\begin{aligned}
&10^{-n_{ij}/(10\beta)}\approx 1-\ln 10/10\beta n_{ij}\\
&10^{-n_{ik}/(10\beta)}\approx 1-\ln 10/10\beta n_{ik}
\end{aligned}
\tag{8-10}
$$

将上述近似结果代入公式(8-9)，得到：

$$
\begin{aligned}
&\alpha_{ij}^A\ \|\boldsymbol{a}_i-\boldsymbol{x}_j\|\approx d_0-d_0(\ln 10/10\beta)n_{ij},\ (i,\ j)\in A\\
&\alpha_{ik}^B\ \|\boldsymbol{x}_i-\boldsymbol{x}_k\|\approx d_0-d_0(\ln 10/10\beta)n_{ik},\ (i,\ j)\in B
\end{aligned}
\tag{8-11}
$$

式中，$\alpha_{ij}^A=(L_0-L_{i,j}^A)/(10\beta)$；$\alpha_{ik}^B=(L_0-L_{i,k}^B)/(10\beta)$。将公式(8-11)中两个近似式右侧的第二项分别移至左侧，然后两边同时平方并忽略噪声的二次项，可以得到以下近似表达式：

$$
\begin{aligned}
&(\alpha_{ij}^A)^2\ \|\boldsymbol{a}_i-\boldsymbol{x}_j\|^2+2\mu\alpha_{ij}^A\ \|\boldsymbol{a}_i-\boldsymbol{x}_j\|\ n_{ij}\approx d_0^2,\ (i,\ j)\in A\\
&(\alpha_{ik}^B)^2\ \|\boldsymbol{x}_i-\boldsymbol{x}_k\|^2+2\mu\alpha_{ik}^B\ \|\boldsymbol{x}_i-\boldsymbol{x}_k\|\ n_{ik}\approx d_0^2,\ (i,\ k)\in B
\end{aligned}
\tag{8-12}
$$

式中，$\mu=d_0\ln 10/(10\beta)$。由公式(8-12)可以得到：

$$
\begin{aligned}
&n_{ij}\approx\frac{\mu^{-1}[d_0^2(\alpha_{ij}^A)^{-1}-\alpha_{ij}^A\ \|\boldsymbol{a}_i-\boldsymbol{x}_j\|^2]}{2\ \|\boldsymbol{a}_i-\boldsymbol{x}_j\|},\ (i,\ j)\in A\\
&n_{ik}\approx\frac{\mu^{-1}[d_0^2(\alpha_{ik}^B)^{-1}-\alpha_{ik}^B\ \|\boldsymbol{x}_i-\boldsymbol{x}_k\|^2]}{2\ \|\boldsymbol{x}_i-\boldsymbol{x}_k\|},\ (i,\ k)\in B
\end{aligned}
\tag{8-13}
$$

基于公式(8-13)，可以得到以下加权的最小二乘估计问题：

$$
\begin{aligned}
&\arg\min_{\boldsymbol{x}_i}\sum_{(i,\ j)\in A}\frac{\{\mu^{-1}[d_0^2(\alpha_{ij}^A)^{-1}-\alpha_{ij}^A\ \|\boldsymbol{a}_i-\boldsymbol{x}_j\|^2]\}^2}{4\sigma^2\ \|\boldsymbol{a}_i-\boldsymbol{x}_j\|^2}+\\
&\sum_{(i,\ k)\in B}\frac{\{\mu^{-1}[d_0^2(\alpha_{ik}^B)^{-1}-\alpha_{ik}^B\ \|\boldsymbol{x}_i-\boldsymbol{x}_k\|^2]\}^2}{4\sigma^2\ \|\boldsymbol{x}_i-\boldsymbol{x}_k\|^2}
\end{aligned}
\tag{8-14}
$$

显然，上述问题依然非凸，下面将其松弛为一个二阶锥规划问题。首先，定

义一个矩阵变量 $\boldsymbol{X}=[\boldsymbol{x}_1, \boldsymbol{x}_2, \cdots, \boldsymbol{x}_M]$。然后，引入一个变量 $\boldsymbol{y}=\mathrm{vec}(\boldsymbol{X})$ 和一个向量 $\boldsymbol{E}_i=[\mathbf{e}_{2i-1}, \mathbf{e}_{2i}]$，其中 $\mathrm{vec}(\boldsymbol{X})$ 表示 $\boldsymbol{X}$ 的列向量化，$\mathbf{e}_{2i}$ 表示单位矩阵 $\boldsymbol{I}_{2M}$ 的第 i 列向量。从而，公式(8-14)可以等价地写成：

$$\arg\min_{\boldsymbol{y}_i} \sum_{(i,j)\in A} \frac{\mu^{-1}[d_0^2(\alpha_{ij}^A)^{-1}-\alpha_{ij}^A\|\boldsymbol{E}_i^{\mathrm{T}}\boldsymbol{y}-\boldsymbol{a}_i\|^2]\}^2}{4\sigma^2\|\boldsymbol{E}_i^{\mathrm{T}}\boldsymbol{y}-\boldsymbol{a}_i\|^2} + \sum_{(i,k)\in B} \frac{\{\mu^{-1}[d_0^2(\alpha_{ik}^B)^{-1}-\alpha_{ik}^B\|\boldsymbol{E}_i^{\mathrm{T}}\boldsymbol{y}-\boldsymbol{E}_k^{\mathrm{T}}\boldsymbol{y}\|^2]\}^2}{4\sigma^2\|\boldsymbol{E}_i^{\mathrm{T}}\boldsymbol{y}-\boldsymbol{E}_k^{\mathrm{T}}\boldsymbol{y}\|^2} \tag{8-15}$$

该问题等价于：

$$\begin{aligned}
&\arg\min_{\boldsymbol{y}_i} \sum_{(i,j)\in A} h_{ij} + \sum_{(i,k)\in B} g_{ik} \\
&\text{s.t.}\ \frac{\{\mu^{-1}[d_0^2(\alpha_{ij}^A)^{-1}-\alpha_{ij}^A\|\boldsymbol{E}_i^{\mathrm{T}}\boldsymbol{y}-\boldsymbol{a}_i\|^2]\}^2}{4\sigma^2\|\boldsymbol{E}_i^{\mathrm{T}}\boldsymbol{y}-\boldsymbol{a}_i\|^2} \leqslant h_{ij} \\
&\frac{\{\mu^{-1}[d_0^2(\alpha_{ik}^B)^{-1}-\alpha_{ik}^B\|\boldsymbol{E}_i^{\mathrm{T}}\boldsymbol{y}-\boldsymbol{E}_k^{\mathrm{T}}\boldsymbol{y}\|^2]\}^2}{4\sigma^2\|\boldsymbol{E}_i^{\mathrm{T}}\boldsymbol{y}-\boldsymbol{E}_k^{\mathrm{T}}\boldsymbol{y}\|^2} \leqslant g_{ik}
\end{aligned} \tag{8-16}$$

将上述问题中的非凸约束条件使用二阶锥松弛，同时，对于 $(i, j)\in A$，引入辅助变量 $d_{ij}^A=\|\boldsymbol{E}_i^{\mathrm{T}}\boldsymbol{y}-\boldsymbol{a}_i\|^2$，对于 $(i, k)\in B$，引入辅助变量 $d_{ik}^B=\|\boldsymbol{E}_i^{\mathrm{T}}\boldsymbol{y}-\boldsymbol{E}_k^{\mathrm{T}}\boldsymbol{y}\|^2$，可以得到以下二阶锥规划问题：

$$\begin{aligned}
&\arg\min_{\substack{\boldsymbol{Y},\boldsymbol{y},d_{ij}^A\\ d_{ij}^B,h_{ij},g_{ik}}} \sum_{(i,j)\in A} h_{ij} + \sum_{(i,k)\in B} g_{ik} \\
&\text{s.t.}\ d_{ij}^A = \mathrm{tr}(\boldsymbol{E}_i^{\mathrm{T}}\boldsymbol{Y}\boldsymbol{E}_i) - 2\boldsymbol{x}_i^{\mathrm{T}}\boldsymbol{E}_i^{\mathrm{T}}\boldsymbol{Y} + \|\boldsymbol{a}_i\|^2 \\
&\|2\mu^{-1}[d_0^2(\alpha_{ij}^A)^{-1}-\alpha_{ij}^A d_{ij}^A];\ 4d_{ij}^A\sigma^2-h_{ij}\| \leqslant 4d_{ij}^A\sigma^2+h_{ij},\ (i,j)\in A \\
&d_{ij}^B = \mathrm{tr}(\boldsymbol{E}_i^{\mathrm{T}}\boldsymbol{Y}\boldsymbol{E}_i) - 2\mathrm{tr}(\boldsymbol{E}_i^{\mathrm{T}}\boldsymbol{Y}\boldsymbol{E}_k) + \mathrm{tr}(\boldsymbol{E}_k^{\mathrm{T}}\boldsymbol{Y}\boldsymbol{E}_k) \\
&\|2\mu^{-1}[d_0^2(\alpha_{ik}^B)^{-1}-\alpha_{ik}^B d_{ik}^B];\ 4d_{ik}^B\sigma^2-g_{ik}\| \leqslant 4d_{ik}^B\sigma^2+g_{ik},\ (i,j)\in B \\
&\begin{bmatrix}\boldsymbol{Y} & \boldsymbol{y}\\ \boldsymbol{y}^{\mathrm{T}} & 1\end{bmatrix} \geqslant \mathbf{0}_{2M+1}
\end{aligned} \tag{8-17}$$

上述二阶锥规划问题，可以使用凸优化工具包有效地求解，从而得到各个目标点的位置估计。

8.1.3 混合半正定规划和二阶锥规划方法

考虑如下 RSS 路径损失模型：

$$L_{i,j}^{A}=L_0+10\beta\lg\frac{\|\boldsymbol{a}_i-\boldsymbol{x}_j\|}{d_0}+n_{i,j},\ (i,\ j)\in A$$
$$L_{i,k}^{B}=L_0+10\beta\lg\frac{\|\boldsymbol{x}_i-\boldsymbol{x}_k\|}{d_0}+n_{i,k},\ (i,\ k)\in B \tag{8-18}$$

式中，$L_{i,j}^{A}$为第 i 个锚节点到第 j 个目标点的 RSS 路径损失量；$L_{i,k}^{B}$为第 i 个目标点到第 k 个目标点之间的 RSS 路径损失量；L_0 为某参考距离 d_0 的 RSS 路径损失；β 为路径损失因子；$n_{i,j}$和 $n_{i,k}$均为零均值的高斯噪声；假设方差均为 σ^2，A 和 B 分别为锚节点和目标点之间、目标点与目标点之间有 RSS 量测的标号集合。

同样，令 $\boldsymbol{\theta}=[\boldsymbol{x}_1^{\mathrm{T}},\ \boldsymbol{x}_2^{\mathrm{T}},\ \cdots,\ \boldsymbol{x}_M^{\mathrm{T}}]^{\mathrm{T}}$ 为待估的目标位置向量。根据上述合作式 RSS 定位的量测模型以及对噪声的高斯假设，可以得到极大似然估计准则下的定位优化问题，即以下非线性非凸的最小二乘问题：

$$\hat{\boldsymbol{\theta}}=\arg\min_{\boldsymbol{\theta}}\sum_{(i,\ j)\in A}\left(L_{i,\ j}^{A}-L_0-10\beta\lg\frac{\|\boldsymbol{a}_i-\boldsymbol{x}_j\|}{d_0}\right)^2+\sum_{(i,\ k)\in B}\left(L_{i,\ k}^{B}-L_0-10\beta\lg\frac{\|\boldsymbol{x}_i-\boldsymbol{x}_k\|}{d_0}\right)^2 \tag{8-19}$$

与前面的方法一样，极大似然估计问题为非凸问题，不存在闭式解。下面介绍一种将其转为半正定规划问题的方法。首先，将量测方程近似为下面两个式子：

$$(\alpha_{ij}^{A})^2\ \|\boldsymbol{a}_i-\boldsymbol{x}_j\|^2\approx d_0^2,\ (\alpha_{ik}^{B})^2\ \|\boldsymbol{x}_i-\boldsymbol{x}_k\|^2\approx d_0^2 \tag{8-20}$$

式中，$\alpha_{ij}^{A}=10^{(L_0-L_{ij}^{A})/(10\beta)}$；$\alpha_{ik}^{B}=10^{(L_0-L_{ik}^{B})/(10\beta)}$。根据上述近似结果，可以得到以下最小二乘问题：

$$\hat{\boldsymbol{\theta}}=\arg\min_{\boldsymbol{\theta}}\sum_{(i,\ j)\in A}[(\alpha_{ij}^{A})^2\ \|\boldsymbol{a}_i-\boldsymbol{x}_j\|^2-d_0^2]^2+\sum_{(i,\ k)\in B}[(\alpha_{ik}^{B})^2\ \|\boldsymbol{x}_i-\boldsymbol{x}_k\|^2-d_0^2]^2 \tag{8-21}$$

定义一个向量 $\boldsymbol{y}=\mathrm{vec}(\boldsymbol{\theta}^{\mathrm{T}})$，$\mathrm{vec}(\boldsymbol{\theta}^{\mathrm{T}})$同样表示将 $\boldsymbol{\theta}^{\mathrm{T}}$ 列向量化的结果，则上述优化问题可以写成：

$$\hat{\boldsymbol{\theta}}=\arg\min_{\boldsymbol{\theta}}\sum_{(i,\ j)\in A}[(\alpha_{ij}^{A})^2\ \|\boldsymbol{E}_i^{\mathrm{T}}\boldsymbol{y}-\boldsymbol{x}_j\|^2-d_0^2]^2+\sum_{(i,\ k)\in B}[(\alpha_{ik}^{B})^2\ \|\boldsymbol{E}_i^{\mathrm{T}}\boldsymbol{y}-\boldsymbol{E}_k^{\mathrm{T}}\boldsymbol{y}\|^2-d_0^2]^2 \tag{8-22}$$

式中，$\boldsymbol{E}_i=[\boldsymbol{e}_{2i-1},\ \boldsymbol{e}_{2i}]$，$\boldsymbol{e}_{2i}$为单位矩阵 $\boldsymbol{I}_{2M}$的第 i 列向量。引入变量 t，辅助变量 $\boldsymbol{Y}=\boldsymbol{\theta}\boldsymbol{\theta}^{\mathrm{T}}$，$\boldsymbol{z}=[z_{ij}^{A},\ z_{ik}^{B}]^{\mathrm{T}}$，并且对于$(i,\ j)\in A$，$z_{ij}^{A}=(\alpha_{ij}^{A})^2\ \|\boldsymbol{E}_i^{\mathrm{T}}\boldsymbol{y}-\boldsymbol{x}_j\|^2-d_0^2$，对于

$(i, k) \in B$，$z_{ik}^B = (\alpha_{ik}^B)^2 \| \boldsymbol{E}_i^{\mathrm{T}}\boldsymbol{y} - \boldsymbol{E}_k^{\mathrm{T}}\boldsymbol{y} \|^2 - d_0^2$。同时，使用凸松弛 $\boldsymbol{Y} \geqslant \boldsymbol{\theta}\boldsymbol{\theta}^{\mathrm{T}}$，可以得到关于公式(8-22)的新问题：

$$
\begin{gathered}
\arg\min_{\boldsymbol{y}, \boldsymbol{Y}, \boldsymbol{z}, t} t \\
\text{s.t. } z_{ij}^A = (\alpha_{ij}^A)^2 [\operatorname{tr}(\boldsymbol{E}_i^{\mathrm{T}} \boldsymbol{Y} \boldsymbol{E}_i) - 2 s_j^{\mathrm{T}} \boldsymbol{E}_i^{\mathrm{T}} \boldsymbol{y} + \| s_j \|^2] - d_0^2,\ (i, j) \in A \\
z_{ik}^B = (\alpha_{ik}^B)^2 [\operatorname{tr}(\boldsymbol{E}_i^{\mathrm{T}} \boldsymbol{Y} \boldsymbol{E}_i) - 2\operatorname{tr}(\boldsymbol{E}_i^{\mathrm{T}} \boldsymbol{Y} \boldsymbol{E}_k) + \operatorname{tr}(\boldsymbol{E}_k^{\mathrm{T}} \boldsymbol{Y} \boldsymbol{E}_k)] - d_0^2,\ (i, k) \in B \\
\| [2\boldsymbol{z};\ t-1] \| \leqslant t+1 \\
[\boldsymbol{Y}\boldsymbol{y};\ \boldsymbol{y}^{\mathrm{T}} 1] \geqslant \boldsymbol{0}_{2M+1}
\end{gathered}
\tag{8-23}
$$

上述优化问题为一个混合半正定规划和二阶锥规划的问题，可以使用凸优化工具包有效地求解。此外，当 $\boldsymbol{Y}$ 的秩为 1 时，约束条件 $\boldsymbol{Y} \geqslant \boldsymbol{\theta}\boldsymbol{\theta}^{\mathrm{T}}$ 满足等式条件。可以看出，与其他半正定规划方法将所有未知参数写为一个矩阵不一样，该方法将所有未知的参数写成了一个向量。

8.1.4 最小平方相对误差估计方法

在第 3 章理想模型下的 RSS 定位中，介绍了一种基于最小平方相对误差准则的定位方法。这里将这种定位方法推广至多目标的合作式 RSS 定位中。同样，定义一个矩阵变量 $\boldsymbol{X} = [\boldsymbol{x}_1, \boldsymbol{x}_2, \cdots, \boldsymbol{x}_M]$，包含了所有未知的目标点位置。

同样，首先将多目标量测模型(8-1)转化为乘积形式的模型。将模型[公式(8-1)]的两个式子两边同时除以 10β，然后取 10 次幂，可以得到：

$$
\begin{gathered}
\tilde{d}_{ij}^A = d_{ij}^A \varepsilon_{ij},\ (i, j) \in A \\
\tilde{d}_{ij}^B = d_{ij}^B \varepsilon_{ij},\ (i, j) \in B
\end{gathered}
\tag{8-24}
$$

式中，$\tilde{d}_{ij}^A = 10^{(P_0 - P_{ij}^A)/(10\beta)}$；$\tilde{d}_{ij}^B = 10^{(P_0 - P_{ij}^B)/(10\beta)}$；$\varepsilon_{ij} = 10^{-n_{ij}/(10\beta)}$。在上述模型的基础上，采用最小绝对值相对误差估计准则，可以得到 RSS 定位的估计问题为：

$$
\hat{\boldsymbol{X}} = \arg\min_{\boldsymbol{X}} \sum_{(i, j) \in A} \left(\left| \frac{\tilde{d}_{ij}^A - d_{ij}^A}{\tilde{d}_{ij}^A} \right| + \left| \frac{\tilde{d}_{ij}^A - d_{ij}^A}{d_{ij}^A} \right| \right) + \sum_{(i, j) \in B} \left(\left| \frac{\tilde{d}_{ij}^B - d_{ij}^B}{\tilde{d}_{ij}^B} \right| + \left| \frac{\tilde{d}_{ij}^B - d_{ij}^B}{d_{ij}^B} \right| \right) \tag{8-25}
$$

与极大似然估计准则的问题相比，上述问题的目标函数中不存在对数项。然而，优化目标函数是非凸的，难以直接松弛为一个凸问题。为此，将最小绝对值相对误差准则修正为最小平方相对误差准则，即对上述优化问题中的每一项加以平方，得到：

$$
\hat{\boldsymbol{X}} = \arg\min_{\boldsymbol{X}} \sum_{(i, j) \in A} \left(\left| \frac{\tilde{d}_{ij}^A - d_{ij}^A}{\tilde{d}_{ij}^A} \right| + \left| \frac{\tilde{d}_{ij}^A - d_{ij}^A}{d_{ij}^A} \right| \right)^2 + \sum_{(i, j) \in B} \left(\left| \frac{\tilde{d}_{ij}^B - d_{ij}^B}{\tilde{d}_{ij}^B} \right| + \left| \frac{\tilde{d}_{ij}^B - d_{ij}^B}{d_{ij}^B} \right| \right)^2 \tag{8-26}
$$

将所有平方项展开，得到以下 RSS 定位的最小平方相对误差估计问题：

$$\begin{aligned}\hat{\boldsymbol{X}} &= \arg\min_{\boldsymbol{X}} \sum_{(i,j)\in A}\left[\frac{(d_{ij}^{A})^{2}}{\tilde{d}_{ij}^{A}}+\frac{(\tilde{d}_{ij}^{A})^{2}}{d_{ij}^{A}}-2\right]+\sum_{(i,j)\in B}\left[\frac{(d_{ij}^{B})^{2}}{\tilde{d}_{ij}^{B}}+\frac{(\tilde{d}_{ij}^{B})^{2}}{d_{ij}^{B}}-2\right] \\ &= \arg\min_{\boldsymbol{X}} \sum_{(i,j)\in A}\left[\frac{(d_{ij}^{A})^{2}}{\tilde{d}_{ij}^{A}}+\frac{(\tilde{d}_{ij}^{A})^{2}}{d_{ij}^{A}}\right]+\sum_{(i,j)\in B}\left[\frac{(d_{ij}^{B})^{2}}{\tilde{d}_{ij}^{B}}+\frac{(\tilde{d}_{ij}^{B})^{2}}{d_{ij}^{B}}\right]\end{aligned} \tag{8-27}$$

定义一个矩阵变量 $\boldsymbol{Z}=\begin{bmatrix}\boldsymbol{I}_2 & \boldsymbol{X}\\ \boldsymbol{X} & \boldsymbol{X}^{\mathrm{T}}\boldsymbol{X}\end{bmatrix}$，可以得到：

$$(d_{ij}^{A})^{2}=\begin{bmatrix}\boldsymbol{a}_i\\ -\boldsymbol{e}_j\end{bmatrix}^{\mathrm{T}}\boldsymbol{Z}\begin{bmatrix}\boldsymbol{a}_i\\ -\boldsymbol{e}_j\end{bmatrix},\ (i,\ j)\in A \tag{8-28}$$

$$(d_{ij}^{B})^{2}=\begin{bmatrix}0\\ 0\\ \boldsymbol{e}_i-\boldsymbol{e}_j\end{bmatrix}^{\mathrm{T}}\boldsymbol{Z}\begin{bmatrix}0\\ 0\\ \boldsymbol{e}_i-\boldsymbol{e}_j\end{bmatrix},\ (i,\ j)\in B \tag{8-29}$$

式中，$\boldsymbol{e}_i$ 为一个单位列向量，等于 $N\times N$ 维单位矩阵的第 i 列。定义变量 $u_{ij}^{A}=(d_{ij}^{A})^{2}$，$u_{ij}^{B}=(d_{ij}^{B})^{2}$，优化公式(8-27)，则有：

$$\begin{aligned}\hat{\boldsymbol{X}} = \arg\min_{\boldsymbol{X}} &\sum_{(i,j)\in A}\left[\frac{(d_{ij}^{A})^{2}}{\tilde{d}_{ij}^{A}}+\frac{(\tilde{d}_{ij}^{A})^{2}}{d_{ij}^{A}}\right]+\sum_{(i,j)\in B}\left[\frac{(d_{ij}^{B})^{2}}{\tilde{d}_{ij}^{B}}+\frac{(\tilde{d}_{ij}^{B})^{2}}{d_{ij}^{B}}\right] \\ \text{s. t. } u_{ij}^{A} &= \begin{bmatrix}\boldsymbol{a}_i\\ -\boldsymbol{e}_j\end{bmatrix}^{\mathrm{T}}\boldsymbol{Z}\begin{bmatrix}\boldsymbol{a}_i\\ -\boldsymbol{e}_j\end{bmatrix},\ (i,\ j)\in A \\ u_{ij}^{B} &= \begin{bmatrix}0\\ 0\\ \boldsymbol{e}_i-\boldsymbol{e}_j\end{bmatrix}^{\mathrm{T}}\boldsymbol{Z}\begin{bmatrix}0\\ 0\\ \boldsymbol{e}_i-\boldsymbol{e}_j\end{bmatrix},\ (i,\ j)\in B \\ \boldsymbol{Z}_{1:2,1:2} &= \boldsymbol{I}_2 \\ \boldsymbol{Z} &\geqslant \boldsymbol{0}_{N+2} \\ \operatorname{rank}(\boldsymbol{Z}) &= 2\end{aligned} \tag{8-30}$$

使用半正定松弛，可以得到合作式 RSS 定位的半正定规划估计问题为：

$$\hat{\boldsymbol{X}} = \arg\min_{\boldsymbol{X}} \sum_{(i,\ j)\in A}\left[\frac{(d_{ij}^{A})^2}{\tilde{d}_{ij}^{A}} + \frac{(\tilde{d}_{ij}^{A})^2}{d_{ij}^{A}}\right] + \sum_{(i,\ j)\in B}\left[\frac{(d_{ij}^{B})^2}{\tilde{d}_{ij}^{B}} + \frac{(\tilde{d}_{ij}^{B})^2}{d_{ij}^{B}}\right]$$

$$\text{s. t. } u_{ij}^{A} = \begin{bmatrix} \boldsymbol{a}_i \\ -\boldsymbol{e}_j \end{bmatrix}^{\mathrm{T}} \boldsymbol{Z} \begin{bmatrix} \boldsymbol{a}_i \\ -\boldsymbol{e}_j \end{bmatrix},\ (i,\ j)\in A$$

$$u_{ij}^{B} = \begin{bmatrix} 0 \\ 0 \\ \boldsymbol{e}_i - \boldsymbol{e}_j \end{bmatrix}^{\mathrm{T}} \boldsymbol{Z} \begin{bmatrix} 0 \\ 0 \\ \boldsymbol{e}_i - \boldsymbol{e}_j \end{bmatrix},\ (i,\ j)\in B \tag{8-31}$$

$$\boldsymbol{Z}_{1:2,\ 1:2} = \boldsymbol{I}_2$$

$$\boldsymbol{Z} \geqslant \boldsymbol{0}_{N+2}$$

若令 $v_{ij}^{A}=1/u_{ij}^{A}$，$v_{ij}^{B}=1/u_{ij}^{B}$，可以将上述问题转为标准的半正定规划问题：

$$\hat{\boldsymbol{X}} = \arg\min_{\boldsymbol{X}} \sum_{(i,\ j)\in A}\left[\frac{(d_{ij}^{A})^2}{\tilde{d}_{ij}^{A}} + \frac{(\tilde{d}_{ij}^{A})^2}{d_{ij}^{A}}\right] + \sum_{(i,\ j)\in B}\left[\frac{(d_{ij}^{B})^2}{\tilde{d}_{ij}^{B}} + \frac{(\tilde{d}_{ij}^{B})^2}{d_{ij}^{B}}\right]$$

$$\text{s. t. } u_{ij}^{A} = \begin{bmatrix} \boldsymbol{a}_i \\ -\boldsymbol{e}_j \end{bmatrix}^{\mathrm{T}} \boldsymbol{Z} \begin{bmatrix} \boldsymbol{a}_i \\ -\boldsymbol{e}_j \end{bmatrix},\ (i,\ j)\in A$$

$$u_{ij}^{B} = \begin{bmatrix} 0 \\ 0 \\ \boldsymbol{e}_i - \boldsymbol{e}_j \end{bmatrix}^{\mathrm{T}} \boldsymbol{Z} \begin{bmatrix} 0 \\ 0 \\ \boldsymbol{e}_i - \boldsymbol{e}_j \end{bmatrix},\ (i,\ j)\in B \tag{8-32}$$

$$\begin{bmatrix} v_{ij}^{A} & 1 \\ 1 & u_{ij}^{A} \end{bmatrix} \geqslant \boldsymbol{0}_2$$

$$\begin{bmatrix} v_{ij}^{B} & 1 \\ 1 & u_{ij}^{B} \end{bmatrix} \geqslant \boldsymbol{0}_2$$

$$\boldsymbol{Z}_{1:2,\ 1:2} = \boldsymbol{I}_2$$

$$\boldsymbol{Z} \geqslant \boldsymbol{0}_{N+2}$$

使用内点法可以有效求解上述问题得到各目标的位置估计。综上，可以看出，本方法是采用最小平方相对误差准则建立了目标位置的估计问题，然后借助半正定松弛将原始的非凸问题转为了凸的半正定规划问题。

8.1.5 CR下界

CR下界为无偏估计的方差提供了一个界，用来作为估计器的性能参考基准。下面给出合作式RSS定位的CR下界。首先，将多目标的RSS量测写为向量形式：

$$\boldsymbol{p}=\begin{bmatrix}\boldsymbol{p}_1\\ \vdots\\ \boldsymbol{p}_N\end{bmatrix},\ \boldsymbol{p}_j=\begin{bmatrix}\vdots\\ p_{ij}\\ \vdots\end{bmatrix}_{i\in A_j\cup B_j} \tag{8-33}$$

式中，A_j 为与第 j 个目标点产生RSS量测的锚节点标号集合，即 $A_j=\{(i\mid(i,\ j)\in A\}$；$B_j$ 为与第 j 个目标点产生RSS量测的目标点标号集合，$B_j=\{i\mid(i,\ j)\in B\}$；$\boldsymbol{p}$ 的维数为 $K=\sum(|A_j|+|B_j|)$，$|A_j|$ 和 $|B_j|$ 分别为集合 A_j 和 B_j 的元素个数。$\boldsymbol{p}$ 的期望为：

$$\boldsymbol{p}^o=\begin{bmatrix}\boldsymbol{p}_1^o\\ \vdots\\ \boldsymbol{p}_N^o\end{bmatrix},\ \boldsymbol{p}_j^o=\begin{bmatrix}\vdots\\ p_{ij}^o\\ \vdots\end{bmatrix}_{i\in A_j\cup B_j},\ p_{ij}^o=P_0-10\beta\lg d_{ij} \tag{8-34}$$

令 $\boldsymbol{Q}$ 为 $\boldsymbol{p}$ 的协方差矩阵。由于 n_{ij} 为独立同分布的高斯随机变量，方差为 σ^2，有：

$$\boldsymbol{Q}=E[(\boldsymbol{p}-\boldsymbol{p}^o)(\boldsymbol{p}-\boldsymbol{p}^o)^{\mathrm{T}}]=\sigma^2\boldsymbol{I}_K \tag{8-35}$$

令 $\boldsymbol{\theta}=[\boldsymbol{x}_1^{\mathrm{T}},\ \boldsymbol{x}_2^{\mathrm{T}},\ \cdots,\ \boldsymbol{x}_N^{\mathrm{T}}]^{\mathrm{T}}$，则 $\boldsymbol{p}$ 对 $\boldsymbol{\theta}$ 的条件概率密度函数为：

$$f(\boldsymbol{p}\mid\boldsymbol{\theta})=\frac{1}{(2\pi)^{K/2}|\boldsymbol{Q}|^{1/2}}\exp\left[-\frac{1}{2}(\boldsymbol{p}-\boldsymbol{p}^o)^{\mathrm{T}}\boldsymbol{Q}^{-1}(\boldsymbol{p}-\boldsymbol{p}^o)\right] \tag{8-36}$$

$\lg f(\boldsymbol{p}\mid\boldsymbol{\theta})$ 关于 $\boldsymbol{\theta}$ 的偏导数为：

$$\frac{\partial}{\partial\boldsymbol{\theta}}\lg f(\boldsymbol{p}\mid\boldsymbol{\theta})=\boldsymbol{H}^{\mathrm{T}}\boldsymbol{Q}^{-1}(\boldsymbol{p}-\boldsymbol{p}^o) \tag{8-37}$$

式中，$\boldsymbol{H}=\begin{bmatrix}\boldsymbol{H}_1\\ \vdots\\ \boldsymbol{H}_N\end{bmatrix}$，$\boldsymbol{H}_j=\begin{bmatrix}\vdots\\ \boldsymbol{h}_{ij}\\ \vdots\end{bmatrix}$，并且对于任意 $i\in A_j$，有 $\boldsymbol{h}_{ij}=[\boldsymbol{0}_{1\times2(j-1)},\ \boldsymbol{g}_{ij},\ \boldsymbol{0}_{1\times2(N-j)}]$，同时，对于任意的 $i\in B_j$，有 $\boldsymbol{h}_{ij}=[\boldsymbol{0}_{1\times2(j-1)},\ \boldsymbol{g}_{ij},\ \boldsymbol{0}_{1\times2(i-j-1)},\ -\boldsymbol{g}_{ij},\ \boldsymbol{0}_{1\times2(N-i)}]$，且满足 $\boldsymbol{g}_{ij}=[\partial P_{ij}^o/\partial x_j,\ \partial P_{ij}^o/\partial y_j]$。

根据公式(8-37)，有：

$$\frac{\partial p_{ij}^o}{\partial x_j}=-\frac{10\beta}{\ln10}\left(\frac{x_j-a_i}{\|\boldsymbol{a}_j-\boldsymbol{x}_i\|^2}\right),\ i\in A_j \tag{8-38}$$

$$\frac{\partial p_{ij}^{o}}{\partial y_j}=-\frac{10\beta}{\ln 10}\left(\frac{y_j-b_i}{\|\boldsymbol{a}_j-\boldsymbol{x}_i\|^2}\right),\ i\in A_j \tag{8-39}$$

$$\frac{\partial p_{ij}^{o}}{\partial x_j}=-\frac{10\beta}{\ln 10}\left(\frac{x_j-x_i}{\|\boldsymbol{x}_j-\boldsymbol{x}_i\|^2}\right),\ i\in B_j \tag{8-40}$$

$$\frac{\partial p_{ij}^{o}}{\partial y_j}=-\frac{10\beta}{\ln 10}\left(\frac{y_j-y_i}{\|\boldsymbol{x}_j-\boldsymbol{x}_i\|^2}\right),\ i\in B_j \tag{8-41}$$

由于 CR 下界可以用 Fisher 信息矩阵的形式表示，即：

$$\boldsymbol{J}(\boldsymbol{\theta})=E\left\{\left[\frac{\partial}{\partial\boldsymbol{\theta}}\lg f(\boldsymbol{p}\,|\,\boldsymbol{\theta})\right]\left[\frac{\partial}{\partial\boldsymbol{\theta}}\lg f(\boldsymbol{p}\,|\,\boldsymbol{\theta})\right]^{\mathrm{T}}\right\} \tag{8-42}$$

将公式(8-37)代入公式(8-42)，可以得到：

$$\boldsymbol{J}(\boldsymbol{\theta})=\boldsymbol{H}^{\mathrm{T}}\boldsymbol{Q}^{-1}E[(\boldsymbol{p}-\boldsymbol{p}^{o})(\boldsymbol{p}-\boldsymbol{p}^{o})^{\mathrm{T}}]\boldsymbol{Q}^{-1}\boldsymbol{H}=\boldsymbol{H}^{\mathrm{T}}\boldsymbol{Q}^{-1}\boldsymbol{H} \tag{8-43}$$

CR 下界为上述 Fisher 信息矩阵的逆，即$(\boldsymbol{H}^{\mathrm{T}}\boldsymbol{Q}^{-1}\boldsymbol{H})^{-1}$。将公式(8-35)代入公式(8-43)，得到：

$$\begin{aligned}\boldsymbol{J}(\boldsymbol{\theta})&=\sigma^{-2}\sum_{j=1}^{N}\sum_{i\in A_j\cup B_j}\boldsymbol{h}_{ij}^{\mathrm{T}}\boldsymbol{h}_{ij}=\sigma^{-2}\sum_{j=1}^{N}\sum_{i\in A_j}\boldsymbol{h}_{ij}^{\mathrm{T}}\boldsymbol{h}_{ij}+\sigma^{-2}\sum_{j=1}^{N}\sum_{i\in B_j}\boldsymbol{h}_{ij}^{\mathrm{T}}\boldsymbol{h}_{ij}\\&=\boldsymbol{J}_1(\boldsymbol{\theta})+\boldsymbol{J}_2(\boldsymbol{\theta})\end{aligned} \tag{8-44}$$

式中，$\boldsymbol{J}_1(\boldsymbol{\theta})=\sigma^{-2}\sum_{j=1}^{N}\sum_{i\in A_j}\boldsymbol{h}_{ij}^{\mathrm{T}}\boldsymbol{h}_{ij}$；$\boldsymbol{J}_2(\boldsymbol{\theta})=\sigma^{-2}\sum_{j=1}^{N}\sum_{i\in B_j}\boldsymbol{h}_{ij}^{\mathrm{T}}\boldsymbol{h}_{ij}$。可以证明，$\boldsymbol{J}_1(\boldsymbol{\theta})$为非合作式 RSS 定位的 Fisher 信息矩阵，即不存在目标点与目标点之间量测的情况。由于$\boldsymbol{J}_2(\boldsymbol{\theta})$为非负矩阵，有以下结果：

$$[\boldsymbol{J}(\boldsymbol{\theta})]^{-1}\leqslant[\boldsymbol{J}_1(\boldsymbol{\theta})]^{-1} \tag{8-45}$$

因此，合作式 RSS 定位的 CR 下界总是小于非合作式 RSS 定位的 CR 下界。

定义第j个目标点的定位误差为$e_j=\|\hat{\boldsymbol{x}}_j-\boldsymbol{x}_j\|$，则均方误差为：

$$\sqrt{E[e_j^2]}=\sqrt{E[(\hat{x}_j-x_j)^2]+E[(\hat{y}_j-y_j)^2]} \tag{8-46}$$

对于任意无偏估计器，第j个目标点的均方误差有以下下界：

$$\mathrm{RMSE}(x_j)\geqslant\sqrt{[\boldsymbol{J}(\boldsymbol{\theta})^{-1}]_{(2j-1),(2j-1)}+[\boldsymbol{J}(\boldsymbol{\theta})^{-1}]_{2j,2j}} \tag{8-47}$$

对于整个多目标的传感器网络定义归一化的均方误差 $\sqrt{(1/N)\sum_{j=1}^{N}E[e_j^2]}$，则任意的无偏定位估计器，归一化的均方误差都有以下下界：

$$\mathrm{NRMSE}(\boldsymbol{X}) = \sqrt{\frac{1}{N}\sum_{j=1}^{N}\left\{\left[\boldsymbol{J}(\boldsymbol{\theta})^{-1}\right]_{(2j-1),\,(2j-1)} + \left[\boldsymbol{J}(\boldsymbol{\theta})^{-1}\right]_{2j,\,2j}\right\}}$$
$$= \sqrt{\frac{1}{N}\mathrm{tr}\left[\boldsymbol{J}(\boldsymbol{\theta})^{-1}\right]} \tag{8-48}$$

式中，tr(·)为矩阵的迹。

8.2　有偏差量测的合作式 RSS 定位

与第 5 章所介绍的有偏差 RSS 定位一样，在合作式 RSS 定位中，若传感器采集 RSS 量测产生偏差，特别是目标点与目标点之间的 RSS 量测有偏差，会对定位结果产生很大的影响。同时，也会使定位问题变得更加难以求解。

考虑一个传感器网络包含 M 个目标点和 N 个锚节点，待估的目标点位置为 $\boldsymbol{x}_i$，$i=1$，…，M，已知的锚节点位置为 $\boldsymbol{a}_j$，$j=1$，…，N。这里假设目标点既作为辐射源也作为接收器，而锚节点仅作为辐射源。因此，在对每一个目标定位时，可用的 RSS 量测既包含对锚节点辐射的信号量测，也包含对其他目标点辐射信号的量测。考虑如下传感器有偏差的合作式 RSS 量测模型：

$$\begin{aligned} P_{i,j}^{A} &= P_0^j + \Delta_i - 10\beta\lg\frac{d_{i,j}(\boldsymbol{x}_i,\ \boldsymbol{a}_j)}{d_0} + n_{i,j},\ (i,\ j)\in A \\ P_{i,j}^{B} &= P_0^j + \Delta_i - 10\beta\lg\frac{d_{i,j}(\boldsymbol{x}_i,\ \boldsymbol{x}_j)}{d_0} + n_{i,j},\ (i,\ j)\in B \end{aligned} \tag{8-49}$$

式中，Δ_i 为目标点的传感器偏差，dB。

其余变量符号的定义与前面章节中的一致，即 A 为目标点与锚节点之间有 RSS 量测的标号集合，B 为目标点与目标点之间有 RSS 量测的标号集合，$P_{i,j}^{A}$ 表示目标点 i 采集锚节点 j 的量测，$P_{i,j}^{B}$ 表示目标点 i 采集目标点 j 的量测，β 为路径损失因子，P_0^j 为目标点 j 或锚节点 j 辐射信号在距离 d_0 处的参考功率，$d_{i,j}$ 为欧氏距离，$n_{i,j}$ 为独立同分布的零均值高斯噪声，方差为 σ^2。这里，P_0^j，β，$\boldsymbol{a}_j$ 均已知，而 $\boldsymbol{x}_i$ 和 Δ_i 未知待估。

令 $\boldsymbol{\theta}=[\boldsymbol{x}_1^{\mathrm{T}},\ \cdots,\ \boldsymbol{x}_M^{\mathrm{T}},\ \Delta_1,\ \cdots,\ \Delta_M]^{\mathrm{T}}$ 为所有未知参数组成的向量，则合作式 RSS 定位即使用量测 $\{P_{i,j}^{A}\}$ 和 $\{P_{i,j}^{B}\}$ 估计 $\boldsymbol{\theta}$。基于公式(8-49)所示的模型以及对量测噪声的假设，$\boldsymbol{\theta}$ 的极大似然估计容易写为：

$$\hat{\boldsymbol{\theta}} = \arg\min_{\boldsymbol{\theta}} \sum_{(i,j)\in A} \left[P_{i,j}^{A} - P_0^j - \Delta_i + 10\beta \lg \frac{d_{i,j}(\boldsymbol{x}_i, \boldsymbol{a}_j)}{d_0} \right]^2 + \sum_{(i,j)\in B} \left[P_{i,j}^{B} - P_0^j - \Delta_i + 10\beta \lg \frac{d_{i,j}(\boldsymbol{x}_i, \boldsymbol{x}_j)}{d_0} \right]^2 \tag{8-50}$$

容易证明，上述优化问题依然是一个非凸问题，特别是第二项中目标与目标之间量测对应的代价函数。因而，该问题存在局部最优点，采用数值解法难以求得全局最优解。下面介绍两种基于半正定规划的方法，能近似地求解极大似然估计问题，解决其非凸问题并实现良好的估计性能。

8.2.1 半正定规划方法

首先，将上述优化问题代价函数的第一项，即对应于目标与锚节点量测的似然函数，记为$\mathcal{L}_1$。将代价函数的第二项，即对应于目标与目标量测的似然函数，记为$\mathcal{L}_2$。从而，上述优化问题可以重新写为：

$$\begin{aligned} &\hat{\boldsymbol{\theta}} = \arg\min_{\boldsymbol{\theta}}\ t_1 + t_2 \\ &\text{s.t.}\ \mathcal{L}_1 \leqslant t_1,\ \mathcal{L}_2 \leqslant t_2 \end{aligned} \tag{8-51}$$

为了将上述问题转为凸问题，使用一阶泰勒展开将$\mathcal{L}_1$近似为：

$$\mathcal{L}_1 \approx \sum_{(i,j)\in A} \left(\frac{5\beta}{\ln 10\gamma_i}\right)^2 \left[d_{i,j}^2(\boldsymbol{x}_i, \boldsymbol{a}_j) 10^{\frac{P_{i,j}^A - P_0^j}{5\beta}} - \gamma_i \right]^2 \tag{8-52}$$

式中，$\gamma_i = 10^{\Delta_i/(5\beta)}$。上述近似可由以下公式得到：

$$P_{i,j}^A - P_0^j - \Delta_i + 10\beta \lg \frac{d_{i,j}}{d_0} = 5\beta \lg d_{i,j}^2 10^{\frac{P_{i,j}^A - P_0^j}{5\beta}} - \Delta_i \tag{8-53}$$

且 $5\beta \lg d_{i,j}^2 10^{(P_{i,j}^A - P_0^j)/(5\beta)} - \Delta_i \approx 5\beta/(\ln 10\gamma_i) \left[d_{i,j}^2 10^{\frac{P_{i,j}^A - P_0^j}{5\beta}} - \gamma_i \right]$。近似误差可以表示为 $o(\varepsilon_{i,j})$，其中 $\varepsilon_{i,j} = d_{i,j}^2 10^{(P_{i,j}^A - P_0^j)/(5\beta)} - \gamma_i$。当噪声 $n_{i,j}$ 充分小时，$o(\varepsilon_{i,j})$ 为 $\varepsilon_{i,j}$ 的高阶无穷小。从而，公式(8-52)的近似误差可以表示为 $\sum_{(i,j)\in A} o(\varepsilon_{i,j}) + o(\varepsilon_{i,j}) o(\varepsilon_{i,j})$。因此，在量测噪声充分小的条件下，$\mathcal{L}_1$ 可由公式(8-52)近似表示。

同理，$\mathcal{L}_2$ 也可以近似为：

$$\mathcal{L}_2 \approx \sum_{(i,j)\in B} \left(\frac{5\beta}{\ln 10\gamma_i}\right)^2 \left[d_{i,j}^2(x_i, x_j) 10^{\frac{P_{i,j}^B - P_0^j}{5\beta}} - \gamma_i \right] \tag{8-54}$$

因此，公式(8-51)可近似为以下问题：

$$\hat{\boldsymbol{\theta}} = \arg\min_{\boldsymbol{\theta}} \sum_{(i,j)\in A} t_{i,j}^{a} + \sum_{(i,j)\in B} t_{i,j}^{b}$$
$$\text{s. t. } (\boldsymbol{\kappa}_{i,j}^{A} v_{i,j}^{A} - \boldsymbol{\gamma}_i)^2 \leqslant t_{i,j}^{a} \tag{8-55}$$
$$(\boldsymbol{\kappa}_{i,j}^{B} v_{i,j}^{B} - \boldsymbol{\gamma}_i)^2 \leqslant t_{i,j}^{b}$$

式中，$\boldsymbol{\kappa}_{i,j}^{A}=d_{i,j}^{2}(\boldsymbol{x}_i, \boldsymbol{a}_j)$；$v_{i,j}^{A}=10^{\frac{P_{i,j}^{A}-P_0^{i}}{5\beta}}$；$\boldsymbol{\kappa}_{i,j}^{B}=d_{i,j}^{2}(x_i, x_j)$；$v_{i,j}^{B}=10^{\frac{P_{i,j}^{B}-P_0^{i}}{5\beta}}$，$\boldsymbol{\gamma}_i$ 定义如前文。将节点之间距离的等式约束松弛为不等式，公式(8-55)可以进一步转为以下半正定规划问题：

$$\hat{\boldsymbol{\theta}} = \arg\min_{\substack{t_{i,j}^{a},\, t_{i,j}^{b},\, \boldsymbol{\kappa}_{i,j}^{A},\, \boldsymbol{\kappa}_{i,j}^{B},\\ x_i,\, \gamma_i,\, \boldsymbol{X},\, \boldsymbol{Z}}} \sum_{i=1}^{M}\sum_{j=1}^{N} t_{i,j}^{a} + \sum_{i=1}^{M}\sum_{j=1,\, j\neq i}^{M} t_{i,j}^{b}$$
$$\text{s. t. } (\boldsymbol{\kappa}_{i,j}^{A} v_{i,j}^{A} - \boldsymbol{\gamma}_i)^2 \leqslant t_{i,j}^{a}$$
$$(\boldsymbol{\kappa}_{i,j}^{B} v_{i,j}^{B} - \boldsymbol{\gamma}_i)^2 \leqslant t_{i,j}^{b}$$
$$\boldsymbol{x}_i = \boldsymbol{X}(:,\, i) \tag{8-56}$$
$$\boldsymbol{\kappa}_{i,j}^{A} = \boldsymbol{Z}(i,\, i) - 2(\boldsymbol{x}_i)^{\mathrm{T}}\boldsymbol{a}_j + (\boldsymbol{a}_i)^{\mathrm{T}}\boldsymbol{a}_j$$
$$\boldsymbol{\kappa}_{i,j}^{B} = \begin{bmatrix} \boldsymbol{0}_3 \\ \boldsymbol{e}_i - \boldsymbol{e}_j \end{bmatrix}^{\mathrm{T}} \begin{bmatrix} \boldsymbol{I}_3 & \boldsymbol{X} \\ \boldsymbol{X}^{\mathrm{T}} & \boldsymbol{Z} \end{bmatrix} \begin{bmatrix} \boldsymbol{0}_3 \\ \boldsymbol{e}_i - \boldsymbol{e}_j \end{bmatrix}$$
$$\begin{bmatrix} \boldsymbol{I}_3 & \boldsymbol{X} \\ \boldsymbol{X}^{\mathrm{T}} & \boldsymbol{Z} \end{bmatrix} \geqslant \boldsymbol{0}_{N+3}$$

式中，$\boldsymbol{e}_i$ 为 $M\times1$ 维的单位向量，第 i 个元素为 1。在上述优化问题的约束条件中，前两个不等式为凸的二次约束，可以直接写为线性矩阵不等式的形式。第四个和第五个等式分别是目标与锚节点距离 $\boldsymbol{\kappa}_{i,j}^{A}$和目标与目标距离 $\boldsymbol{\kappa}_{i,j}^{B}$的约束，表示为优化变量的线性形式。此外，第五个约束中的 $\boldsymbol{\kappa}_{i,j}^{B}$等价于：

$$\boldsymbol{\kappa}_{i,j}^{B}=d_{i,j}^{2}(\boldsymbol{x}_i, \boldsymbol{x}_j)=\|\boldsymbol{x}_i-\boldsymbol{x}_j\|_2^2=\boldsymbol{a}_{i,j}^{\mathrm{T}}\boldsymbol{A}\boldsymbol{a}_{i,j} \tag{8-57}$$

式中，$\boldsymbol{a}_{i,j}=[0,\ 0,\ \cdots,\ 1,\ \cdots,\ -1,\ \cdots,\ 0]^{\mathrm{T}}$，且维数为$(M+3)\times1$，第 i 个元素为 1，第 j 个元素为−1，$\boldsymbol{A}=\begin{bmatrix} 1 & 0 & 0 & x_1 & \cdots & x_M \\ 0 & 1 & 0 & y_1 & \cdots & y_M \\ 0 & 0 & 1 & z_1 & \cdots & z_M \\ x_1 & y_1 & z_1 & \boldsymbol{x}_1^{\mathrm{T}}\boldsymbol{x}_1 & \cdots & \boldsymbol{x}_1^{\mathrm{T}}\boldsymbol{x}_M \\ \vdots & \vdots & \vdots & \vdots & \ddots & \vdots \\ x_M & y_M & z_M & \boldsymbol{x}_M^{\mathrm{T}}\boldsymbol{x}_1 & \cdots & \boldsymbol{x}_M^{\mathrm{T}}\boldsymbol{x}_M \end{bmatrix}$，$\boldsymbol{x}_i=[x_i,\ y_i,\ z_i]^{\mathrm{T}}$

为目标点 i 的真实位置。$\mathbf{Z}$ 为一个辅助变量矩阵，并松弛为线性矩阵不等式。可以看出优化公式(8-56)的所有约束条件为线性等式或线性矩阵不等式形式，保证为一个半正定规划问题，因此可以采用凸优化工具包，例如 CVX，有效地求解，得到各目标的位置估计。

下面介绍另一种半正定规划方法。首先，考虑对极大似然估计问题的代价函数采用 l_1 范数，可以得到一个最小一乘估计问题，即：

$$\hat{\boldsymbol{\theta}} = \arg\min_{\boldsymbol{\theta}} \sum_{(i,\ j)\in A} \left| P_{i,\ j}^{A} - P_0^{j} - \Delta_i + 10\beta\lg\frac{d_{i,\ j}(\boldsymbol{x}_i,\ \boldsymbol{a}_j)}{d_0} \right| + \sum_{(i,\ j)\in B} \left| P_{i,\ j}^{B} - P_0^{j} - \Delta_i + 10\beta\lg\frac{d_{i,\ j}(\boldsymbol{x}_i,\ \boldsymbol{x}_j)}{d_0} \right| \tag{8-58}$$

该问题等价于：

$$\begin{aligned} \hat{\boldsymbol{\theta}} &= \arg\min_{\boldsymbol{\theta}} \sum_{(i,\ j)\in A} t_{i,\ j}^{a} + \sum_{(i,\ j)\in B} t_{i,\ j}^{b} \\ \text{s. t. } & \left| \boldsymbol{\kappa}_{i,\ j}^{A} v_{i,\ j}^{A} - \boldsymbol{\gamma}_i \right| \leqslant t_{i,\ j}^{a} \\ & \left| \boldsymbol{\kappa}_{i,\ j}^{B} v_{i,\ j}^{B} - \boldsymbol{\gamma}_i \right| \leqslant t_{i,\ j}^{b} \end{aligned} \tag{8-59}$$

式中，$\boldsymbol{\kappa}_{i,j}^{A}$，$\boldsymbol{\kappa}_{i,j}^{B}$，$v_{i,j}^{A}$，$v_{i,j}^{B}$，$\boldsymbol{\gamma}_i$ 的定义与前文方法中的一致。采用同样的松弛方法，上述优化问题可以转为以下另一种半正定规划问题：

$$\begin{aligned} \hat{\boldsymbol{\theta}} = & \arg\min_{\substack{t_{i,\ j}^{a},\ t_{i,\ j}^{b},\ \boldsymbol{\kappa}_{i,\ j}^{A},\ \boldsymbol{\kappa}_{i,\ j}^{B}, \\ \boldsymbol{x}_i,\ \boldsymbol{\gamma}_i,\ \boldsymbol{X},\ \boldsymbol{Z}}} \sum_{i=1}^{M}\sum_{j=1}^{N} t_{i,\ j}^{a} + \sum_{i=1}^{M}\sum_{j=1,\ j\neq i}^{M} t_{i,\ j}^{b} \\ \text{s. t. } & -t_{i,\ j}^{a} \leqslant \boldsymbol{\kappa}_{i,\ j}^{A} v_{i,\ j}^{A} - \boldsymbol{\gamma}_i \leqslant t_{i,\ j}^{a} \\ & -t_{i,\ j}^{b} \leqslant \boldsymbol{\kappa}_{i,\ j}^{B} v_{i,\ j}^{B} - \boldsymbol{\gamma}_i \leqslant t_{i,\ j}^{b} \\ & \boldsymbol{x}_i = \boldsymbol{X}(:,\ i) \\ & \boldsymbol{\kappa}_{i,\ j}^{A} = \boldsymbol{Z}(i,\ i) - 2(\boldsymbol{x}_i)^{\mathrm{T}}\boldsymbol{a}_j + (\boldsymbol{a}_j)^{\mathrm{T}}\boldsymbol{a}_j \\ & \boldsymbol{\kappa}_{i,\ j}^{B} = \begin{bmatrix} \mathbf{0}_3 \\ \boldsymbol{e}_i - \boldsymbol{e}_j \end{bmatrix}^{\mathrm{T}} \begin{bmatrix} \boldsymbol{I}_3 & \boldsymbol{X} \\ \boldsymbol{X}^{\mathrm{T}} & \boldsymbol{Z} \end{bmatrix} \begin{bmatrix} \mathbf{0}_3 \\ \boldsymbol{e}_i - \boldsymbol{e}_j \end{bmatrix} \\ & \begin{bmatrix} \boldsymbol{I}_3 & \boldsymbol{X} \\ \boldsymbol{X}^{\mathrm{T}} & \boldsymbol{Z} \end{bmatrix} \geqslant \mathbf{0}_{N+3} \end{aligned} \tag{8-60}$$

求解上述半正定规划问题，同样也可以得到各目标的位置估计。总的来说，在建立优化目标函数时，使用不同范数可以得到两种不同的半正定规划方法。将第一种使用 l_2 范数的方法记为 SDP-l_2，而将第二种使用 l_1 范数的方法记为 SDP-

l_1。使用任意两个方法都可以得到每个目标的位置估计 $\hat{x}_i$，在此基础上，若需要相应传感器的偏差，可以按以下公式计算：

$$\hat{\Delta}_i = 5\beta \lg \hat{\gamma}_i \tag{8-61}$$

下面对上述两种半正定规划方法的计算复杂度进行分析。半正定规划问题是凸优化问题，因而其求解一般可采用迭代算法，并能保证所得解即为全局最优解。考虑如下标准的半正定规划问题：

$$\begin{aligned} &\arg\min_{\boldsymbol{a}} \quad \boldsymbol{c}^{\mathrm{T}}\boldsymbol{a} \\ &\text{s. t. } \boldsymbol{A}_0 + \sum_{i=1}^{m} a_i \boldsymbol{A}_i \geqslant \boldsymbol{0} \end{aligned} \tag{8-62}$$

式中，$\boldsymbol{a}=[a_1, \cdots, a_m]^{\mathrm{T}}$；$\boldsymbol{A}_i \in \mathbb{R}^{n\times n}$为对阵矩阵。上述半正定规划问题的计算复杂度可以由每一步的计算复杂度与迭代步数的乘积来表示。而每一步的复杂度可以表示为 $O(m^2n^2)$，总的迭代步数为 $O(\sqrt{n})$。这里仅考虑所介绍方法的渐进复杂度，即仅给出高阶项。根据两种方法建立的半正定规划问题，可以看出它们的不同之处在于约束条件。然而，当这些约束条件转为线性矩阵不等式形式后，两种方法相应的变量参数 m 和 n 具有相同的取值。因此，两种方法的计算复杂度也相近，具体如表 8-1 所示。

表 8-1　两种半正定规划方法的计算复杂度

方法	SDP-l_1	SDP-l_2
m	$M(2M+2N+1)$	$M(2M+2N+1)$
n	$2M(M+N-1)+N$	$2M(M+N-1)+N$
复杂度	$O(\sqrt{2M(M+N)}(2M)^4(M+N)^4)$	$O(\sqrt{2M(M+N)}(2M)^4(M+N)^4)$

8.2.2 数值实验

这里通过一个三维空间的导航问题对介绍的两种定位方法进行实验验证。如图 8-1 所示，三个目标点在一个立方体内做圆周运动，而 16 个锚节点固定在立方体边界上。目标点运动的圆形轨迹半径均为 $r=5\text{m}$，法向量 $\vec{\boldsymbol{n}}=[1, 1, 1]^{\mathrm{T}}$，圆心的坐标分别为 $\boldsymbol{O}_1=[6, 6, 6]^{\mathrm{T}}$，$\boldsymbol{O}_2=[4, 4, 4]^{\mathrm{T}}$ 和 $\boldsymbol{O}_3=[5, 5, 5]^{\mathrm{T}}$。三个目标均以角速度 $\omega=\frac{\pi}{8}\text{rad/s}$ 进行运动，运动的起始点分别为 $\boldsymbol{x}_1=[10, 3.5, 4.5]^{\mathrm{T}}$，$\boldsymbol{x}_2=[8, 1.5, 2.5]^{\mathrm{T}}$，$\boldsymbol{x}_3=[9, 2.5, 3.5]^{\mathrm{T}}$。它们以 $T=1\text{s}$ 的采样周期同

时接收来自锚节点和其他目标点的 RSS 量测。三个目标的 RSS 量测偏差真值分别为 5dB、7dB 和 3dB。在每一时刻，通过联合的目标点—锚节点量测和目标点—目标点量测对各目标定位。所建立的半正定规划问题使用 CVX 工具包求解。将 RSS 量测模型中的参考功率以及路径损失因子分别设置为 $P_0^i=-40\text{dB}$ 和 $\beta=3$。使用均方误差对定位方法的性能进行评价，并与两种未考虑量测偏差的方法进行比较，包括 SDP-R 方法和 ML-R 方法。

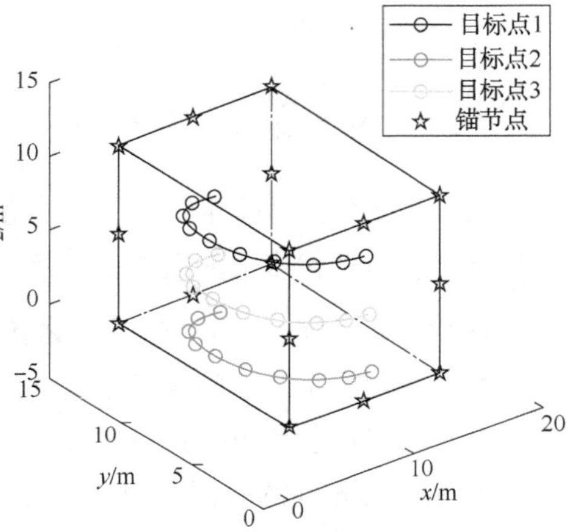

图 8-1　定位场景示意图

SDP-R 方法为文献[7]提出的方法，而 ML-R 方法为迭代数值求解的极大似然估计方法，且初始值为真值。此外，为了说明合作式定位相比非合作式定位的优势，将介绍的方法与两种非合作式方法也进行了比较，包括使用 l_1 范数建立目标函数的 SDP-l_1 和使用 l_2 范数建立目标函数的 SDP-l_2。这两种方法的建立与本节介绍的方法类似，但未使用目标点与目标点之间的量测。下面的每组实验结果均为 300 次蒙特卡罗试验的平均值。

使用各方法对三个目标定位的均方误差随时间变化的情况如图 8-2 所示。变化的时间表征了目标所处不同的位置，RSS 量测噪声标准差 σ 固定为 2。从图 8-2 中可以看出，SDP-R 方法和 ML-R 方法的定位结果较差，这是因为它们忽略了量测中存在的偏差问题。相比，本节介绍的两个方法 SDP-l_1 和 SDP-l_2 明显具有更高的定位精度。图 8-3 展示了各方法的均方误差随量测噪声水平变化的情况，其中各目标点处于固定的位置(这里对应时刻 7 所在的位置)，其他参数设置和图 8-2 中的一致。可以看出，各方法的均方误差随噪声水平升高而增大。然而，SDP-R 和 ML-R 方法的定位结果依然要差于本节介绍的方法。同时注意到，它们的均方误差随 σ 增大而增长较缓慢，这说明在此条件下，量测的偏差相比噪声对定位结果的影响更大。如前文所述，量测偏差也可以使用所介绍方法进行估计。图 8-4 给出了偏差估计的均方误差随噪声水平的变化情况。可以看出，SDP-l_2 比 SDP-l_1 有更好的估计性能。在噪声标准差为 5.5dB 时，它们估计偏差的均方误差均在 0.8dB 以下，这表明所介绍方法在估计传感器偏差上同样具有良好的性能。

为了说明合作式定位与非合作式定位的区别，图 8-5 展示了它们的均方误差随噪声标准差变化的对比情况，其中 SDP-N_1 和 SDP-N_2 为所介绍方法对应的非合作式方法。从结果可以看出，SDP-l_1 方法和 SDP-l_2 方法的定位精度分别明显好于 SDP-N_1 方法和 SDP-N_2 方法，这表明在合作式定位中，即使目标与目标之间的量测有偏差，也有助于提高目标的定位精度。

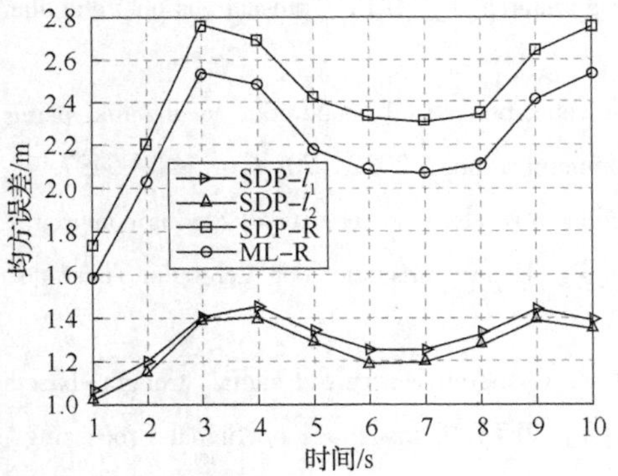

图 8-2　各方法的均方误差随时间变化情况

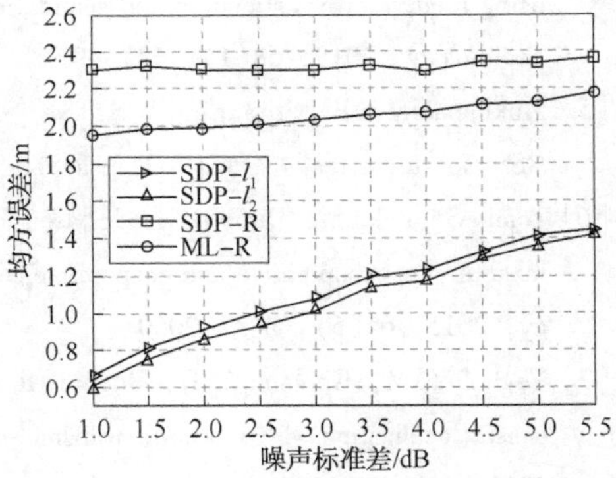

图 8-3　各方法的均方误差随噪声标准差的变化情况

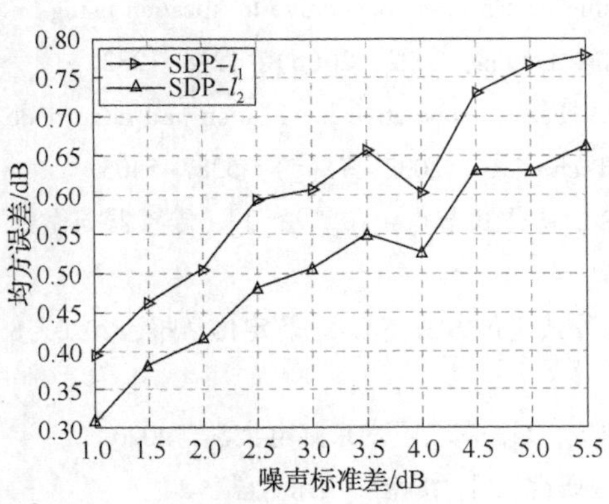

图 8-4　各方法对偏差估计的均方误差随噪声标准差的变化情况

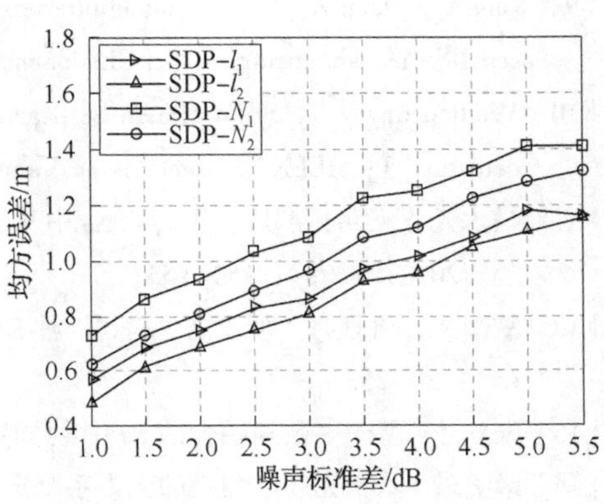

图 8-5　合作式定位与非合作式定位的结果对比图

参考文献

[1] Ma Y, Tian C, Jiang Y. A multitag cooperative localization algorithm based on weighted multidimensional scaling for passive UHF RFID[J]. IEEE Internet of Things Journal, 2019, 6(4): 6548-6555.

[2] Chang S, Li Y, Wang H, et al. RSS-based cooperative localization in wireless sensor networks via second-order cone relaxation[J]. IEEE Access, 2018, 6: 54097-54105.

[3] Ouyang R W, Wong A K S, Lea C T. Received signal strength-based wireless localization via semidefinite programming: noncooperative and cooperative schemes[J]. IEEE Transactions on Vehicular Technology, 2010, 59(3): 1307-1318.

[4] Wang Z, Zhang H, Lu T, et al. Cooperative RSS-based localization in wireless sensor networks using relative error estimation and semidefinite programming[J]. IEEE Transactions on Vehicular Technology, 2019, 68(1): 483-497.

[5] Mukhopadhyay B, Srirangarajan S, Kar S. Invex relaxation based cooperative localization using RSS measurements[J]. IEEE Transactions on Communications, 2022, 70(8): 5482-5497.

[6] Tomic S, Beko M, Dinis R. RSS-based localization in wireless sensor networks using convex relaxation: noncooperative and cooperative schemes[J]. IEEE Transactions on Vehicular Technology, 2015, 64(5): 2037-2050.

[7] Vaghefi R M, Gholami M R, Buehrer R M, et al. Cooperative received signal strength-based sensor localization with unknown transmit powers[J]. IEEE Transactions on Signal Processing, 2013, 61(6): 1389-1403.

[8] Chen L, Yang K, Wang X. Robust cooperative Wi-Fi fingerprint-based indoor localization[J]. IEEE Internet of Things Journal, 2016, 3(6): 1406-1417.

[9] Wang Q, Duan Z, Li F. Semidefinite programming for wireless cooperative localization using biased RSS measurements[J]. IEEE Communications Letters, 2022, 26(6): 1278-1282.

[10] Mukhopadhyay B, Srirangarajan S, Kar S. RSS-based cooperative localization and edge node detection[J]. IEEE Transactions on Vehicular Technology, 2022, 71(5): 5387-5403.

[11] 马永光，王朔，邢建，等. WSNs 中基于 RSS 的协作式节点定位算法[J]. 传感器与微系统，2018，37(8)：150-153.

[12] 欧阳文，蒋理兴，罗豪龙，等. 一种 UWB 协作式定位方法[J]. 导航定位学报，2020，8(4)：20-25.

[13] 朱立才. 基于多数据融合的 RFID 协同定位研究[D]. 南京：南京邮电大学，2020.

[14] 彭美璇. 基于无线电测距的无人系统定位算法研究[D]. 济南：山东大学，2019.

[15] 唐诗浩. 欠定位环境下协同定位关键技术研究[D]. 北京：北京邮电大学，2021.